编委会

现代物理学疑难解析

田树勤◎著

线装书局

图书在版编目（CIP）数据

现代物理学疑难解析 / 田树勤著. -- 北京 : 线装书局, 2023.7
ISBN 978-7-5120-5437-0

Ⅰ. ①现… Ⅱ. ①田… Ⅲ. ①物理学—研究 Ⅳ. ① O4

中国国家版本馆CIP数据核字(2023)第072782号

现代物理学疑难解析
XIANDAI WULIXUE YINAN JIEXI

作　　者：田树勤
责任编辑：白　晨
出版发行：线装书局
地　址：北京市丰台区方庄日月天地大厦B座17层（100078）
电　话：010-58077126（发行部）010-58076938（总编室）
网　址：www.zgxzsj.com
经　　销：新华书店
印　　制：三河市腾飞印务有限公司
开　　本：787mm×1092mm　1/16
印　　张：15
字　　数：352千字
印　　次：2024年7月第1版第1次印刷

线装书局官方微信

定　　价：68.00元

前　言

本书是以作者多年来发表的学术论文为原本整理成书，涵盖微观、宏观、宇观的全部基础物理学领域。其核心是以解决物理学疑难为突破口，通过对一些权威性结论的演算和推理过程进行重新审核，修正了百多年来遗留在物理学中的诸多错误，使微观、宏观、宇观得到了完美统一。为保证全书前后的逻辑连续性及高度一致性，对原论文内容进行了较大的补充和完善。论文与书中内容的不同之处，以本书为准。

本书的论证方法，继续沿用极为成熟的经典物理思维模式，以被无数实验证实过的物理学基本定律为前提或验证手段，并结合现代实验成果，对新结论进行验证，数学在其中仅作为一种运算工具或检验方式。

限于篇幅，本书不同于其它普通专著，不能在所有领域都进行全面系统的展开，而只能针对早前存在问题的部分进行详细展开。这就决定了书中内容多为颠覆性的，一些早已深入人心的旧有结论将不再成立，适合于基础知识较为深厚的学者，以及在某领域寻求原创性技术突破的科技工作者。对于新旧结论的不同，尽量皆辅以相关实验成果，进行对错甄别。一些较为人们所熟知，但未涉及正常推理，且不再成立的结论，一般在节后进行简要介绍并列出其存在的问题，以方便新旧结论对比。希望本书读者们能针对某些内容辅以相关学术文献，科学理性的对待新旧结论的不同，切不可以权威性结论为准绳。

为方便普通读者也能通读本书，内容尽量做到浅显并加强系统性，运算方面基本不涉及复杂的数学理论（也实无必要）。

本书共分十一章：一、二章为在经典物理范围内，因运算推理等方面的错误，而导致的机械波“零点困难”和暗物质疑难，并给予了解决。三、四、五章为狭义相对论的修正，并首开了对理论的证明之先河，为后续的物理学研究奠定了极为坚实的理论基础，这也是本书读者必须掌握的核心内容。六、七章为广义相对论本质的揭示和牛顿引力理论的重新回归，补充了牛顿引力理论所缺失的内容并进行了验证，从根本上彻底消除了早前相对论所带来的一切佯谬及误解，是对引力理论的完善和发展。八章是以三至七章为基础，否定了宇爆模型，并重建了黑洞和宇宙理论，许多令人不可思议的重大宇宙事件，将成为理论的必然，从古至今遗留下的重大宇宙学疑难，基本被全部消除。九、十章仍是以三至七章为基础，首次从科学的角度揭示了惯性的起源，并重建了粒子物理学，指出微观、宇观同宏观一样，皆是基本物理规律支配下的必然，根本不存在任何诡异和不可理喻。十一章是关于磁约束可控核聚变理论的修正及实验解决方案，体现了基础理论对实践的指导意义，这是人类未来必掌握的技术，也是本书唯一的技术类章节。

目　录

第一章 机械波的“零点困难”

现代物理学有两大“零点困难”，分别为“机械波零点困难”和“电磁波零点困难”。这是两个完全违背机械能守恒定律的物理学疑难，其中“机械波零点困难”，可能是现代物理学中出现最早的物理学疑难，其虽然没有对后续理论产生直接影响，但却之后的物理学研究带来了极坏的间接影响。后来的许多物理学疑难被认为是一种客观存在，就是这种不良观念作祟。“机械波零点困难”的解决，将从源头上揭示疑难产生的原因。

§1.1 波能量传播方程推导过程的回顾

机械波和电磁波的能量，在传播过程中皆存在疑难，被称为物理学的两大“零点困难”。其中机械波零点困难是说，根据机械波的波能量传播方程，机械波在传播过程中，其动能与势能同步达到最大，又同步降至为零。那么这个“零能量”点之后，是如何形成动能和势能，使波继续传播下去的呢？这一完全违背机械能守恒定律的方程，一直以来让广大学者百思不得其解。而电磁波零点困难，则是指电能与磁能，同步达到最大，又同步降至为零（在第九章解决）。现只讨论机械波零点困难的产生和解决。

图1-1为波动方程的波形图，设原点O处质点的谐振动方程为：

$$y_0 = A\cos\omega t \tag{1-1}$$

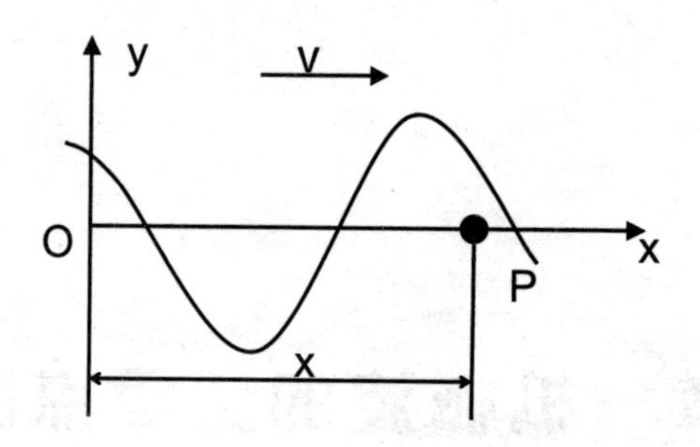

图 1-1 波动方程的波形图

由波的性质知，介质中各质点将以相同的振幅和频率重复 O 点的振动。当振动从 O 点以波速 v 传播到任一点 P，其经过的时间为 $\tau=x/v$。这表明，如果 O 点振动了 t 时间，则 P 点振动了 $t-\tau=t-x/v$ 时间。也就是说，O 点在时刻 t 的振动位移，等于 P 点在时刻 $t-x/v$ 的振动位移。由式（1-1）知，P 点相对平衡位置的位移为

$$y=A\cos\omega\left(t-\frac{x}{v}\right) \tag{1-2}$$

式（1-2）便是沿 Ox 轴正方向传播的简谐波波动方程，波能量传播方程便是以此方程为基础得出的。下面回顾波能量传播方程的推导过程，不同文献中的推导过程 [1] [2]，基本大同小异。

设一密度为 ρ 的细长棒沿 Ox 轴放置，当平面纵波在棒中沿着棒长传播时，棒中每一小段将不断地受到压缩和拉伸，如图 1-2 所示。在棒上距原点 O 为 x 处取一长为 MN 的体积元 $dV=dS\cdot dx$，则其质量 $dm=\rho dV$。当波传到这个体积元时，则其动能为

$$dw_k=\frac{1}{2}u^2dm=\frac{1}{2}\rho u^2dV \tag{1-3}$$

其中，u 为体积元的振动速度。根据式（1-2）有

$$u=\frac{\partial y}{\partial t}=-A\omega\sin\omega\left(t-\frac{x}{v}\right) \tag{1-4}$$

将式（1-4）代入式（1-3），得体积元振动动能为

$$dw_k=\frac{1}{2}\left(\rho dV\right)A^2\omega^2\sin^2\omega\left(t-\frac{x}{v}\right) \tag{1-5}$$

设体积元左端因振动而产生的位移为 y（$M\to M'$），则右端的位移为 $y+dy$（$N\to N'$），可知体积元的长度变化量为 dy，如图 1-2 所示。

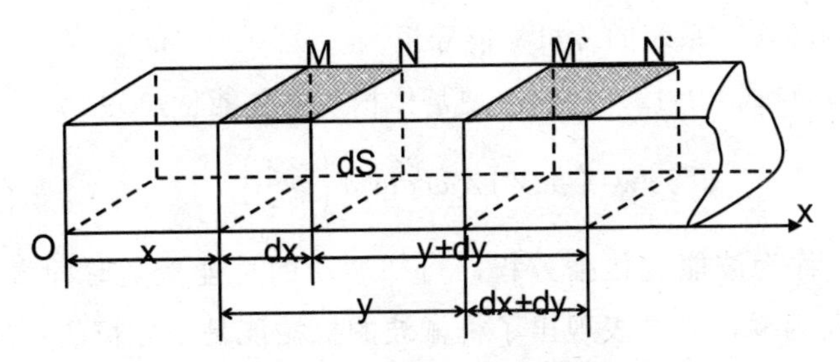

图 1-2 纵波的能量推导示意图

由于体积元发生线变（弹性形变），所以具有弹性势能。设线变在体积元中产生的弹性恢复力为dF，根据杨氏弹性模量Y的定义，得

$$\frac{dF}{dS}=-Y\frac{dy}{dx} \tag{1-6}$$

由胡克定律可知，弹性恢复力的值为

$$dF=-kdy \tag{1-7}$$

由式（1-6）和式（1-7），得$k=YdS/dx$。根据弹性势能公式，体积元的弹性势能为

$$dw_p=\frac{1}{2}k\left(dy\right)^2=\frac{1}{2}YdS\cdot dx\left(\frac{dy}{dx}\right)^2 \tag{1-8}$$

因$dV=dS\cdot dx$，故式（1-8）可表示为

$$dw_p=\frac{1}{2}YdV\left(\frac{dy}{dx}\right)^2 \tag{1-9}$$

在固体内，纵波的传播速度为$v=\sqrt{Y/\rho}$，将其代入式（1-9）得

$$dw_p=\frac{1}{2}\rho v^2 dV\left(\frac{dy}{dx}\right)^2 \tag{1-10}$$

由式（1-2）可知，y是x和t的函数，故dy/dx实际上应是y对x求偏微商，即

$$\frac{dy}{dx}=\frac{\partial y}{\partial x}=A\frac{\omega}{v}\sin\omega\left(t-\frac{x}{v}\right) \tag{1-11}$$

将式（1-11）代入式（1-10），得体积元的弹性势能为

$$dw_p=\frac{1}{2}\left(\rho dV\right)A^2\omega^2\sin^2\omega\left(t-\frac{x}{v}\right) \tag{1-12}$$

比较式（1-5）（体积元动能）与式（1-12）（体积元弹性势能）可知，两者有着完全相同的数学表达形式。也就是说，在平面简谐波中，每一质元的动能和势能，以相同的相位随时间变化，即动能与势能在任意时刻都相等。由此得出结论，对任意体积元来说，波能量的机械能是不守恒的。机械波的这种动能与势能关系，目前被认为是波动质元不同于孤立振动系统的一个重要特点（孤立振动系统中的

动能和势能互相转换，系统的总机械能守恒)。

将式（1-5）与式（1-12）相加，便是体积元的总能量，为

$$dw=\left(\rho dV\right)A^2\omega^2\sin^2\omega\left(t-\frac{x}{v}\right) \tag{1-13}$$

式（1-13）称为波能量传播方程，可知波动的总能量随时间做周期性变化，时而最大，时而为零，同样表现出了机械波的机械能是不守恒的。这就提出了疑问，沿着波动的传播方向，当前面的体积元能量为零时，后面的体积元如何获得能量？又如何继续把能量传递到更后面的介质中？这便是机械波零点困难的由来。

§1.2 波能量方程推导过程的错误

从经典物理学的历史进程看，任何物理学疑难的产生，其前提或推导过程中必存在错误，或者是内容存在欠缺。仔细分析机械波的势能推导过程［式（1-7）至（1-13）］，其在物理和数学两方面皆存在错误。

1. 从物理方面看，在弹性介质中，某质点离开平衡位置时，邻近的质点将对它产生弹性力作用，形成使之返回平衡位置的势能。可知，图1-2中的体积元离开平衡位置（$MN\to M`N`$）时，必受到邻近体积元的一个回复力，从而形成对平衡位置的势能。但在§1.1节中，整个弹性势能的演算过程，体积元偏离平衡位置时所形成的势能，始终没有丝毫体现，全部势能仅来自体积元的自身形变。这使得介质中的体积元，成了自由运动元，从而割裂了体积元与波的联系，且完全违背了介质质点不随波向前移动，这一波的最基本性质。

2. 从数学方面看，由波形图1-1可知，当波传播至P时，是P处的振幅形成了波的势能，即式（1-2）的y值决定了势能大小。dy代表的是势能增量，而不是总势能。但图1-2所示模型，却把体积元自身的胁变dy，看作总的势能，式（1-8）充分体现了这点。体积元偏离平衡位置（y值）所形成的势能，则被忽略掉而成了“自由运动元”，这与式（1-2）所表达的物理意义发生了严重抵触。可见，图1-2是不符合式（1-2）的错误模型。

由以上两点，不难理解零点困难的成因。波的动能可表现为介质的疏密变化，是体积元伸缩运动的体现。体积元的伸缩运动，在形成动能的同时，也形成了自身的线变势能，这便是式（1-13）的物理意义。这就好比，加速拉动一个弹簧振子，其势能与动能必同时增大。可见，式（1-12）表示的仅是体积元的形变势能，其并没有包含体积元偏离平衡位置时所形成的势能，或说，式（1-12）仅表现了体积元的一部分势能，而不是体积元的全部势能。把体积元自身的伸缩看作体积元的全部势能，是产生机械波零点困难的根本原因。

§1.3　波能量传播方程的重新推导

随着物理学的发展，数学已成为解决物理问题不可或缺的重要工具，而连接数学与物理的核心纽带，便是建立起既涵盖所需物理条件，又便于数学运算的模型。

如图1-3，设机械波在细长棒中以速度v自左向右传播，以波到达O点开始计时。根据惠更斯原理，细长棒的O点可看做新的波源。现分析波在L段中的波能量，设L段在波作用下所产生的线变为ΔL，其弹性恢复力为F，如此便形成了整个L段的弹性势能。而L段的伸缩运动，则形成波的动能。如此，L段中的势能和动能，便与波紧密地结合起来。可知，ΔL与图1-1中P点的振幅y等价，而L则与x等价，即式（1-2）的$x=L$，$y=\Delta L$。

根据胁强与胁变的关系，即杨氏弹性模量定义，得

$$\frac{F}{S}=-Y\frac{\Delta L}{L}=-Y\frac{y}{L} \tag{1-14}$$

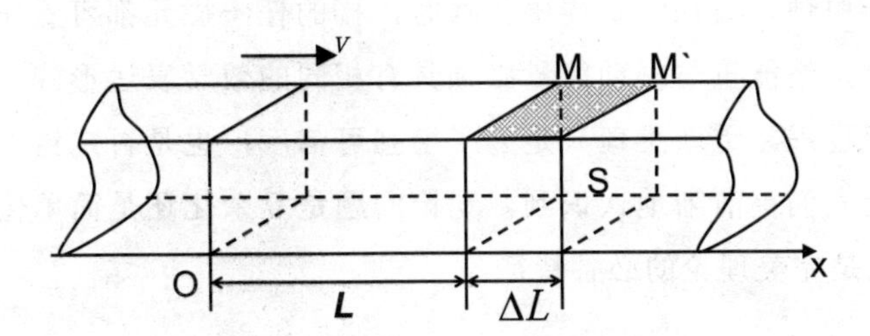

图1-3 纵波能量的重新推导示意图

根据胡克定律$F=-ky$和弹性势能公式，并结合式（1-14），得L段的弹性势能为

$$w_p=\frac{1}{2}k(\Delta L)^2=\frac{1}{2}\frac{YS}{L}y^2 \tag{1-15}$$

将体积$V=S\cdot L$和波速$v=\sqrt{Y/\rho}$代入式（1-15），得

$$w_p=\frac{1}{2}(\rho V)\frac{v^2}{L^2}y^2 \tag{1-16}$$

频率为周期倒数，相当于旋转矢量旋转一周所需时间的倒数。角频率ω等于旋转矢量旋转某一角度，所需时间的倒数。设波由O点传播L距离所需时间为$\Delta t=L/v$，则$\omega=1/\Delta t=v/L$，将ω和式（1-2）代入式（1-16），得

$$w_p=\frac{1}{2}(\rho V)\omega^2A^2\cos^2\omega\left(t-\frac{x}{v}\right) \tag{1-17}$$

L段形变时的伸缩运动，形成的L段动能，与式（1-5）的导出过程完全相同，只需将式（1-5）的微分形式改写为普通形式即可，为

$$w_k=\frac{1}{2}(\rho V)\omega^2 A^2\sin^2\omega\left(t-\frac{x}{\nu}\right) \tag{1-18}$$

比较式（1-17）与式（1-18），可知波的动能和势能，相位相差90°，这与孤立振动系统的动能与势能转换关系完全相同。如此，便得到了动、势能相互转换，且符合机械能守恒定律的机械波能量传播方程。将式（1-17）与式（1-18）相加，并将原始定义$\omega^2=k/m=k/\rho V$代入，得L段的总波能量为

$$w=\frac{1}{2}(\rho V)\omega^2 A^2=\frac{1}{2}kA^2 \tag{1-19}$$

当图1-3中的L趋于零时，则式（1-19）或者式（1-17）和式（1-18），便代表了细长棒的任一微元中，波所具有的全部势能和动能。可见，图1-3完整地展现了某段媒质中，波的全部动能和势能。至此，机械波的零点困难被彻底解决。

再从波的物理机制角度看，振动是波的源，波是振动在介质中的传递过程，波在本质上就是媒质质点的振动，所以棒的任一微元中也可看作只有一个质点振动。根据惠更斯原理，波在细长棒中传播时，棒的任一微元都可看作波源，即振动源。由此可知，波能量与振动能量必须具有相同的数学表达形式，而无须借助本节的复杂推理过程。重新推理只是为了增强可信度，也是否定错误结论的必须过程，目的是让人们更清晰地认识到，无论问题是复杂化还是简单化，其结果都应殊途同归，这是完美理论的必备特征。

本章小结

本章内容的信息量不大，但这其中所隐藏的错误类型，在现代物理学的许多领域，几乎都有其影子，那么疑难的产生自然就不可避免了。本章内容，权作对全书的抛砖引玉。

“机械波零点困难”的产生原因，既有对物理机制认识的模糊，也有对数学方程物理意义的不明了（见§1.2节）。那些不顾物理学基本规律束缚，而试图让零点困难合法化的个别解释[3]，已不再是经不起推敲的问题，而是对物理规则的背叛。这是数学在物理应用上的严重脱节，也是现代物理学中较为普遍的现象。其中的关键，便是数学模型的建立。那些不顾及方程物理意义的做法，及至将数学凌驾于物理之上的观念，必将给物理学带来灾难。

这个不知出自何人、何时的零点困难，从数学建模，及至对波方程项的物理意义理解，再至对机械波原理的理解，都存在着不同程度的错误。在其形成过程中，也未涉及过于复杂的数学和物理概念，但却造成了物理学上的重大疑难，并

一直出现在正规大学物理教材中，着实令人叹息。因为其没有对后来的理论或工程实际产生直接的负面作用，所以没有引起太多人的关注。但这种无视错误且不顾合理性的思维理念，却被延续了下来，以至许多不可理喻的结论，被视为客观世界的必然，且还能被学界普遍接受。微观世界与宏观世界受不同规律支配，狭义相对论中的各种悖论被称为佯谬等，实质上就是将疑难看作一种合理的客观存在，这不能说没受到"零点困难"长期没得到解决的影响。

物理学疑难，一般是指结论与物理基本定律发生冲突。其实，逻辑上自相矛盾的悖论，同样是对自然规律的违背，也是疑难的一种，且以更尖锐的形式，提出迫切需要解决的两难问题，是科学发展的最直接动因之一。许多情形下，悖论都起着反驳和证明的作用，其中最著名的当数伽利略的"自由落体实验"对亚里士多德的否定。

任何理论，一旦产生悖论，就必须积极着手解决。佯谬一词，其本义为"假的错误"，这是个典型的文理不通词汇。将悖论称为佯谬，而能被国内学界普遍采纳，并成为物理学专属名词，以文字游戏的形式将疑难合法化，显然极为荒谬。或许正是佯谬一词的引入，"正统"学者们极少去关注或着手解决此类疑难，而更专注于数学"游戏"。因为这样做，就不必担心疑难对物理学的冲击。这种坐视物理疑难存在而不积极设法解决的现象，标志着物理学研究的倒退，这也是近百年来物理学没有重大突破的根本原因。

疑难的产生并不可怕，可以留给后人去解决。可怕的是对疑难的一味掩饰，而错过了及早消除的良机，更浪费了后来学子们的宝贵时间，以及养成了错误的思维方式。正视疑难，承认不足，是每一位科学工作者必须具备的品质。

由于佯谬一词已流传甚广，为照顾大家习惯，后文仍继续使用"佯谬"一词，即使"佯谬"一词终将从物理学中被抹除。需注意的是，佯谬就是悖论，就是物理疑难。通过本书将会看到，一切疑难的产生，皆源于前提的不完备，或者前提及推理过程中存在的错误。彻底合理地解决掉物理学疑难，是物理学健康发展的根本保障。

参考文献

[1]张三慧.大学物理学(第四册),波动与光学[M].北京:清华大学出版社,2001:67-68.

[2]南京工学院等七所工科院校编,马文蔚,柯景凤改编.物理学(下册)[M].北京:高等教育出版社,1982:63-65.

[3]张栖宁,冯杰,苏秋霞等.机械波动能与势能同步问题的深入分析.物理通报[J].2014(5),46-52.

第二章　暗物质的重新审核

暗物质被誉为笼罩在20世纪末至21世纪初，现代物理学的最大乌云。物理学家们为此进行了长期努力，提出了多种暗物质模型，如冷暗物质、超对称暗物质等，并进行了大量实验观测，但对暗物质的认识，迄今仍停留在初始提出时的程度。其实，暗物质的提出，同第一章情况类似，也是由于运算错误而导致的。更准确地说，暗物质是滥用数学而导致的一个错误假设，并对宇宙学研究产生了极其不良的影响，更造成了极大的人力物力资源浪费。

§2.1　暗物质的存在“证据”

2.1.1　暗物质的“理论证据”

1932年，瑞士籍天文学家扎维奇（Fritz Zwicky）在观测旋涡星系旋转速度时，发现星系盘的旋转速度相当快。而根据万有引力定律或位力定理 $(T)=-(r\cdot F)/2$（等号左侧为动能，右侧为势能），星系盘的旋转速度，应随着半径r的增大而下降。由此判断，星系盘的引力远大于牛顿引力（牛顿引力与距星系中心的距离平方成反比），推测必有大量未被观测到的神秘物质，使星系盘不致因离心力过大而被破坏。扎维奇首次称这些神秘物质为暗物质。

20世纪70年代后，随着科学技术的发展，人们获得了银河系和一些临近星系的旋转曲线（距离星系中心不同距离处的恒星或气体，绕星系中心旋转的速度图像），总体上趋于恒值，如图2-1所示（其中虚线为由位力定理得到的曲线），由此暗物质理论被广泛接受。国际暗物质研究开始升温，并将暗物质分为两种：一种是由不发光的星际气体、死亡冷却恒星、黑洞等构成的重子暗物质。另一种是除引力外，是否还参与其他作用不详的非重子暗物质，即通常意义的暗物质。

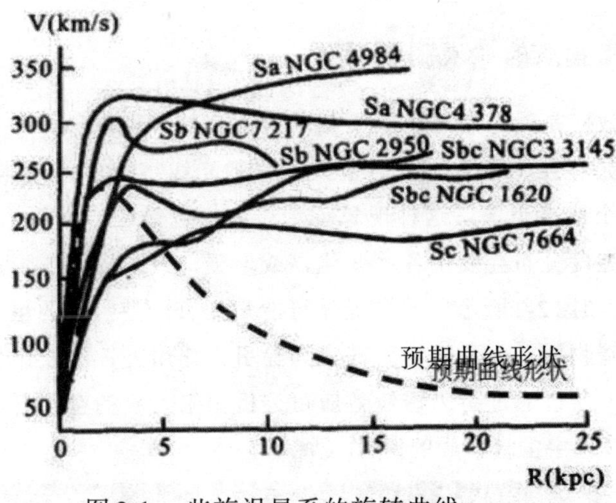

图 2-1 一些旋涡星系的旋转曲线

由于万有引力定律或位力定理针对的是二体问题，其能否直接用于含有众多恒星等天体的旋涡星系盘，并没有得到证明，所以扎维奇的分析显然非常粗糙。目前对暗物质的理论研究，采用了比扎维奇时代更为准确的算法，即根据星系盘与有限薄圆盘极（有限盘）极为相近的特性，将星系等效为有限盘。如此，只需求解出有限盘的引力场分布规律，星系的旋转曲线问题便容易解决了。但是，由于有限盘在数学上遭遇了解椭圆积分困难，至今也没能得到很好的解决，成为“引力理论的一个基本问题”。

目前，在天体力学中，被认为最精确的办法，就是使用半径无穷大的无限盘上任意点的引力势表达式，为

$$\Phi(\vec{r})=-G\int_{0}^{\infty}\sigma(r')r'dr'\int_{0}^{2\pi}\frac{d\phi}{\left|\vec{r}-\vec{r'}\right|} \tag{2-1}$$

式（2-1）中，$\vec{r}'=\vec{r}'(r',\ \phi',\ z'=0)$为盘面上某点坐标，$\vec{r}=\vec{r}(r,\ \phi,\ z=0)$为空间任意观察点坐标，$\sigma(r')$为盘面的质量密度。

由于式（2-1）涉及椭圆函数积分，目前也只能得到几种密度分布的引力势解。其中最适合的解为，假设盘面密度按指数规律衰减[1]，然后采取人为截断方式（忽略远离盘中心的小密度物质），处理成有限盘形式，以对应星系盘结构。为了得到平直的星系旋转曲线，又不得不在该模式的基础上，再次引入假设，即星系盘外存在大量球状分布的晕状暗物质。认为唯有如此，才能解释星系盘在动力学上的稳定性，这就是目前公认的暗物质理论证据。

2.1.2 暗物质的“观测证据”

引力透镜效应是爱因斯坦用广义相对论预言的一种现象，即在观测者至光源的视线上，如果存在一个大质量前置天体，则光线将在前置天体附近发生弯曲，使光源形成两个或多个像，这种现象称为引力透镜效应。在引力透镜的作用下，远方天体像的亮度分布会发生各种变化，或增强，或畸变，或形成环（爱因斯坦环），或放大，如图2-2所示。前置天体可能是拥有巨型黑洞的星系、星系团，也可能是非重子暗物质。由于暗物质被认为除引力作用外，不发出任何辐射而不能被直接观测到，所以通过引力透镜效应可分析出暗物质的空间分布，于是引力透镜效应被称为发现宇宙暗物质的探针。

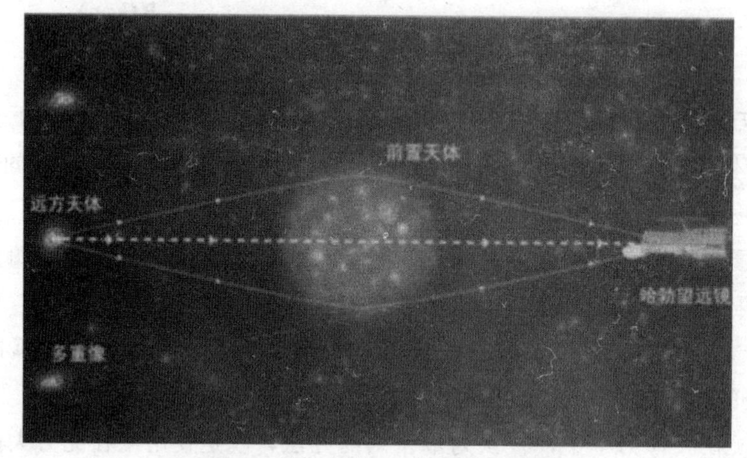

图2-2 引力透镜示意图

2006年8月21日，钱德拉X射线和哈勃光学空间望远镜，公布了位于船底座距地球38亿光年的子弹星系团1E0657-56的两个子星系团，在垂直于视线方向上刚刚发生的一场高速碰撞照片。将两种不同方式拍摄的照片重叠后，发现高温普通物质（X射线波段观测）和“暗物质（根据引力透镜效应观测）”对称地分离了，且暗物质在前，普通物质在后[2]，如图2-3所示（可下载彩色图片，效果更直观）。分析认为，普通物质之间因发生碰撞而形成阻滞作用，使运动速度变慢，而暗物质之间因相互作用很弱，可以彼此穿过，所以暗物质比普通物质分离得更远一些。后来哈勃和钱德拉望远镜又公布了几张其他星系团碰撞的类似照片，如猎户座Abell 520星系团、鲸鱼座MACSJ0025.4-1222星系团，这些都被认作暗物质存在的“直接证据”。

图 2-3 两个子星系团刚刚发生的高速碰撞
（2、3 圆内为高温普通物质，1、4 圆内为暗物质）

2007 年 5 月 15 日，哈勃望远镜公布了星系团 CL0024+17 拥有暗物质环的图像，环径达 260 万光年，如图 2-4 所示。该星系团位于双鱼座，距离地球约 50 亿光年。图中的暗物质环是根据它产生的引力透镜效应照片分析、描绘出来的。照片由哈勃望远镜于 2004 年 11 月拍摄，使用 6 种不同波长的滤光片，曝光 14 小时。

图 2-4 CL0024+17 拥有暗物质环的图像

之后，对宇宙大尺度结构的观测、微波背景辐射等，也都归结为暗物质存在的证据。

§ 2.2 暗物质“证据”的质疑

2.2.1 暗物质理论的质疑

利用无限盘引力势得出的暗物质结论，在整个推演过程中，有以下几点疑问：

1. 人为截断的处理方式与实际相比，会产生多大的偏差，至今在物理学中并没有被充分地讨论。星系在整个宇宙中，不过是个发光点，星系盘外的物质密度只要不为零（由盘密度按指数规律衰减可知，密度只能无限接近零，而不能等于零。见2.1.1节），其无限累加起来的质量与星系质量相比，是不容忽略的，更不被数学的近似概念所允许。可见，这种人为截断方式，并不能符合有限盘引力势的解。

2. 球状暗物质晕的加入，将破坏最初的盘密度按指数规律衰减假设，因而也就失去了应有的运算意义。可见，以该假设为基础的整个推导过程及结果，因偏离初始条件而不再成立。

3. 由于球壳内任一质点受到的引力之和为零[1]，可知星系盘外部球状分布的暗物质，对星系盘不会产生任何引力作用。这与凭主观猜测的，外环会对内环产生向外的径向拉力[1]，明显自相矛盾（仅文献［1］中便出现了前后不一致情况，足见其毫无说服力）。可见，大量球状分布的晕状暗物质假设，在理论上根本不能成立。由此也可看出，用无限薄圆盘模式对有限盘引力势的计算结果，其偏差将难以估量，或说是一种无效演算。

4. 至于宇宙中23%的暗物质来源，是在广义相对论场方程的解过程中，出现了可为任意恒值（也可为零）的常数，即宇宙常数，这为某些学者的想象力提供了极大的发挥空间。所谓的23%暗物质，就是将暗物质、暗能量对应为宇宙常数后，而得到的计算结果。暂且不论这种做法能否成立，仅从其过程看，暗物质的提出背景，与广义相对论无任何关系。广义相对论对暗物质量的计算，是依附于暗物质存在的前提下，并不是新思路下的又一次预言，因而不能作为暗物质的存在证据（在第八章中将证明，这个宇宙常数确实为零或称不存在）。也就是说，广义相对论并没有预测暗物质存在，23%暗物质不过是对宇宙常数的生搬硬套。

由以上可见，“无限盘”的推算方式存在着很大纰漏，由此贸然提出暗物质存在的假设，是极不严谨和理智的。

2.2.2 暗物质观测证据的质疑

由于暗物质观念早已深入人心，仅凭对暗物质理论证据的质疑，还不足以否定暗物质的存在。再看那些所谓的观测“证据”。

对于引力透镜效应的前置天体，是用质光比大小来描述其中暗物质的比重。但质光比中的质量计算方式，是以星系中可视物质密度随半径增大而趋于常量为前提的[3]，这个纯猜测性前提，显然与星系照片不符（见后文2.3.3节中的图2-7和图2-8）。再说，目前计算出的质光比结果，无论是星系内不同半径处进行比较，还是不同星系进行比较，皆不是常量[4]，所以根本无法估算暗物质比重，尤其星系中还存在有大量不发光天体，如黑洞、尘埃等。也就是说，对暗物质含量的观测，目前并没有一个能够明确的样本，也没有统一的估算方法，即所谓“暗物质的探针”，实际上是建立在没有坚实依据的猜测性基础上，根本不能作为暗物质存在的证据。

图2-3是被称为“证明暗物质存在的最强有力观测证据”。其出发点为，“暗物质之间相互作用很弱，可以彼此穿过”，但“相互作用很弱”与暗物质的强大引力效应明显自相矛盾。可见，这个所谓的“最强有力观测证据”，其依据是来自一个几乎不可能成立的猜想。

其实对于图2-3，完全可以从星系结构得到很好的解释。太阳系按最小尺度—冥王星的公转轨道（0.00062光年）面积计算，是太阳自身所占面积的1亿多倍，而仅占太阳系质量0.14%的所有行星等加在一起所占面积，基本可忽略不计。这说明太阳系或其他恒星系的内部，是非常空旷的。太阳系与最近的毗邻星（Proxima）相距4.2光年，说明整个星系的内部更为空旷。星系之间的距离最小也得以几十万光年计，即星系团的内部更是极其空旷。由此可知，当两星系团发生碰撞时，大多数物质必将彼此无碰撞越过，而成为快速的低温物质。只有很少量的物质才会发生碰撞，形成慢速高温物质。可见，图2-3是个很正常的天文现象，根本不能成为暗物质存在的所谓“最强有力观测证据”。

对于图2-4的暗物质环，其照片经过“分析、描绘”（在相关文献中没有查到有关“分析、描绘”的原理说明），很难说这里没有人为因素的影响，更看不出与暗物质有什么必然的逻辑关联。

通过以上质疑可知，暗物质的提出，不但其理论“证据”不能令人信服，其实验“证据”同样不能令人信服。暗物质学说的建立，自始至终都没有离开人为主观因素的干预，且问题、矛盾重重，基本上无可信度可言。

再看目前寻找暗物质的状况，为了寻找暗物质，多年来科学家们提出了许多暗物质模型，如冷暗物质、超对称暗物质等，但到目前为止，都没有真正的、被大家公认的、能直接观察到暗物质的实验[5]。根据被广为接受的理论，太阳系周围的空间理应充满暗物质“雾”。但智利天文学家团队进行的迄今最大型的同类调查研究发现[6]，分析得到的质量数据与太阳系周围观测到的恒星、尘埃、气体等的质量非常吻合。这意味着，想在地球上直接探测暗物质粒子的实验，几乎没有可能。

2017年11月30日*Nature*杂志在线发表，世界上最强的中国暗物质探测卫星——“悟空”，在太空中测量到了电子宇宙射线的一处异常波动，但这不过是“悟空”获得的迄今最为精确的高能电子宇宙线能谱。早前的理论研究仅认为，暗物质粒子湮灭或衰变过程产生的电子在能谱上“可能”会出现“截断”特征，即这个“截断”是否来自暗物质还只是个未知数。也就是说，“悟空”测量到的“异常波动”，或许是来自超新星遗迹或是毫秒脉冲星等以外的某种宇宙射线源，所以说“悟空”测得的结果，距离发现“暗物质”还很远。

§2.3 星系旋转曲线的重新推导

2.3.1 恒星系与星系盘的引力场分布差异

由前面分析可知，无论是理论还是实验观测，皆不能肯定暗物质的存在。那么，对暗物质理论进行重新审核，便显得极为必要了。尤其是在暗物质被广泛接受，却又问题不断的今天。

理论计算得到的太阳系引力范围在1光年左右，而离太阳系最近的毗邻星，距太阳系为4.2光年。可见，银河系内的其他恒星系对太阳系的引力影响，可以忽略不计。

太阳质量占整个太阳系质量的99.86%，每个行星受到的引力，几乎全部由太阳提供，因此符合万有引力定律$F=GMm/r^2$的应用条件。结合圆周运动公式$F=mv^2/r$，得$v^2=GM/r$。可见，行星距太阳越远，公转线速度越小，即太阳系的旋转曲线符合预期曲线的形状，见图2-1中的虚线。

银河系由银盘、中心隆起的核球和盘外密度很低的银晕三部分组成，包含约1200亿颗恒星和大量的星团、星云，还有各种类型的星际气体和星际尘埃。银河系可视总质量是太阳质量的2100亿倍（这是来自哥伦比亚大学科学家的最精确数据，是截至2015年较为精确的值，其偏差可能在20%左右。早前数据认为银河系的质量是太阳的7500亿倍，甚至一度达到1万亿倍，误差率达到了100%，根本无法确定银河系的质量），其中约90%的质量集中在银盘中的恒星系内。银河系中心的核球质量，为太阳质量的7亿倍，仅占银河系总质量的0.5%，而核球中心的巨型黑洞，是太阳质量的400万倍，占银河系总质量的0.003%。银河系里的气体和尘埃含量，约占银河系总质量的9.5%。

由以上可知，银河系质量主要分布在银盘上，这与太阳系的质量分布规律有着很大的差异。银河系中某一天体所受的引力，主要由分布在银盘上的众多恒星提供，而太阳系中行星所受引力，主要由位于中心的太阳提供。也就是说，银河系或其他星系与太阳系的旋转曲线存在较大差异，未必一定是异常的。或者说，利用位力定理对星系旋转曲线的计算，是不可信的，而通过人为假设等因素将无限盘引力势改造成有限盘引力势，其产生的误差又无法预测，所以其结果也不可信。可见，提出暗物质假设的根本原因，是有问题的理论运算与实际观测结果的不符合。

2.3.2 有限薄圆盘内外引力场的推导

2.3.2.1 **球壳内外的引力场**

银河系直径一般按12万光年计，中心最厚的核球部分也只有0.7万光年，即银河系完全可近似为具有一定质量面密度的有限薄圆盘。求解出有限薄圆盘的引力场分布规律，是解决星系旋转曲线平直性不可回避的问题。

由§2.2中的质疑可看出，利用无限盘模式并不能得到有限盘引力场的近似解。现提出一种新的求解思路，即先求出球壳内外引力场的解，再据此导出有限盘引力场的解。

先看圆环对轴线上任一点的引力势，设圆环线密度为λ，则圆环的任一质量元$dm=\lambda dl$，如图2-5所示，则圆环各质元在轴线上Q点的引力势之和为

$$\phi_Q=\int_0^l -\frac{Gdm}{d}=-\int_0^{2\pi b}\frac{G\lambda}{d}dl=-G\frac{2\pi b\lambda}{d}=\frac{-Gm}{\sqrt{b^2+a^2}} \tag{2-2}$$

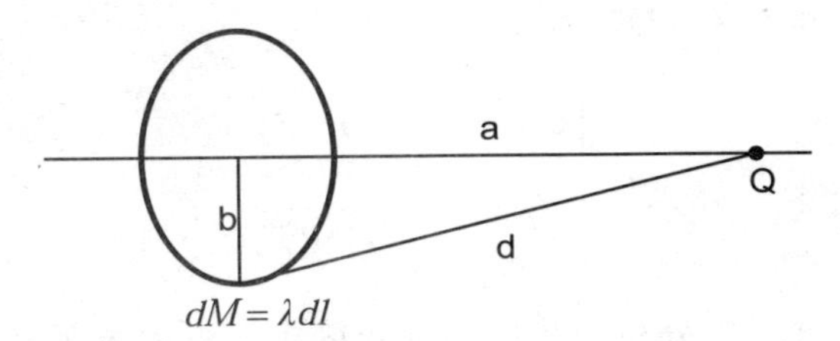

图 2-5 圆环轴线上的引力势

再看球壳内外的引力势，设均匀球壳的面密度为σ，且任一点P至壳心的距离为r，如图2-6所示。在球壳上任取一圆环质量元$dM=\sigma\cdot 2\pi b\cdot Rd\theta=2\pi\sigma R^2\sin\theta d\theta$，则由式（2-2）可知，圆环质量元对$P$点的引力势为

$$d\phi=\frac{-GdM}{\sqrt{(R\sin\theta)^2+(r+R\cos\theta)^2}}=\frac{-2\pi\sigma GR^2\sin\theta d\theta}{\sqrt{R^2+r^2+2rR\cos\theta}} \tag{2-3}$$

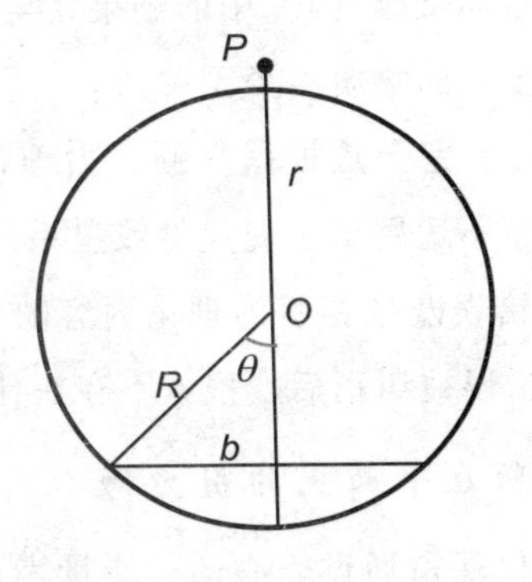

图 2-6 球壳内外引力势的求解

则整个球壳对P点的引力势为

$$\phi=2\pi\sigma GR^2\int_0^{\pi}\frac{-\sin\theta d\theta}{\sqrt{R^2+r^2+2rR\cos\theta}}=\frac{GM}{2}\int_1^{-1}\frac{d(\cos\theta)}{\sqrt{R^2+r^2+2rR\cos\theta}} \tag{2-4}$$

设$t^2=R^2+r^2+2rR\cos\theta$，则$\cos\theta=\frac{t^2-R^2-r^2}{2rR}$，$d(\cos\theta)=\frac{t}{rR}dt$，则式（2-4）可整理为

$$\phi=\frac{GM}{2}\cdot\frac{1}{rR}\int_{|r+R|}^{|r-R|}dt \tag{2-5}$$

取$\sqrt{t}$的算术平方根，则当$r<R$时，得

$$\phi=\frac{GM}{2}\cdot\frac{-2r}{rR}=-\frac{GM}{R}=\text{const} \tag{2-6}$$

当$r>R$时，得：

$$\phi=\frac{GM}{2}\cdot\frac{-2R}{rR}=-\frac{GM}{r} \tag{2-7}$$

联立式（2-6）和式（2-7），可知

$$\phi=\begin{cases}\text{const} & (r<R)\\ -\frac{GM}{r} & (r>R)\end{cases} \tag{2-8}$$

式（2-8）便是球壳内外引力势的精确表达式（const表示常量）。对式（2-8）求导，便可得到球壳内外引力场强的精确表达式

$$g_i=\begin{cases}0 & (r<R)\\ \frac{GM}{r^2} & (r>R)\end{cases} \tag{2-9}$$

式（2-9）也可参照式（2-8）的求解思路直接导出[7]，只是稍显复杂些。由式（2-8）和式（2-9）可知，球壳外的引力场分布与牛顿引力完全相同，而球壳内的引力场强则处处为零，这与文献［1］中的结果完全相同。也就是说，球壳内的引力场，与球壳外围对称分布的物质多少无关。

由于式（2-8）或式（2-9）完全是根据牛顿引力理论推导出的，可能会有人质疑其只适用于宏观尺度，而不适用于宇观尺度或星系尺度。导致该质疑的原因，就是受到了广义相对论中的错误及牛顿引力理论内容缺失的影响。在第六、七章将会看到，广义相对论中的错误被纠正后，根本不存在什么适用范围一说。

2.3.2.2 有限薄圆盘所在平面上的引力场

对于质量为M的球壳，仅保留通过壳心的一质量为m的大圆环。根据球壳的对称性，该圆环所在平面上的引力场强g_{io}，仍应保持式（2-9）形式不变，即

$$g_{io}=\begin{cases}0 & (r<R)\\ \dfrac{Gm}{r^2} & (r>R)\end{cases} \tag{2-10}$$

对于圆环所在平面，将圆环所围平面称为圆环内平面，其他部分称为圆环外平面。由式（2-10）可知，圆环只对圆环外平面贡献引力场，而圆环内平面引力场强处处为零。将有限盘看作由无数线密度均匀的同心圆环组成，则有限盘面上的任意一点的场强，就是各圆环引力场强的叠加，且各场强方向指向盘心。

设有限盘的任一子盘半径为r，质量为M，且构成子盘的圆环质量分别为m_i（i=1，2，…，r），则由式（2-10）知，子盘边界r处的场强就是有限盘面上的场强g_{iS}，为

$$g_{iS}=\frac{Gm_1}{r^2}+\frac{Gm_2}{r^2}+\cdots+\frac{Gm_r}{r^2}=\frac{G}{r^2}\sum_{i=1}^{r}m_i=\frac{GM}{r^2} \tag{2-11}$$

设有限盘的质量面密度为$\sigma(r)$（面密度周向均匀而径向不同，这完全符合星系面密度的分布形式），则式（2-11）可表示为

$$g_{iS}=\frac{G\pi r^2\sigma(r)}{r^2}=G\pi\sigma(r) \tag{2-12}$$

式（2-12）便是有限盘面上的引力场强表达式，其中r>0。在r=0的盘心处，$g_{iS}=0$，见式（2-10）。至此，被称为引力理论基本问题的有限盘面引力场，得到了彻底解决。

有读者可能会提出疑问，对于有限盘，为什么要转而求解引力场强，而不是直接求解引力势？这是因为，同心圆环引力势的叠加，涉及常数引力势（const）项，这在普通物理教材中，几乎没有遇到过。虽然常数引力势没有做功能力，物理上可以直接忽略，但在数学推理过程中，却是不可忽略的（属于物理冗余项），从而会带来物理上的理解困难。再说，引力势是表示引力场做功能力的物理量，而引力场强才是对引力场的直接体现。通过式（2-11）和式（2-12）再求解引力势，便可避免常引力势项带来的麻烦，这样也就容易理解了。

对于式（2-12），可设计一个简单实验进行检验，其原理为：利用电场与引力场的分布规律相同的性质，通过检测带电圆盘上的电场强度，便可达到间接判断圆盘引力场分布规律的目的。方法为：用多根绝缘棒，将多个不同半径的金属环，间隔均匀地同心固定成盘状。通过精确控制各金属环带电量，求出圆盘面的电荷面密度表达式。再将一试验电荷多次放置于不同金属环间（不要碰触金属环），根据试验电荷的受力大小，便可推断出带电盘上电场沿天径方向的分布规律，从而达到间接验证式（2-12）的目的。

2.3.3 星系盘的质量密度

由式（2-12）可以看出，有限盘的面密度$\sigma(r)$，是解决星系旋转曲线问题的关键参量。目前对星系盘密度的确定，都是事先建立模型，再据此推导出相应的盘密度分布公式[8]，其正确与否主要依赖于模型的建立，人为成分大，且过程复杂，结果也不直观，所以不宜采纳。下面根据星系图片，直接推导出星系盘的$\sigma(r)$。

旋涡星系都有着旋臂结构，旋臂是恒星、气体和尘埃集中的地方，也是星系可视质量的聚集处。由图2-7可看出，银河系盘面上的每条旋臂从内向外，其亮度非常接近（边缘部分除外）。由此推断，各旋臂可视质量的线密度，大致是均匀的。图2-8是哈勃太空望远镜拍摄的M51大旋涡星系图像，其更清晰地表现出了旋臂质量线密度的均匀性。也就是说，构成星系盘的可视物质，大体上是以旋臂为主且按线密度均匀的方式分布。

图2-7 银河系

图2-8 M51大旋涡星系(左为可见光图像,右为近红外图像)

旋涡星系的旋臂形状，与几何学中的平面螺线（切向量与一固定方向呈定角的曲线，也称为定倾曲线或等角螺线）非常相似，其对应的螺线极坐标方程有两种，分别为：$\rho=\alpha e^{\theta\cot\alpha}$（对数螺线）和$\rho=\alpha\theta$（阿基米德螺线）。这两种螺线的弧长与极径的关系分别为

$$l_1=\int_{-\infty}^{b}\rho d\theta=\int_{-\infty}^{b}\alpha e^{\theta\cot\alpha}d\theta=\frac{\alpha e^{b\cot\alpha}}{\cot\alpha}=\frac{|\rho|}{\cot\alpha} \tag{2-13}$$

$$l_2=\int_{0}^{b}\rho d\theta=\int_{0}^{b}\alpha\theta d\theta=\frac{\alpha}{2}b^2=\frac{b}{2}|\rho| \tag{2-14}$$

由式（2-13）和式（2-14）知，无论旋涡星系旋臂属于何种螺线，旋臂长l与矢径r皆为正比关系，即$l=br$（b为常数）。这通过图2-9所示的银河系旋臂结构也可直观地看出，旋臂在两个同心等宽阴影环中的长度，是近似相等的。设旋臂的质量线密度为λ，则n条旋臂构成的银盘面密度为

$$\sigma(r)=\frac{nl\lambda}{\pi r^2}=\frac{nbr\lambda}{\pi r^2}=\frac{k\lambda}{\pi r}\quad（k=nb\text{为常数}） \tag{2-15}$$

式（2-15）便是根据星系图片总结出的，可称为旋涡星系盘面密度的经验公式。

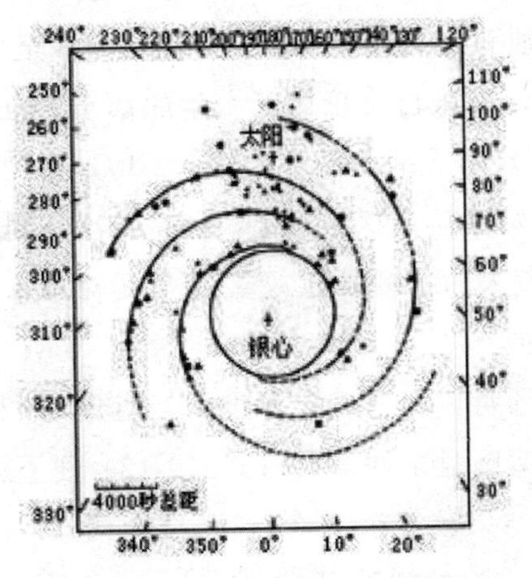

图2-9 银河系的螺线形旋臂结构

2.3.4　完全正常的星系旋转曲线及银河系质量验证

根据牛顿引力理论$g_i=v^2/r$，则$v^2=g_ir$。再结合式（2-12）和式（2-15），得旋涡星系盘面上某点的旋转速度为

$$v=\sqrt{g_{is}r}=\sqrt{G\pi\sigma(r)\cdot r}=\sqrt{G\pi\frac{k\lambda}{\pi r}r}=\sqrt{k\lambda G}=\text{const} \tag{2-16}$$

式（2-16）表明，旋涡星系旋转曲线的平直性，取决于旋臂质量线密度$M=\pi r^2\sigma(r)=\pi r^2\frac{k\lambda}{\pi r}=\frac{v^2}{G}r$的均匀性，基本符合天文观测结果，如图2-1所示。可见，由可视物质构成的旋涡星系，其旋转曲线的平直性完全正常，根本无须暗物质

帮忙。

现计算之前从未得到过的银河系理论质量。前面关于旋涡星系的推理，是将星系等效为厚度均匀的理想薄盘面，但实际上的银河系总体上略微内厚外薄，而银河系的质量约90%集中在银盘上，所以可将银盘以外的质量，假想为均摊在了银盘的较薄处，以使银盘厚度尽量均匀。如此，以银盘尺度为基准计算出的质量，更接近整个银河系的质量。根据式（2-15）和式（2-16），银盘的旋转速度等于太阳系绕银河系中心的旋转速度，为250km/s，银盘半径取5万光年，可得银河系质量为

$$M=\pi r^2\sigma(r)=\pi r^2\frac{k\lambda}{\pi r}=\frac{v^2}{G}r=\frac{\left(2.5\times10^5\right)^2}{6.673\times10^{-11}}\times5\times10^4\times9.46\times10^{15}\approx4.45\times10^{41}\mathrm{kg} \quad (2\text{-}17)$$

式（2-17）除以太阳质量1.9891×10^{30}kg，得银河系质量约为2200亿倍太阳质量。

至目前为止，以不同方式测定的银河系可视质量，差异很大。在最近十几年内，最大与最小的测定质量，仍相差4倍[9]。被认为截至2015年较为精确，也是目前学界较为认可的值，是来自哥伦比亚大学的博士Andreas Kupper负责的研究小组，给出的2100亿倍太阳质量。这与由式（2-17）得到的2200亿倍太阳质量，符合精度达5%。这在银河系质量探索史上，还是首次达到理论与实测的符合（之前的理论和实测都存在较大的猜测成分）。这无疑是对本章内容的充分肯定，更是对暗物质学说的彻底否定。

再看，由于实际的圆盘皆存在一定厚度，当盘厚与r相差不大时，应近似为椭球或球体而不再符合薄圆盘条件，此时式（2-12）便不再适用。对于球体内部的引力场强（椭球体的结果较复杂，略），可结合式（2-9），并设球的体密度为$\rho(r)$，可得［参考式（2-12）求解过程，略］

$$g_i=\frac{4\pi G\rho(r)}{3}r \quad (2\text{-}18)$$

式（2-18）表明，如果靠近星系中心部分的质量密度是均匀的，即$\rho(r)=$const，则其旋转曲线将呈线性上升，这完全符合图2-1的要求。该部分的曲线，可能也是早前理论所不能解释的。

目前对暗物质探测的投资越来越大，但自然界不会因为人类的热情，而改变暗物质探测的“零结果”，这同样也可视为对暗物质学说的否定。其意义或许同当年迈克尔逊-莫雷实验的“零结果”一样，使人们对自然界的认识发生重大改变。

本章小结

通过暗物质的提出历史，对各阶段的理论结果进行了深入的分析，指出无论

是早前的理论，还是后来的观测证据，都存在着很大纰漏，根本不能确证暗物质的存在。早前对有限盘引力势的求解过程，既有主观上的猜测，也有对数学的滥用。天文观测所给出的暗物质"证据"，更多是对暗物质学说一种人为迎合，从而给天文学研究造成了极大困惑。

新思路下对有限盘引力场的求解，没有利用任何假设性前提的帮助，在整个推导过程中完全按照常规数学演算逻辑，便解决了这一困扰人们一百多年的难题。主要内容为：

1.先精确求导出球壳内外引力场的分布规律式（2-9），进而得到圆环所在平面上引力场的表达式（2-10），最后通过对圆环引力场的叠加，求解出有限盘面上引力场的表式（2-12）。

2.通过对旋涡星系图片进行分析，得出银盘面密度$\sigma(r)$的关系式（2-15）。

3.由上述1、2两步，便可得出星系盘旋转速度为常数的结论，即旋涡星系旋转曲线的平直性完全正常，根本无须暗物质帮助。由此计算出的银河系质量，与最新测定结果符合得很好，从而彻底否定了暗物质的存在。尤其是还解决了靠近星系中心的旋转曲线，将呈线性上升，而与实验观测相符合。

参考文献

[1]詹姆斯·宾尼，斯科特．星系动力学[M].宋国玄译，上海：上海科学技术出版社，2005：54，23，50.

[2]Clowe D，Bradac M，Gonzalez A H，et al. A Direct Empirical Proof of the Existence of Dark Matter[J]. Astrophysical Journal，2006，648(2)：L109-L113.

[3]李宗伟，肖兴华．天体物理学[M].北京：高等教育出版社，2001，462

[4]何香涛．观测宇宙学[M].2版．北京：北京师范大学出版社，2007-12：100

[5]李金．暗物质的直接实验探测[J].物理，2011，40(3)：161-167.

[6]Bidin C M，Carraro G，Mendez R A，et al. Kinematical and chemical vertical structure of the Galactic thick disk II. A lack of dark matter in the solar neighborhood[J]. Astrophysical Journal，2012，751(1).

[7]田树勤．黑洞理论重探及宇宙模型重建[J].现代物理，2014，4：37-49.

[8]童彝，吴圣谷．由旋涡星系的外形定其物质密度分布的方法[J].北京师范大学学报(自然科学版)，1983(4)：69-74.

[9]赵君亮．银河系质量的多途径测定[J].天文学进展，2015，33(2)：175-187.

第三章　时空变换式的重新推导

狭义相对论有着非常简洁清晰的框架结构，其核心就是在两个原理假设基础上，通过数学建模而依次推导出的四个变换式：时空→速度→加速度→力。关于狭义相对论的各种具体结论，皆由各变换式导出。可以看出，时空变换式是整个狭义相对论的最基本方程，其在导出的过程中稍有差错，便会被后续推理不断放大，从而给整个理论带来难以想象的后果。爱因斯坦的时空变换式，便是正确与错误并存的时空方程。

§3.1　不同惯性系间的时空变换关系

3.1.1　狭义相对论简介

经典物理学从伽利略开始，经过几百年的发展，形成了三大理论体系：①以牛顿的运动三定律和万有引力定律为基础的经典力学。②以麦克斯韦方程组为最高成就的经典电磁学。③以热力学三定律为基础的热力学宏观理论及以分子热运动为基础的统计物理学微观理论。这三大理论体系，无论是相互间的逻辑自洽性还是实践应用，都已臻完美，这就是通常所说的经典理论。当物理学家们对此感到非常满足时，物理学上空却出现了“两朵乌云”，即迈克尔逊-莫雷实验的“零结果”和黑体辐射的“紫外灾难”。

从17世纪到19世纪末，科学家们为了寻找一种力学模型来解释光学现象，发展起来了一套以太理论。光的波动说理论和麦克斯韦电磁理论，最初就是建立在以太的基础之上。以太在当时被认为是传播光的介质，且充满整个宇宙空间，是绝对静止的。一些以以太为基础构造的理论，看上去还得到了诸多实验的证实。

既然以太如此重要，就需要做个实验来证明它的存在。迈克尔逊与莫雷合作，多次高精度地测量了地球相对于以太的运动（其原理请参考相关文献），但在1887年公布的实验结果中，却没有发现地球相对于以太的运动。这大大震惊了当时的物理学家们，他们无法相信根本不存在以太这种东西。为了维护以太理论，一些科学家提出了各种不同的假说来解释迈克尔逊-莫雷实验的零结果。其中最著名的就是洛伦兹的收缩假说，即一切物体都要在运动方向上按$\sqrt{1-v^2/c^2}$的比例收缩（v为物体相对以太的速度，c为光速）。这一理论仍保留了以太的存在，但却与麦式电动力学不符，与一些实验也不符合[1]，最终因缺乏逻辑上的完备性和体系的严密性而被否定。

爱因斯坦全面分析了当时的物理学成果，断然否定了以太的存在，把视野投向了整个时空范围，提出了两个原理假设。

1.相对性原理：一切物理定律在所有惯性系中都具有相同的形式。也就是说，所有惯性系都是相同的，一切惯性系彼此等价。

2.光速不变原理：无论光源或观测者如何运动，光速始终为常量c。

关于爱因斯坦的这两个假设，经受住了大量实验证实。现仅举两例极具说服力的实验：

1.两菜塞实验（Cialdea，1972）[2]：就是在旋转平台的对应两端各安置一个激光器，并发出平行光，其中一路经反光镜90°反射后透过一平行于反光镜的半透镜，另一路经该半透镜90°反射后，与前一路光发生干涉。按照以太理论，两路光的差频将周期性变化，但实验结果却没有变化。其给出的“以太漂移”上限是0.009km/s，精度远高于迈克耳逊-莫雷实验的0.95km/s，但仍始终测不出地球的绝对运动速度。这说明，所有惯性系都是等价的。从而有力地支持了狭义相对论的第一条基本假设一相对性原理。

2.高速粒子的γ辐射实验（Alvager等人，1964-1966）[2]：由同步加速器产生的速率为0.99975c的高速0介子，实验测得其衰变辐射出的光子的速率仍为c，明确地支持了狭义相对论的第二个基本假设——光速不变原理。

以上是说，两个原理假设的正确性是不容置疑的，所以不再讨论（第四章将再从理论上给出证明）。狭义相对论便是以两个原理为基础，通过建立数学模型而演绎出的理论，其总体框架如图3-1所示。

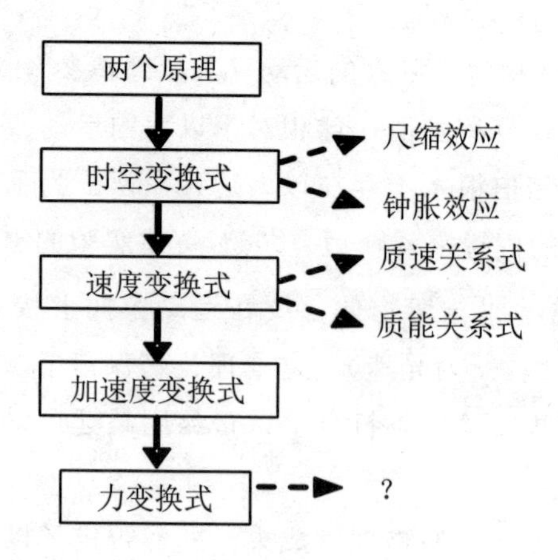

图 3-1 狭义相对论总体框架

由图3-1可以看出（其中变换式指洛伦兹变换式），从两个原理到具体规律的得出，其推导过程不允许有丝毫差错，否则极可能得出一些不可思议的结果，且错误成因很难被发现。这同由具体规律归纳总结出的经典理论，逻辑顺序正相反。从经典理论不断完善的过程可知，经典理论即使产生了差错，也较容易被及时发现并纠正。

无论是宇观还是微观，狭义相对论在现代物理学中都有着举足轻重的作用，是不允许有丝毫差错的。从前两章内容可以看到，物理学最易出错的部分，就是数学模型的建立和正确界定数学变量所表达的物理意义，而仅限于数学的运算则不易出错。可见，时空变换式是整个狭义相对论的最核心方程，是最易出问题的环节，稍有差池便会给整个理论带来不可预知的后果。

爱因斯坦获取时空变换式的大致过程为，设对应坐标轴相互平行的S`惯性系和S惯性系，以相对速度v沿x轴方向运动（看图3-2），再根据两个原理假设，推算出的正、逆时空变换式（正逆变换式的差异，仅是动系速度v的符号相反）分别为

$$\text{正变换式：}\begin{cases} x` = \gamma(x - vt) \\ y` = y \\ z` = z \\ t` = \gamma\left(t - \dfrac{v}{c^2}x\right) \end{cases},\quad \text{逆变换式}\begin{cases} x = \gamma(x` + vt`) \\ y = y` \\ z = z` \\ t = \gamma\left(t` + \dfrac{v}{c^2}x`\right) \end{cases} \tag{3-1}$$

式（3-1）便是目前狭义相对论的最核心方程—时空变换式，其中$\gamma = 1/\sqrt{1 - v^2/c^2}$，称为相对论因子。

关于狭义相对论的尺缩钟胀效应及质—速、质—能关系，都很好地得到了实验的检验。但随着理论推进，至加速度变换式及力变换式时，便得出了些不可能

符合实验的奇怪结论，如加速度与力不平行（有违力概念定义的内涵），并表现出了逻辑上的不自洽性。这说明，实验只能对某一结论进行证实，而不能遍及整个理论，即实验是有局限性的。可见，逻辑自洽性对于理论，丝毫不亚于实验对于理论的重要性。

无论是归纳性理论还是演绎性理论，对于一个完美理论，不但要求所有结论符合实验，还要求必须满足逻辑的自洽性。在狭义相对论中，仅其产生的佯谬不下十几种，根据"没有理一定不存在"观点，说明狭义相对论的自身必存在缺陷，所以极有必要对狭义相对论的各个部分进行重新审核。本章的主要内容，就是深入分析式（3-1）在推导过程中存在的问题，并予以修正及检验。

3.1.2 推导过程中隐藏的一个假设

3.1.2.1 隐藏假设介绍

物理学中的假设一般分为两种，一种是在一定理论或实验的基础上提出的假设，如光速不变原理在当时之所以称假设，是因为光速不变在当时可以有两种解释：①以太发生了收缩；②时空是可变的。另一种是为达到某一目的而提出假设，如麦克斯韦的位移电流假设，唯有如此，才能使前人的研究成果得到高度的统一。

假设的提出必须尽快得到证实，否则，错误假设一旦被学术界普遍接受或流传开，将会给物理学带来很大的麻烦。如目前量子场论中的场量子化假设，在应用过程中不得不增添多个假设，但最后仍不能解决发散困难。还有宇爆模型假说，就更是疑难不断了。但目前的许多物理学家却罔顾疑难的产生，仍坚持这种假设是正确的，甚至认为正确的理论可以不必保持逻辑自洽性，从而使得关于微观和宇观的理论，充斥着各种玄学性观点，且造成了大量人力、物力和时间的浪费。也就是说，物理学假设的提出，必须慎之又慎，即便是为达到某一目的而提出的假设，也需要在与基本定律无冲突的情况下，尽早给予证实，如麦克斯韦的位移电流假设，被证明是符合电流连续性原理的。从物理学的发展历史看，以不能被证明的假设而发展起来的学说，最终几乎无不以失败而招至淘汰，如以太说和地心说等。那种"大胆假设，小心求证"观点，不过是浮躁侥幸心态的表现。

在式（3-1）的整个导出过程（可参阅当前所有相关文献）中，除两个原理假设外，还隐藏着一个前提条件：不同惯性系之间的时空变换必须是一组线性变换，即 $x` = k(x - vt)$ [逆变换 $x = k(x` + vt`)$]。几乎所有文献皆是在此线性关系成立的基础上，将正、逆变换联立为方程组，再结合两个原理假设，而解出变换系数 $k = \gamma$。

不同文献专著在阐明上述线性关系的来历时，皆含糊其词，且不尽相同。其出发点大致有两个：①时空是均匀的[3]；②符合相对性原理[4]。但仅凭这两点，很难看出不同惯性系间的变换一定是线性变换，更无具体的推导过程，这也是狭义相对论让许多人尤其是初学者感到困惑的原因之一。

另外还有一种说法是，上述线性关系已得到了数学上的证明。笔者查阅了很多资料，始终也没能找到其证明过程。而对于提出光速不变原理之前的数学，更不可能针对上述线性关系给出证明。

在目前的专著文献中，皆将上述的“一组线性变换”当作一条定论。估计可能是继承了洛伦兹收缩假说思想，只不过是把相对以太的收缩换成了空间收缩。遗憾的是，几乎所有文献在介绍或推导时空变换式之前，都没有关于收缩假说的详细推导过程（据说洛伦兹收缩式的推导过程很复杂）。按照物理学惯例，这应属于假设范畴，在此称为隐藏假设。

3.1.2.2 **隐藏假设的论证**

隐藏假设的存在，使狭义相对论与经典理论在逻辑上形成了断层，这极易使人们对相对论的理解产生偏差，如一直就有人认为相对论性尺缩不是真实的。为了保持物理学逻辑的连续性，以及经典理论向狭义相对论的平滑过渡，并达到深刻理解和学好相对论的目的，对隐藏假设进行严密论证，既是理论需要，也是保持物理学完备性的不可或缺过程。

对应坐标轴相互平行的S、S`惯性系，以恒速$v$沿$x$轴做相对运动（后文凡涉及相对运动的惯性系，皆为S`系相对S系向右运行），如图3-2所示。根据相对性原理，则无论在哪个惯性系观察，另一惯性系的速度大小皆为v，只是方向相反。以两坐标原点重合的瞬时作为计时起点，自原点O沿x轴发出一光信号。当光信号到达任意点P时，根据光速不变原理，在S系中观察，光信号相当于由O点发出，而在S`系中观察，则光信号相当于由O`点发出（有些文献将此归结为同时的相对性[4]，很令人费解），则

$$x = ct \qquad (3\text{-}2)$$

$$x` = ct` \qquad (3\text{-}3)$$

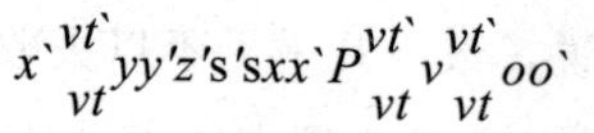

x` vt` vt yy'z's'sxx`P vt` vt v vt` vt oo`

图3-2 两惯性系间的坐标变换

按照几何观点或伽利略变换，点P在两惯性系中的坐标关系为

$$x = x` + vt` \qquad (3\text{-}4)$$

$$x` = x - vt \qquad (3\text{-}5)$$

式（3-4）一般称为逆变换式，而式（3-5）则称为正变换式。从方程形式看，式（3-4）同式（3-2）一样，观察系为S系；式（3-5）同式（3-3）一样，观察系为S`系。

将式（3-2）~式（3-5）联立为方程组，为了消去$t`$，将式（3-4）等号两边同除以$x`$，再将式（3-3）代入，可得

$$\frac{x}{x`}=1+\frac{vt`}{x`}=1+\frac{v}{c} \tag{3-6}$$

同理，式（3-5）等号两边同除以x，再将式（3-2）代入，得

$$\frac{x`}{x}=1-\frac{v}{c} \tag{3-7}$$

式（3-6）×式（3-7）得：$1=1-v^2/c^2$，这显然不能成立。可见，式（3-2）~式（3-5）联立成的方程组，在通常观念下不能成立，即伽利略变换与光速不变原理发生了冲突。但式（3-2）~式（3-5）中的每一个方程建立，都是成立的，这就需要从物理的角度，分析方程组不成立的原因，而不可纠结于数学方程本身。

由于式（3-2）、式（3-4）与式（3-3）、式（3-5），属于两个不同观察系的结果，可知方程组不成立的唯一可能，就是运动系的坐标，代入观察系时，其尺度发生了改变。也就是说，S`系中的$x`$映射到S系中时，其大小发生了改变；反之亦然。

根据相对性原理，无论在哪一个惯性系中观察，另一惯性系的尺度变化比例，都应是相同的。设尺度的变化比例为k，则式（3-6）中的$x`$变为$kx`$（此时观察系为S系），才能保持式（3-6）成立。同理，式（3-7）中的x变为kx（此时观察系为S`系），才能保持式（3-7）成立。如此，同名坐标值在任一惯性系中，都可以保持不变，即保持观察系中的尺度。这与洛伦兹收缩假说，或许有着相同的判断思路。如此，则式（3-6）和式（3-7）变为

$$\frac{x}{kx`}=1+\frac{v}{c} \tag{3-8}$$

$$\frac{x`}{kx}=1-\frac{v}{c} \tag{3-9}$$

式（3-8）×式（3-9），可得

$$k=\frac{1}{\sqrt{1-\frac{v^2}{c^2}}}=\gamma>1 \tag{3-10}$$

式（3-10）表明，速度v不能大于光速，否则将成为无物理意义的虚数，γ称为相对论因子。整理式（3-8）和式（3-9），并结合式（3-2）和式（3-3），便可回到式（3-1）的形式，为

$$x=\gamma(x`+vt`) \tag{3-11}$$

$$x`=\gamma(x-vt) \tag{3-12}$$

式（3-11）和式（3-12）表明，光速不变原理与经典理论完全可以融洽地统一起来，即相对运动的两惯性系，在运动方向上为线性变换。式（3-11）的物理意义为：在S系中观察，S`系中$x$`轴上的尺度，按线性规律发生了收缩，需要用γ系数修正，才能保证式（3-11）成立。同理，式（3-12）的观察系为S`系，S系中x轴上的尺度，按照相同的线性规律收缩。如此，便在物理上证明了“不同惯性系之间的时空变换必须是一组线性变换”的结论（见3.1.2节），隐藏假设得以证明。变换系数为γ的变换，称为洛伦兹变换。变换系数为1的变换，便是伽利略变换。

由以上可知，对于洛伦兹变换式，必须约定观察系与运动系：正变换式的观察系为S`系，运动系为S系；逆变换式的观察系为S系，运动系为S`系。或说，变换式的等号左端为观察系或静系，等号右端为运动系。可见，理解和运用好洛伦兹变换式的关键，首先必须明确观察者所在惯性系。

在之前的专著文献中，多是将正逆变换式看作两个普通的方程组，而忽视了变换式的物理意义，即在某些数学推演过程中不加区别地对待观察系和运动系。这对于变换系数为1的伽利略变换式是可以的，但对于变换系数为γ的洛伦兹变换，如果不考虑正逆变换的物理意义，必会造成动静时空的混乱。毫不夸张地说，将数学凌驾于物理学之上的所谓现代物理学，已失去了物理学本来面目，而成为了一种似是而非的理论（这些将随着理论的深入而显露无遗）。这便是洛伦兹变换式区别于伽利略变换式或普通数学方程所特有的意义（后文中若无特别说明，变换式皆是指洛伦兹变换式）。

根据语境的不同，观察者所在的惯性系一般称为实验室系、静系、观察系，另一惯性系则称为运动系。为避免一个概念出现多种称谓现象，后文只使用观察系和运动系称谓。

注意：相对性原理表明一切惯性系等价，但这不意味着一切惯性系都平权。由于目前表达物理惯性系的唯一方式是数学，而数学中的惯性系是平权的（图3-2），这无形之中扩大了物理惯性系的外延。狭义相对论中的大多佯谬，便产生于惯性系的平权性，这也是狭义相对论始终争议不断的根本原因。这说明，数学这种纯思维产物，永远不可以替代物理。在第七章将详细论述，现实中的不同惯性系具有非平权性，狭义相对论中的佯谬问题将从根本上得以解决。

3.1.2.3 **时刻变换式形式的选取**

由（3-4）和式（3-5）可以看出，运动系尺度的改变，必然会造成时间改变。早前关于时刻变换式形式的选取，处于忽略状态，下面进行详细论述。

将式（3-2）和式（3-3）代入式（3-12），且等号两边再除以c，得

$$t^{`}=\gamma\left(t-\frac{v}{c}t\right)=\gamma\left(t-\frac{v}{c^2}x\right) \tag{3-13}$$

同理，将式（3-2）（3-3）代入式（3-11），得

$$t=\gamma\left(t^{`}+\frac{v}{c^2}x^{`}\right) \tag{3-14}$$

式（3-13）和式（3-14）便是时刻的正、逆变换式。其物理意义为，观察系中的某一时刻，在运动系中将随着x坐标的不同，而对应着不同的时刻。

式（3-13）或式（3-14）中的括号内最右边一项，如果表达为$\frac{v}{c}t$或$\frac{v}{c}t^{`}$形式，则将形成$t^{`}=\gamma t\left(1-\frac{v}{c}\right)$或$t=\gamma t^{`}\left(1+\frac{v}{c}\right)$形式。下面将会看到，该形式会造成在不同惯性系观察时，时刻的变换系数出现不对等问题，从而导致正、逆时刻变换式不再等价，进而与相对性原理相悖，这是不允许的。也就是说，$\frac{v}{c}t$或$\frac{v}{c}t^{`}$形式，看似更简洁些，但却不符合变换式所表达的物理意义，所以不能作为最终形式。这也同时表明，数学运算不能脱离具体物理背景，数学只能充当物理研究的运算工具。

下面对式（3-13）和式（3-14）形式进行验证。

根据变换式的物理意义，如果以S`系为观察系，则必须应用式（3-13），则同一事件在两个做相对运动的惯性系中，所经过的时间变换关系为：

$$\Delta t^{`}=t_2^{`}-t_1^{`}=\gamma\left(t_2-\frac{v}{c^2}x\right)-\gamma\left(t_1-\frac{v}{c^2}x\right)=\gamma\left(t_2-t_1\right)=\gamma\Delta t \tag{3-15}$$

同理：若以S系为观察系，则必须应用时刻的逆变换式，可得$\Delta t=\gamma\Delta t'$。bn就是说，无论以哪个惯性系观察，运动系都具有相同的时间改变量，如此便保证了时间变换与相对性原理的符合。因为$\gamma>1$，所以在观察系中经过的时间大于运动系中经过的时间；或者说，运动系比观察系中的时间变慢了，这就是钟胀效应。

如果时刻变换式中采用$\frac{v}{c}t$形式，则同一事件在两个做相对运动的惯性系中，所经过的时间变换关系为

$$\Delta t^{`}=t_2^{`}-t_1^{`}=\gamma t_2\left(1-\frac{v}{c}\right)-\gamma t_1\left(1-\frac{v}{c}\right)=\gamma\Delta t\left(1-\frac{v}{c}\right) \tag{3-16}$$

$$\Delta t=t_2-t_1=\gamma t_2^{`}\left(1-\frac{v}{c}\right)-\gamma t_1^{`}\left(1-\frac{v}{c}\right)=\gamma\Delta t\left(1+\frac{v}{c}\right) \tag{3-17}$$

式（3-16）与式（3-17）显然不等，表明在不同的惯性系观察，会有不同的时间变化量，这显然与相对性原理相悖，所以$\frac{v}{c}t$形式不能成立。

3.1.3 推导过程中的一个猜测

前面只是讨论了沿运动方向的时空变换，现在探讨整个三维空间的时空变换。早前时空变换式在推导过程中的不严谨处，除上节中的隐藏假设外，还存在一个猜测，即横向（垂直于运动方向）坐标变换$y`=y$［$z$坐标变换与之相同，见式（3-1），后面略］的获取。在所有文献专著中，有直接给出结果的[3][4][5]，有将$y=ky`$与$y`=ky$联立成方程组而求得的[6]。还有的利用了时空间隔不变性，但在推导过程却偷换概念而仅使用空间间隔，得出k=1的结论[1]。可见，获得$y`=y$的理由非常混乱，但本质上皆不过是对直觉的迎合。现提出以下三点质疑：

1.如图3-2所示，沿$xx`$轴做相对运动的S、S`系，假如在各坐标轴重合的瞬时，由原点沿y轴和x轴同时发出一光信号，则光信号所到达的坐标点必为：$y`=x`$或$y=x$。如果式（3-1）中的$y=y`$是正确的，则得$x=x`$，这就完全违背了基本变换关系$x`=\gamma(x-vt)$，并回到了伽利略变换，所以式（3-1）中横向坐标的变换关系，如$y=y`$，不能成立。

2.根据光速不变原理，任一点发出的光信号，其到达点在S`系和S系中的方程分别为

$$c^2\Delta t^{`2}=\Delta x^{`2}+\Delta y^{`2}+\Delta z^{`2}，c^2\Delta t^2=\Delta x^2+\Delta y^2+\Delta z^2 \tag{3-18}$$

以S系为观察系，根据式（3-1）中的时刻变换关系，得

$$\Delta t=t_2-t_1=\gamma\left(t_2^`+\frac{v}{c^2}x\right)-\gamma\left(t_1^`+\frac{v}{c^2}x\right)=\gamma\Delta t^` \tag{3-19}$$

由式（3-18）和式（3-19）可得

$$\Delta x^2+\Delta y^2+\Delta z^2=\gamma^2\left(\Delta x^{`2}+\Delta y^{`2}+\Delta z^{`2}\right) \tag{3-20}$$

根据不同坐标轴的对应关系，可得

$$\Delta x=\gamma\Delta x^`，\Delta y=\gamma\Delta y^`，\Delta z=\gamma\Delta z^` \tag{3-21}$$

由（3-21）可看出，只有x轴的坐标变换，符合由式（3-1）得出的$\Delta x=\gamma\Delta x`$结果。横向坐标则与式（3-1）中的$y`=y$、$z`=z$相冲突，即式（3-1）与光速不变原理相矛盾，所以不能成立。

3、在S`系中静置一根长为$d`$的杆棒，则光信号由一端到达另一端所需时间为：$\Delta t`=d`/c$。设S系为观察系，当杆棒平行于$xx`$轴放置时，因为$d=\gamma d`$（$\Delta x=\gamma\Delta x`$），则$\Delta t=d/c=\gamma d`/c=\gamma\Delta t`$。而当杆棒平行于$yy`$轴放置时，因为$y=y`$，则

$\Delta t = d/c = d`/c = \Delta t`$。S系的时间值对应了S`系的两个时间值，这无论如何都是荒唐的。

下面再探讨$y = ky`$与$y` = ky$不能联立为方程组的原因：

1.从变换式物理意义看，$y = ky'$是S系中的观察结果，而$y` = ky$则是S`系中的观察结果。如果$k \neq 1$，则$y = ky`$与$y` = ky$中的同名坐标值是不相等的，所以$y = ky`$与$y` = ky$不可以联立为方程组。而$xx`$轴方向的坐标，是经过修正后的值[见式（3-8）和（3-9）]，即同名坐标值相等，所以可以联立为方程组。

2.对于y与$y`$间的变换，是因为两惯性系存在相对运动，才需要求解的。如果$y = ky`$与$y`=ky$联立的方程组成立，因为其并不包含有运动成分，所以不能用于做相对运动的两惯性系。

3.从式（3-11）和式（3-12）的导出过程可以看出，原点发出的光信号是沿x轴向（多数文献也是如此[4]），而非任意方向，所以光信号到达点的横向坐标应是$y` = y = 0$，$z` = z = 0$，但这并不能代表其坐标值不为零的情况下，$y` = y$仍然成立。可知$y`=y$完全是凭直觉认定的关系式，而不是严谨的科学推理结果。鉴于此，有些教材干脆把光信号的到达点，改为空间任一点，但在推导过程中，却仍继续使用沿x轴前进的光信号（$x` = ct`$和$x = ct$）[7]，这显然是对推理过程中的不严谨性所做的有意掩盖，从而违背了基本的科学推导准则。

由以上可看出，$y` = y$的获取，实质上是先认定其正确，后为了增强$y=y`$的说服力，而主观附会出各种推理过程，其本质就是直觉上的想当然或称猜测，且是个错误的猜测。更确切地说，式（3-1）不过是洛伦兹收缩式与伽利略变换式的一种重新组合。

另外，还有人试图用等高笔杆思想实验，来说明$y=y`$的正确性。也就是说，S系和S`系中各有一个等高的竖直笔，当S系与S`系相对运动时，则等高笔将在另一系中画出线条。如果$y \neq y`$，则线条的高度将会不同。根据相对性原理，将形成到底哪一系中的线条高，哪一系中的线条矮的悖论[8]，由此得出$y = y`$是“正确”的结论。其实这种情况与时间佯谬的形成一样，是由两惯性系的平权性带来的悖论（此情况将在第七章予以解决），其根本不能做为$y = y`$的理由。

用数学解决物理问题，就好比解应用题，首先必须全面考虑题中所给出的和隐藏的条件，并正确理解。然后才能建立起正确的数学模型，并得到正确的结果。否则，不但不能获得满分，还会得出些奇怪结果。$y = y`$和$z = z`$便是不顾变换式物理意义，将变换式完全等效为数学方程所带来的错误结果。可见，目前较为流行的唯数学论观念，必须坚决摒弃，否则物理学必将被带入歧途。严谨的推理是科学的宗旨，也是贯穿本书的宗旨，更是暴露现代物理学中错误的最可行方式。

§3.2 时空变换式的重新推导及验证

3.2.1 时空变换式的重新推导

既然$y=y'$和$z=z'$结果不能成立，那么就需要用更为科学严谨的逻辑，对时空变换式进行重新推导。

如图3-3所示，各对应坐标轴始终互相平行的S、S'惯性系，沿任意方向以恒速v做相对平移运动。因两惯性系的对应坐标轴互相平行，则速度v与两惯性系中各对应坐标轴间的夹角相等，即$\theta_i=\theta_i'$（$i=x$，y，z）。以两惯性系原点重合的瞬时作为计时起点，由原点发出一沿速度v方向的光信号。根据光速不变原理，光信号到达任意点P的坐标，在两惯性系中分别为

$$\begin{cases} x=c_x t \\ y=c_y t \\ z=c_z t \end{cases} \tag{3-22}$$

$$\begin{cases} x'=c_x t' \\ y'=c_y t' \\ z'=c_z t' \end{cases} \tag{3-23}$$

式（3-22）和式（3-23）中的$c_i=c\cdot\cos\theta_i$（$i=x$，y，z），是光速在各坐标轴上的速度分量。

在3.1.2节中已经证明，做相对运动的两惯性系，在运动方向上的坐标变换为线性关系。同理可证，图3-3中的两惯性系，对应坐标轴上的坐标变换，同样为线性关系。则点P在两惯性系中的坐标变换关系为

$$\begin{cases} x=k_x(x'+v_x t') \\ y=k_y(y'+v_y t') \\ z=k_z(z'+v_z t') \end{cases} \tag{3-24}$$

$$\begin{cases} x'=k_x'(x-v_x t) \\ y'=k_y'(y-v_y t) \\ z'=k_z'(z-v_z t) \end{cases} \tag{3-25}$$

式（3-24）和式（3-25）中的$v_i=v\cdot\cos\theta_i$（$i=x$，y，z），是速度v在各坐标轴上的速度分量。根据相对性原理，要求$k_i'=k_i$（$i=x$，y，z）。

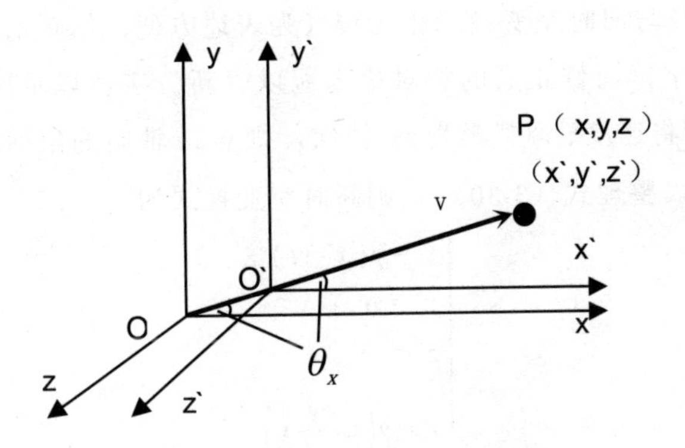

图 3-3 两惯性系沿任意方向相对运动

将式（3-22）~式（3-25）联立为方程组，可得（参考3.1.2节。也可参照各种相对论专著中的方法求解，只是过程稍显复杂）

$$k_x=\frac{1}{\sqrt{1-\frac{v_x^2}{c_x^2}}}=\frac{1}{\sqrt{1-\frac{(v\cdot\cos\theta_x)^2}{(c\cdot\cos\theta_x)^2}}}=\frac{1}{\sqrt{1-\frac{v^2}{c^2}}}=\gamma \tag{3-26}$$

同理可得 $k_x=k_y=k_z=\gamma$，即两惯性系各坐标轴方向的变换系数皆相等，即：

$$k_i=k_j^`=\frac{1}{\sqrt{1-\frac{v^2}{c^2}}}=\gamma\ (\text{i，j=x，y，z}) \tag{3-27}$$

再看时刻变换式的推导，由图 3-3 可知，$t=\frac{OP}{c}=\frac{OP\cos\theta}{c\cdot\cos\theta}=\frac{x}{c_x}$，$t`=\frac{O`P}{c}=\frac{OP`\cos\theta}{c\cdot\cos\theta}=\frac{x`}{c_x}$。对式（3-25）中 $x`=k_x^`(x-v_xt)$ 的等号两边除以 c_x，并将式（3-27）代入，得

$$t`=\gamma\left(t-\frac{v_x}{c_x}t\right)=\gamma\left(t-\frac{v\cdot\cos}{c\cdot\cos}t\right)=\gamma\left(t-\frac{v}{c}t\right) \tag{3-28}$$

由解析几何可知，$OP=ct=\sqrt{x^2+y^2+z^2}$（参见图3-3），则式（3-28）可表示为

$$t`=\gamma\left(t-\frac{v}{c^2}|OP|\right) \tag{3-29}$$

整理式（3-25），并与式（3-29）联立，得

$$\begin{cases} x`=\gamma(x-vt\cos\theta_x) \\ y`=\gamma(y-vt\cos\theta_y) \\ z`=\gamma(z-vt\cos\theta_z) \\ t`=\gamma\left(t-\frac{v}{c^2}|OP|\right) \end{cases} \tag{3-30}$$

为应用方便及与旧时空变换式相比较（为表述方便，修正前的相对论，后文中皆冠以“旧”字，而修正后的相对论则冠以“新”字，以示区别），设$\theta_x=0°$，则$\theta_y=\theta_z=90°$，即将速度v调整至为xx\`轴向，则y、z轴向的坐标和速度分量都为零，此时$|OP|=x$。整理式（3-30），则新时空变换式为

$$\begin{cases} x` = \gamma(x - vt) \\ y` = \gamma y \\ z` = \gamma z \\ t` = \gamma\left(t - \dfrac{v}{c^2}x\right) \end{cases} \tag{3-31}$$

同理，新时空逆变换式为

$$\begin{cases} x = \gamma(x` + vt`) \\ y = \gamma y` \\ z = \gamma z` \\ t = \gamma\left(t` + \dfrac{v}{c^2}x`\right) \end{cases} \tag{3-32}$$

将式（3-31）（逆变换式略）表示成矩阵形式，则为

$$\begin{bmatrix} x` \\ y` \\ z` \\ t` \end{bmatrix} = \gamma \begin{bmatrix} x - vt \\ y \\ z \\ t - \dfrac{v}{c^2}x \end{bmatrix} \tag{3-33}$$

式（3-33）表明，不同惯性系之间的时空变换，不再是从前的“一组线性变换”，而是两惯性系的整个时空为线性变换。新时空变换式（3-31）（3-32）与旧时空变换式（3-1）的明显区别，就是$y`$与$y$及$z`$与z不再是相等的关系，其正逆变换因失去了vt的作用而不能再联立为方程组。由此可看出，变换式直接明确了观察系、运动系，是有别于数学方程的，这对于正确理解狭义相对论，有着极其重要的意义。

由于导出新时空变换式的数学模型，其建立前提不再仅局限于沿$xx`$轴方向，而是沿任意方向，其逻辑推理过程严谨，适用范围真正做到了涵盖整个空间。这也再次显露出，数学模型是理论建立的最为关键环节。

关于闵可夫斯基时空，其并没有增加任何实质性内容，它只是使狭义相对论显得简洁紧凑些而已。不过这对争议从未间断的相对论来说，这种更抽象化的做法只能使争议问题更加复杂，无形中也加大了学习和理解难度。尤其是一些重复概念的使用，如坐标尺、固有长度、原长（就是观察系中的长度）；标准尺、运动尺（就是运动系中的长度）；世界点和世界线（就是指观察系）。很是让人发晕。

3.2.2　动尺与静尺及动钟与静钟的关系式

由式（3-31）可知，$\Delta y' = y_2' - y_1' = \gamma y_2 - \gamma y_1 = \gamma \Delta y$，同理 $\Delta z' = \gamma \Delta z$。这与3.1.5节中，直接由光速不变原理得到的式（3-19）完全吻合。新时空变换式中横向坐标的变换关系，得以验证。下面利用新时空变换式，导出两个具有普遍意义的关系式。

在S`系中任意静置一长度为d'的杆棒，则其在各坐标轴上投影长分别为d_x'，d_y'，d_z'，如图3-4所示。当S系与S'系以速度v沿OX轴相对运动时，以S'系为观察系，这相当于S'系中静止杆棒的长度，投射到了运动的S系中而成为运动杆棒的长度，即S'系为静尺（固有长度或称原长），S系为动尺（运动系的尺度）。则由式（3-31）[也可以S系为观察系，但需要使用式（3-32），那么S系为静尺，S'系为动尺]，得

$$d_x' = x_2' - x_1' = \gamma(x_2 - vt) - \gamma(x_1 - vt) = \gamma(x_2 - x_1) = \gamma d_x \tag{3-34}$$

同理，得：

$$d_y' = \gamma d_y,\quad d_z' = \gamma d_z \tag{3-35}$$

由解析几何关系可知，$d'^2 = d_x'^2 + d_y'^2 + d_z'^2$，$d^2 = d_x^2 + d_y^2 + d_z^2$，结合式（3-34）和式（3-35）得

$$d' = \sqrt{d_x'^2 + d_y'^2 + d_z'^2} = \sqrt{(\gamma d_x)^2 + (\gamma d_y)^2 + (\gamma d_z)^2} = \gamma d \tag{3-36}$$

o o` y y' z x x' z' s' s v $x_1 x_2 y_1 y_2 d'$

图3-4 尺缩公式的推导

由式（3-36）可知，尺度的变换关系完全可以脱离坐标系的约束。为了理解和应用的方便，可将式（3-36）表示为动尺l与静尺l_0的关系。因为式（3-36）是以S`系为观察系，S系为运动系，所以d'为静尺，d为动尺，则

$$l = \frac{l_0}{\gamma} \tag{3-37}$$

式（3-37）便是尺缩效应的数学表达形式，称为尺—速关系式。其与经典物理学中的公式一样，具有普遍性的意义。可见新时空变换式的尺缩，在整个三维空间都是相同的，或者说，整个运动空间是均匀收缩的空间。

同样，对于新时空变换式，无论是以纵向（平行于运动方向）坐标，还是以横向（垂直于运动方向）坐标为出发点，都会得到相同的时间变换关系（旧时空变换式在横向、纵向上，则会得到两种不同的时间变换结果，所以是错误的，见3.1.3节），即时间变换同样可脱离坐标系的约束。设观察系中经过的时间为T_0，运动系中经过的时间为T，将T_0、T代入式（3-15），得［也可由式（3-37）直接

求得]：

$$T=\frac{T_0}{\gamma} \tag{3-38}$$

式（3-38）便是钟胀效应的数学表达形式，称为钟一速关系式。

3.2.3 新时空变换式的验证

对于纵向尺缩效应的检验，一般文献都有介绍，如通过宇宙射线中的μ子在大气层中的衰变，进行验证[7]。下面再对横向尺缩效应进行验证。

由电磁理论可知，沿平行于一通电导线运动的电荷，将受到电流磁场的洛伦兹力作用。通电导线中的电流大小取决于导线中自由电子的漂移速度，当运动电荷与漂移速度相同时，电荷的受力仍符合洛伦兹力公式。这表明，同速运行两电荷间，仍符合洛伦兹力公式的作用规律，这为利用电磁理论验证两惯性系间的横向尺缩效应提供了可行性。

在两互相平行的无限大带电平板之间，有两个相距为d的异性点电荷A、B，且AB连线始终垂直于平板。平板静止不动，当电荷A、B以相同速度v向右运动时，两平板间的均强电场E，使A、B两电荷处于平衡状态，如图3-5所示。

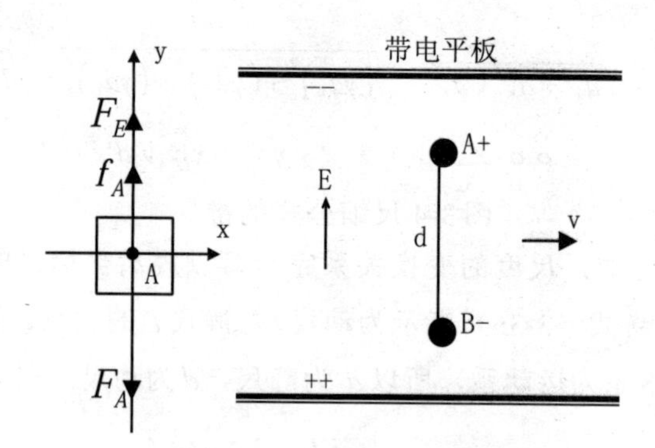

图3-5 横向尺缩效应的验证

由图3-5可知，电荷A将受到三个力的作用（电荷B的受力，略）：电场E对电荷A的作用力F_E，电荷B对电荷A的库仑力F_A，电荷B产生的磁场对电荷A的洛伦兹力f_A。由电磁理论可知，f_A与F_E同向而与F_A反向，见图3-5中电荷A的受力分析图。因为两电荷处于平衡状态，则

$$F_E=F_A-f_A \tag{3-39}$$

根据毕毕一萨伐尔定律，电荷B在电荷A处产生磁感应强度为：$B_{BA}=\frac{\mu_0 q_B v}{4\pi d^2}$。再结合洛伦兹力公式，得

$$f_A = q_A v B_{BA} = \frac{\mu_0 q_A q_B v^2}{4\pi d^2} \tag{3-40}$$

根据库仑定律，电荷A、B间的库仑力为

$$F_A = \frac{q_A q_B}{4\pi\varepsilon_0 d^2} \tag{3-41}$$

根据电荷不变性原理（已经过无数实验证实），平板间的电荷无论是否运动，以及处于任何位置，F_E始终保持不变。由于两电荷在静止平衡状态时，无洛伦兹力的作用，则F_E与两电荷间的静态库仑力F_0相等。设两电荷的静态间距为d_0，则

$$F_E = F_0 = \frac{q_A q_B}{4\pi\varepsilon_0 d_0^2} \tag{3-42}$$

将式（3-40）~式（3-42）代入式（3-39）得

$$\frac{q_A q_B}{4\pi\varepsilon_0 d_0^2} = \frac{q_A q_B}{4\pi\varepsilon_0 d^2} - \frac{\mu_0 q_A q_B v^2}{4\pi d^2} \tag{3-43}$$

整理式（3-43）得：

$$\frac{1}{d_0^2} = \frac{1 - \varepsilon_0 \mu_0 v^2}{d^2} \tag{3-44}$$

根据$\mu_0\varepsilon_0 = 1/c^2$，则由式（3-44），得

$$d = d_0\sqrt{1 - \varepsilon_0 \mu_0 v^2} = d_0\sqrt{1 - \frac{v^2}{c^2}} = \frac{d_0}{\gamma} \tag{3-45}$$

式（3-45）所表达的横向尺缩关系，与式（3-37）完全吻合。至此，新时空变换式中的横向坐标变换（如$y` = \gamma y$），再一次得到验证（见3.2.2节）。

再给出尺—速关系式（3-37）的另一例证，麦克斯韦方程组的正确性是毋庸置疑的，并经过了大量实验的检验。由麦克斯韦方程组可以推导出毕—萨定律[9]，说明毕—萨定律仍适用于光速量级。将毕—萨定律运用于运动电荷，则要求运动电荷的电场必须为球对称形状。这便从理论上再次证明了，尺缩效应存在于整个三维空间的结论，是完全正确的。

旧时空变换式的尺缩效应只存在于运动方向，这将使得运动电荷的电场不再是球对称形状[3]，其产生的磁场也不再符合由毕—萨定律导出的运动电荷的磁感应强度。这意味着运动电荷在不同方向将有不同的电量值，从而与被无数实验证实的电荷不变性原理发生冲突。至此，旧时空变换式被彻底否定。

本节内容不仅是对横向尺缩效应的验证，更重要的是揭示了尺缩效应的形成机制，现总结如下：

1.用处于平衡状态的两同性电荷，同样可得到式（3-45），即尺缩效应的形成，与电荷的极性和大小均无关，这也是对狭义相对论材料无关性的验证。

2.尺缩效应与运动力（洛伦兹力是运动力的一种）直接相关，且动尺收缩是

真实的存在。

3.狭义相对论要求，运动空间一定会发生尺缩钟胀效应。将上例中的电荷A、B看作外部环境恒定的一个空间，则两电荷从静止至速度v，将会始终保持平衡状态。这说明，洛伦兹力或称运动力，是在尺缩发生之后产生的，或说磁场是电场尺缩的产物（在后文7.1.1节，将继续深入探讨）。否则，洛伦兹力与库仑力的反向，将使两电荷远离而使尺缩钟胀效应或狭义相对论失效。

4.尺缩效应的产生，必伴随着钟胀效应。此可作为对钟—速关系式（3-38）的验证，不再赘述。

5.如果电荷A与电荷B的速度反向，且处于图3-5所示位置，还将会发生尺胀钟缩效应（尺缩钟胀的逆效应。实验结果，见7.2.4节）。其尺胀关系式为（推导过程略）：$d=d_0\sqrt{1+\frac{v^2}{c^2}}$，钟缩关系式为：$T=T_0\sqrt{1+\frac{v^2}{c^2}}$。

相对论的形成，主要是依靠数学推演，但数学毕竟不同于物理。虽然数学方程可以给出结果，但并不能揭示各种相对论效应的形成机理，从而给人以神奇感觉。再加上经典理论与旧相对论不能做到吻合，这无形中更增添了相对论的神秘色彩。通过本节可知，尺缩效应的产生，与运动力的产生直接相关，且完全符合经典力学逻辑。尺缩效应形成机理的揭示，对正确认识和理解狭义相对论，有着极为重要的意义。目前许多学者认定的电磁理论与旧狭义相对论精确相符说法[3]，不过是种主观愿望而已。这种对理性的漠视和对权威的迷信，严重影响了相对论的应用及后续理论的健康发展。

本章小结

时空变换式是狭义相对论的最基本方程，其正确与否，关乎整个理论体系的成败。爱因斯坦的时空变换式，由于数学建模不严谨，使其所表述的客观规律不能被正确理解和揭示，为后续的理论发展埋下了隐患。本章对旧时空变换式导出过程中的每一环节，进行了深入剖析，指出了旧时空变换式在推导过程中存在严重的纰漏。对其修正后，重新推导出了新时空变换式，并进行了多方位的验证。其主要内容为：

1.指出$x`=k(x-vt)$［逆变换$x=k(x`+vt`)$］是无确切依据的判断，应属于假设范畴。对其进行论证后，肯定了这一假设的正确性。论证的另一个目的，就是实现经典理论向狭义相对论的平滑过渡，并着重强调了洛伦兹变换式，不能简单地等同于数学方程，而是隐含规定了观察系和运动系，这对深入和正确理解狭义相对论有着极其重要的意义。

2.论证了旧时空变换式的横向坐标不变，即$y`=y$（z坐标同，略），是猜测性结果，而不是科学推理结果，且是错误的。

3.重新建立了推导新时空变换式的数学模型，即采用了两惯性系沿任意方向做相对运动，而非之前的仅沿$xx`$轴运动。最后得出了，不同于旧时空变换式的新时空变换式。

4.应用新时空变换式，给出了可脱离坐标系约束的尺缩和钟胀效应数学关系式，见式（3-37）和式（3-38）。这为尺缩钟胀效应的应用，提供了极大方便。

5.对新时空变换式进行了全方位验证（见3.2.3节），揭示了尺缩效应的机制，尺缩效应与运动力直接相关。这为下一步统一狭义相对论与经典理论，奠定了坚实的基础。

参考文献

[1]刘辽，费保俊，张充中.狭义相对论[M].2版.北京：科学出版社.2008:12-13，18.

[2]张元仲.狭义相对论实验基础[M].北京：科学出版社，1979: 32，50-52.

[3]李文博.狭义相对论导引[M].哈尔滨：东北林业大学出版社，1986:32，100，序2.

[4]蔡伯濂.狭义相对论[M].北京：高等教育出版社，1991:36-39.

[5]全泽松.相对论电动力学[M].成都：：电子科技大学出版社，1990:48.

[6]张宗燧.电动力学及狭义相对论[M].北京：科学出版社，1957:185-186.

[7]南京工学院等七所工科院校编，马文蔚，柯景凤改编.物理学（下册）[M].北京：高等教育出版社，1982:209，216-217.

[8]（美）A.P.弗伦奇.狭义相对论[M].北京：人民教育出版社，1979:82-83.

[9]孟祥国，张宝锋，崔凤华，等.由麦克斯韦方程组推导出毕奥-萨伐尔定律的几种方法[J].聊城大学学报（自然科学版），2004，17（1）:25-26，65.

第四章　力变换式的重新推导

力在经典物理学中有着极其重要的地位，也是最容易为实验所检验的物理量。力变换式无疑是衔接狭义相对论与经典理论的重要纽带，是狭义相对论中最为精彩的内容。力变换式也是狭义相对论中的最后一组变换，在其导出过程中，遍及了狭义相对论的各种参量。但旧力变换式的前提以及推导过程存在错误，导致由其得到的具体结果，极难为实验所检验。新的力变换式，可直接导出任意速度下皆成立的洛伦兹力公式$f = qvB$。这是众多资深狭义相对论学者，一直以来孜孜以求的结果。这一结果的取得，标志着实现了对整个狭义相对论的证明，首开了对理论的证明先河，其可信度远超传统的实验检验方式，这为后续理论的研究和发展奠定了极为坚实的基础。

§4.1　新速度和新加速度的变换式

4.1.1　新速度变换式

力是物体产生加速度的原因，说明力与加速度有着不可分割的关系，所以获取在力变换式之前，需首先得到速度以及加速度的变换式。

由速度定义$u = dx/dt$，结合新时空变换式（3-31），得：

$$u'_x = \frac{dx'}{dt'} = \frac{d\left[\gamma(x - vt)\right]}{d\left[\gamma\left(t - \frac{v}{c^2}x\right)\right]} = \frac{dx - vdt}{dt - \frac{v}{c^2}dx} = \frac{u_x - v}{1 - \frac{v}{c^2}u_x} \tag{4-1}$$

$$u'_y = \frac{dy'}{dt'} = \frac{d(\gamma y)}{d\left[\gamma\left(t - \frac{v}{c^2}x\right)\right]} = \frac{dy}{dt - \frac{v}{c^2}dx} = \frac{u_y}{1 - \frac{v}{c^2}u_x} \tag{4-2}$$

同理，由式（3-32）可求得新的速度逆变换式。新的正、逆速度变换式分别表示为（因横向坐标y和z的变换相同，后文统一以下标“⊥”表示y、z方向）

$$\begin{cases} u_x' = \dfrac{u_x - v}{1 - \dfrac{v}{c^2} u_x} \\ u_\perp' = \dfrac{u_\perp}{1 - \dfrac{v}{c^2} u_x} \end{cases}, \quad \begin{cases} u_x = \dfrac{u_x' + v}{1 + \dfrac{v}{c^2} u_x'} \\ u_\perp = \dfrac{u_\perp'}{1 + \dfrac{v}{c^2} u_x'} \end{cases} \tag{4-3}$$

旧的正、逆速度变换式为（供参考）

$$\begin{cases} u_x' = \dfrac{u_x - v}{1 - \dfrac{v}{c^2} u_x} \\ u_\perp' = \dfrac{u_\perp}{\gamma\left(1 - \dfrac{v}{c^2} u_x\right)} \end{cases}, \quad \begin{cases} u_x = \dfrac{u_x' + v}{1 + \dfrac{v}{c^2} u_x'} \\ u_\perp = \dfrac{u_\perp'}{\gamma\left(1 + \dfrac{v}{c^2} u_x'\right)} \end{cases} \tag{4-4}$$

比较式（4-4）和式（4-3）可知，旧速度变换式横向（⊥）上的分母，多了个相对论因子γ。

4.1.2　重新认识质-能关系式

通过速度变换式，可推导出质-速关系式，然后再推导出质-能关系式。因为质-速关系式的整个导出过程不涉及⊥向，故与旧狭义相对论的结果完全相同，但由其导出的质-能关系式，在理解上存在着严重错误，需予以纠正。

设静质量皆为m_0的A、B两小球分别与相对速度为v的S`、S系固联，并发生完全非弹性碰撞，即碰撞后粘连在一起，如图4-1所示。

当以S系为观察系时，为A球碰撞静止的B球。设A球运动时的总质量为m，根据质量守恒定律，碰撞后粘连在一起的两球总质量为$M = m + m_0$，速度为u_x。根据动量守恒定律，$mv = Mu = (m + m_0)u_x$，整理后得

$$\frac{v}{u_x} = \frac{m + m_0}{m} = 1 + \frac{m_0}{m} \tag{4-5}$$

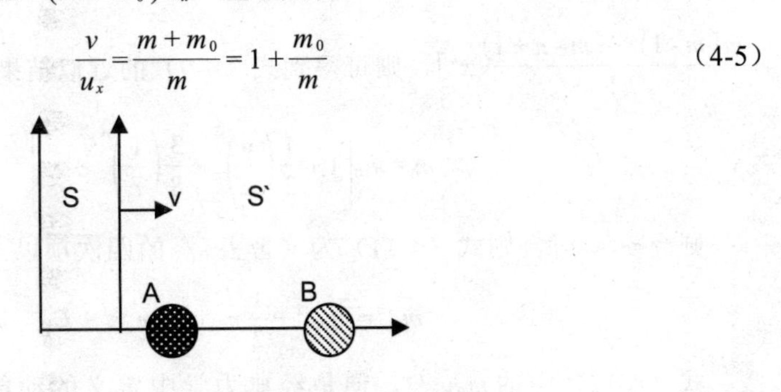

图4-1　质-速关系的推导

当以S`系为观察系时，则变成质量为m的B球，反向碰撞静质量为m_0的A球。根据相对性原理，碰撞后M的速度为$u_x'=-u_x$，将其代入速度变换式（4-1），得

$$-u_x=\frac{u_x-v}{1-\frac{v}{c^2}u_x} \tag{4-6}$$

整理式（4-6），可表示为

$$\frac{v^2}{c^2}=\frac{v}{u_x}\left(2-\frac{v}{u_x}\right) \tag{4-7}$$

将式（4-5）代入式（4-7），得

$$\frac{v^2}{c^2}=\left(1+\frac{m_0}{m}\right)\left(1-\frac{m_0}{m}\right) \tag{4-8}$$

整理式（4-8），得质-速关系式为

$$m=\frac{m_0}{\sqrt{1-\frac{v^2}{c^2}}}=\gamma m_0 \tag{4-9}$$

对物理学影响最为深远的质-能关系式，就是建立在质-速关系式（4-9）的基础上。根据经典力学中对元功的定义$dW=F\cdot ds$，并结合式（4-9），可求得一质点在变力作用下，由静止加速至v时，所获得的动能为（过程较为繁琐，略。感兴趣读者可参考相关文献）

$$E_k=mc^2-m_0c^2=(m-m_0)c^2=\Delta mc^2 \tag{4-10}$$

在式（4-10）中，mc^2称为质点的总能量，m_0c^2称为质点的静能量，m称为质点的相对论性质量或总质量，Δm称为质点的动质量。可知，动质量完全来源于动能。

为更好地理解式（4-10）的物理意义，可通过对式（4-9）中的γ按级数展开［比照函数展开为幂级数：$(1+x)^m\approx 1+mx+\frac{m(m-1)}{2!}x^2+\cdots+\frac{m(m-1)\cdots(m-n+1)}{n!}x^n$］，则可得到式（4-9）的近似结果为

$$m=m_0\left[1+\frac{1}{2}\left(\frac{v}{c}\right)^2+\frac{3}{8}\left(\frac{v}{c}\right)^4+\cdots\right] \tag{4-11}$$

则当$v<<c$时，则式（4-11）为（舍去v/c的四次项以上）

$$mc^2\approx m_0c^2+\frac{1}{2}m_0v^2=m_0c^2+E_k \tag{4-12}$$

式（4-12）中的$m_0v^2/2$，便是经典力学中定义的动能。式（4-12）与式（4-10），具有等价的物理意义。可见，动质量就是动能的另一种形式，或者说动能与

质量有着确定的当量关系。众多实验证实[1]，动质量具有与静质量完全相同的惯性，即动能具有惯性属性。式（4-10）在本书中称为，动能-质量关系式，以区别于早前已定义的质量-能量关系式$E=mc^2$。

再来分析势能与质量是否也存在确定的当量关系。如果电子的电势能可以等效为质量，则电子的静质量或静能量与总电势能（正负电子从无穷远到结合在一起时，电场所做的功）的关系应为$m_e c^2 \geqslant -e^2/4\pi\varepsilon_0 r_e$，可得$r_e \geqslant 2.818\times10^{-15}$米。约为电子质量1800倍的质子，其实验半径也仅为0.8418×10^{-15}米，比r_e还小，这显然是不可能的。说明r_e明显不符合实际，这也是r_e只能被称为“电子经典半径”的原因。

目前实测电子半径小于10^{-19}米，如按此计算电子的总电势能，约为10^{-10}J数量级，远大于电子的总静能$m_e c^2=8.187\times10^{-14}$J，即电子的电势能质量远大于静质量。若再考虑到电子的自旋能、磁矩能等，还将占去部分总静能，则势能与静能相差就更大了。假如这种情况真的存在，那么在宇宙范围内，天体间的引力势能，将大到让目前所有已测定的天体质量完全失去意义。至此，势能与质量存在当量关系的观点，被坚决否定。

由以上可知，无论是理论还是实验，都表明了势能与质量不可能存在式（4-10）所描述的当量关系，场的势能只有转化为动能后，才具有质量属性。也就是说，式（4-10）才真正体现了质量与能量的转换关系。或者说，场应是一种质量为零的特殊物质（后文4.4.3节给出证明）。以上还说明，“电子经典半径”是由错误观点引出的概念，无任何实际意义。

数学上的演算，必须始终保持前后的一致性及严谨性，不得有丝毫偏差。物理表达式中任一物理量的外延和内涵，也必须始终严格保持在初始时的界定范围。除非有确凿证据的需要，才可做适当调整，但这只能说明之前的论证存在不完备性。

在旧狭义相对论中，对质-能关系的认识也是基于式（4-10），认为当质点速度为零时，动能$E_k=0$，可得总能量$E=mc^2=m_0c^2$，称$E=mc^2$为质-能关系式，并借此将其中的能量概念扩展为，包括势能在内的一切能量，皆可转换成质量。其实严格来说，$E=mc^2=m_0c^2$仅代表质量与能量的一种换算关系，其是否包括势能在内的一切能量，并没有物理上的必然性。现提出以下几点：

1.没有实验证据表明m_0c^2就是静能量

用实验对上述观点进行检验的焦点，就是静质量是否会发生变化。目前认为，最具说服力的实验数据，就是氘核的静质量，小于它的组分粒子（质子和中子）在自由状态时的静质量之和，即复合粒子的静质量小于组分粒子的静质量[2]。但已被公认的事实是，质子和中子皆有着复杂的内部结构。没有任何证据表明，质子和中子的内部质量组分是完全静止的，或者说它们的内能只有势能而没有动能。质子与中子结合后释放的核能，完全也可以认为，是核子内部的动能减少。也就是说，目前实验根本无法确定，一定是纯静质量m_0发生了变化。

核内中子是稳定的，但自由中子则是不稳定的（寿命约15分钟），说明中子在核内外有着不同的状态。这既可以认为是核内质子对中子的稳定性产生了决定性影响，也可以认为是核内中子与自由中子的内部，有着不同的动能。目前对粒子静止质量的测量，只是考虑了宏观上的静止性，而没有考虑其内部的运动因素（没有证据表明粒子的m_0中没有运动成分）。因此，在弄清粒子的内部结构之前，不应把粒子静止时的质量m_0看作由完全静止的物质构成。可见，这种把核能看作静能量的变化，是很不严谨的。

从能量的概念看，能量标志着做功的本领，它同力一样是一种抽象概念，离开载体的纯能量是不存在的。即使是正反粒子湮灭，其释放的能量也是以光子的形式表现。可见，m_0c^2或m_0不应被看作纯能量，$E_k=mc^2-m_0c^2$中的mc^2，也不能被看作纯能量，无论纯动能E_k是否为零。

2.势能与质量存在当量关系没有根据

该结论源自对核力势能的分析，认为复合粒子的生成，完全源自核势能的减小，而产生了核能[2]，这就是势能与质量存在当量关系的依据。该观点与1观点有着承接关系，认为基本粒子的内部结构，是完全静止的，即除了势能之外，没有动能的存在。这是典型的形而上学观点，早已为现代理念所不容。

从质-能关系式的整个推理过程可以看出，质量的增加完全来自动能，即$E_k=\Delta mc^2$，与势能无半点关联。未经实验而随意扩大能量外延的做法，是不被科学所允许的。所以说，势能与质量具有当量关系的说法，是极不严谨的，也是没有根据的。势能与质量没有当量关系（正文中已有论证），势能只有转化为动能之后，才具有质量属性。“凫胫虽短，续之则忧；鹤胫虽长，断之则悲”，这话更适用于物理学。

3.一切质量皆具有引力属性是猜测

该观点与1观点，也有着承接关系。如果一切质量都具有引力，那么与质量相当的能量自然也具有引力，这显然没有任何理论和实验支持，属于猜测性结论（第六章中将证明，动质量只有惯性，而无引力）。

以上说明，物理表达式中任一物理量的外延和内涵，切不可随意改变，否则将会给后续理论的研究带来极大麻烦。

4.1.3 新加速度变换式

由新速度变换式（4-3），可得

$$du_x^{`}=d\left(\frac{u_x-v}{1-\frac{v}{c^2}u_x}\right)=\frac{\left(1-\frac{v}{c^2}u_x\right)d\left(u_x-v\right)-\left(u_x-v\right)d\left(1-\frac{v}{c^2}u_x\right)}{\left(1-\frac{v}{c^2}u_x\right)^2}$$

$$=\frac{\left(1-\frac{v}{c^2}u_x\right)du_x+\left(u_x-v\right)\frac{v}{c^2}du_x}{\left(1-\frac{v}{c^2}u_x\right)^2}=\frac{\left(1-\frac{v}{c^2}u_x+\frac{v}{c^2}u_x-\frac{v^2}{c^2}\right)du_x}{\left(1-\frac{v}{c^2}u_x\right)^2}$$

$$=\frac{du_x}{\gamma^2\left(1-\frac{v}{c^2}u_x\right)^2}$$

$$du_\perp^{`}=d\left(\frac{u_\perp}{1-\frac{v}{c^2}u_x}\right)=\frac{\left(1-\frac{v}{c^2}u_x\right)du_\perp-u_\perp d\left(1-\frac{v}{c^2}u_x\right)}{\left(1-\frac{v}{c^2}u_x\right)^2}$$

$$=\frac{\left(1-\frac{v}{c^2}u_x\right)du_\perp+\frac{v}{c^2}u_\perp du_x}{\left(1-\frac{v}{c^2}u_x\right)^2}=\frac{du_\perp}{1-\frac{v}{c^2}u_x}+\frac{vu_\perp du_x}{c^2\left(1-\frac{v}{c^2}u_x\right)^2} \tag{4-14}$$

由新时空变换式（3-31）中的时间变换式，得

$$dt^{`}=d\left[\gamma\left(t-\frac{v}{c^2}x\right)\right]=\gamma\left(dt-\frac{v}{c^2}dx\right)=\gamma\left(1-\frac{v}{c^2}u_x\right)dt \tag{4-15}$$

根据加速度定义 $a=du/dt$，结合式（4-13）~式（4-15），得

$$a_x^{`}=\frac{du_x^{`}}{dt^{`}}=\frac{du_x}{\gamma^2\left(1-\frac{v}{c^2}u_x\right)^2}\cdot\frac{1}{\gamma\left(1-\frac{v}{c^2}u_x\right)dt}=\frac{a_x}{\gamma^3\left(1-\frac{v}{c^2}u_x\right)^3} \tag{4-16}$$

$$a_\perp^{`}=\frac{du_\perp^{`}}{dt^{`}}=\left[\frac{du_\perp}{1-\frac{v}{c^2}u_x}+\frac{vu_\perp du_x}{c^2\left(1-\frac{v}{c^2}u_x\right)^2}\right]\frac{1}{\gamma\left(1-\frac{v}{c^2}u_x\right)dt}$$

$$=\frac{a_\perp}{\gamma\left(1-\frac{v}{c^2}u_x\right)^2}+\frac{vu_\perp a_x}{\gamma c^2\left(1-\frac{v}{c^2}u_x\right)^3} \tag{4-17}$$

同理可得，新加速度的逆变换式。新的正、逆加速度变换式分别表示为

$$\begin{cases} a_x'=\dfrac{a_x}{\gamma^3\left(1-\dfrac{v}{c^2}u_x\right)^3} \\ a_\perp'=\dfrac{a_\perp}{\gamma\left(1-\dfrac{v}{c^2}u_x\right)^2}+\dfrac{vu_\perp a_x}{\gamma c^2\left(1-\dfrac{v}{c^2}u_x\right)^3} \end{cases},\quad \begin{cases} a_x=\dfrac{a_x'}{\gamma^3\left(1+\dfrac{v}{c^2}u_x'\right)^3} \\ a_\perp=\dfrac{a_\perp'}{\gamma\left(1+\dfrac{v}{c^2}u_x'\right)^2}-\dfrac{vu_\perp' a_x'}{\gamma c^2\left(1+\dfrac{v}{c^2}u_x'\right)^3} \end{cases} \tag{4-18}$$

旧的正、逆加速度变换式为（注意⊥方向差别）

$$\begin{cases} a_x'=\dfrac{a_x}{\gamma^3\left(1-\dfrac{v}{c^2}u_x\right)^3} \\ a_\perp'=\dfrac{a_\perp}{\gamma^2\left(1-\dfrac{v}{c^2}u_x\right)^2}+\dfrac{vu_\perp a_x}{\gamma^2 c^2\left(1-\dfrac{v}{c^2}u_x\right)^3} \end{cases},\quad \begin{cases} a_x=\dfrac{a_x'}{\gamma^3\left(1+\dfrac{v}{c^2}u_x'\right)^3} \\ a_\perp=\dfrac{a_\perp'}{\gamma^2\left(1+\dfrac{v}{c^2}u_x'\right)^2}-\dfrac{vu_\perp' a_x'}{\gamma^2 c^2\left(1+\dfrac{v}{c^2}u_x'\right)^3} \end{cases} \tag{4-19}$$

加速度在经典力学中有着很重要的地位，是物理学、天文学乃至许多工程学科中不可或缺的物理量。但在旧狭义相对论中，讨论加速度变换不过是出于照顾运动学的完整性，并无实在意义[3]。这显然违背了物质的基本运动规律，科学更无须照顾。

§4.2　力变换式的重新推导

4.2.1　力定义的再思考

牛顿力学中的力定义有两种形式：$F=\Delta p/\Delta t$（动量变化率）和$F=ma$。按经典物理的质量不变观点，可得

$$F=\frac{\Delta p}{\Delta t}=\frac{mu_2-mu_1}{\Delta t}=m\frac{\Delta u}{\Delta t}=m\bar{a} \tag{4-20}$$

式（4-20）中的$\bar{a}$，为力F作用下的平均加速度。当$\Delta t\to 0$时，则式（4-20）为

$$F=m\lim_{\Delta t\to 0}\frac{\Delta u}{\Delta t}=ma \tag{4-21}$$

由（4-20）和式（4-21）可以看出，两种力定义形式互为因果，不存在本质上的差别。F $=\Delta p/\Delta t$是力的平均作用效果（这在经典力学教材中已有明确阐述[4]），在物理学中称为冲力。$F=ma$显然就是即时力的定义。这两种力定义形式，非常类似于平均速度与即时速度的定义。如此，便很好地理解了牛顿给出的两种力定义形式（这两个极易统一的力定义形式，在目前教材中被分别对待，着实令人费解）。

在旧狭义相对论中，力定义是通过相对论性动量变化率给出的，为：

$$F=\frac{dp}{dt}=\frac{d}{dt}\left(\gamma m_0 u\right)=\gamma m_0\frac{du}{dt}+m_0 u\frac{d\gamma}{dt}=\gamma m_0 a+\frac{m_0 u^2 a}{c^2\left(1-\frac{u^2}{c^2}\right)^{\frac{3}{2}}}=\gamma^3 m_0 a \tag{4-22}$$

式（4-22）中的$\gamma^3 m_0$，在旧狭义相对论中被称为纵向质量（惯性力平行于运动方向），而γm_0则被称为横向质量[5]（惯性力垂直于运动方向），即物体的惯性质量在纵向和横向上是不等的。这显然违背了标量无方向性的要求（质量为标量）。

现对式（4-22）的导出过程，进行深入分析。动量的增量是指质点由初速度u_0至末速度u而引起的动量改变，即相对论性动量的微变应为$dp=\Delta p=\gamma m_0 u-\gamma_0 m_0 u_0$（继续推导此式很复杂，涉及相对论因子的变换，见后文4.2.2节），这显然与$d\left(\gamma m_0 u\right)$不等价。$d\left(\gamma m_0 u\right)$的物理意义为，质点从静止加速至$u$时，质点动量的变化量。也就是说，式（4-22）中的$\gamma^3 m_0$，是质点从静止加速至u的整个过程中，所表现出的平均质量效果，而不是某一时刻的即时质量。其所表现的力，是具有平均效果的冲力，而不是某一时刻的即时力。该错误的产生原因，是没能正确理解微分的物理意义。这同第一章零点困难的产生原因类似，是对数学的机械套用。

现重新推导考虑相对论效应时的即时力表达式，对于动量变化率，在$\Delta t\to 0$的极限情况下，质点的速度增量极其微小。作为很好的近似，质-速关系式$m=\gamma m_0$中的γ可视为不变量，则总质量m也应视为不变，则由$F=\Delta p/\Delta t$，可得即时力为

$$F=m\frac{\Delta u}{\Delta t}=\gamma m_0\lim_{\Delta t\to 0}\frac{\Delta u}{\Delta t}=\gamma m_0 a \tag{4-23}$$

由式（4-23）看出，相对论性的即时力，仍保持着牛顿第二定律形式，只是质量不再是恒量，而是相对论性质量γm_0。这虽然与牛顿的质量恒定观念不符，但与牛顿第二定律中的惯性质量概念并无任何冲突，即式（4-21）无论是否考虑相对论效应，都是成立的，式（4-21）与式（4-23）完全等价。

再看实验的表现，根据不同速度的电子，在磁场中具有不同的偏转半径（惯性力垂直于运动方向），并通过测量荷质比e/m，验证了γm_0为横向惯性质量[1]。在利用弹性碰撞实验检验纵向质量时，其结果仍与横向质量γm_0相符合[1]，从而证实了式（4-23）的正确性。而所谓的纵向质量$\gamma^3 m_0$或式（4-22），却从未得到任何实验的证实。可见，式（4-23）才是质点在任意时刻点的真实受力，且γm_0在任意方向上都是质点唯一的惯性质量。

再看，根据式（4-23），显然有$F_{/\!/}/F_{\perp}=\gamma m_0 a_{/\!/}/\gamma m_0 a_{\perp}=a_{/\!/}/a_{\perp}$，即力与加速度平行，这完全符合经典力学观念。而旧狭义相对论，则是根据纵向与横向上质量的

不同，得到 $F_{/\!/}/F_{\perp}=\gamma^3 m_0 a_{/\!/}/\gamma m_0 a_{\perp}=\gamma^2 a_{/\!/}/a_{\perp}$，从而得出力与加速度不再平行的结论[6]，这显然不符合力定义的内含。

由以上可见，牛顿在观念上的错误（认为质量与运动无关），并不影响牛顿第二定律在相对论中继续保持绝对的正确性。至此，狭义相对论和经典理论中的力、惯性质量、加速度三者的关系，得到了完美的统一。

旧狭义相对论完全抛弃了牛顿第二定律，尤其是横向与纵向上存在质量差别的结论，等于是承认了标量（惯性质量是典型的标量）具有方向性，这是物理学所不允许的。虽然后来的弹性碰撞实验结果与纵向质量的要求不符，但却未能引起学界的关注，从而错过了对错误的及时纠正。这是对力定义认识的不足，更是对数学及权威的盲从。

4.2.2 新力变换式的推导

时空、速度、加速度的变换，皆为即时值的变换。力的变换，同样也必须是力的即时值变换，所以必须采用 $F=ma$ 形式。而有着平均效果的 $F=\Delta p/\Delta t$ 形式（见4.2.1节），因不能反映力的真实情况，所以不可以采用。

为使新力变换式简洁明了，现仅探讨质点平行于 x 轴运行的情况（其他情况下的变换较为复杂，可通过事先设定或旋转坐标系加以解决，所以实际意义不大，略）。设相对速度为 v 的S系和S`系中，一质点的速度分别为 $u=u_x$ 和 $u`=u_x$。根据新速度变换式（4-3），可得质点的相对论因子变换关系为

$$\gamma_u`=\left(1-\frac{u`^2}{c^2}\right)^{-\frac{1}{2}}=\left(1-\frac{u_x`^2}{c^2}\right)^{-\frac{1}{2}}=\left[1-\frac{(u_x-v)^2}{c^2\left(1-\frac{v}{c^2}u_x\right)^2}\right]^{-\frac{1}{2}}$$

$$=\left(1-\frac{v}{c^2}u_x\right)\left[\left(1-\frac{v}{c^2}u_x\right)^2-\frac{(u_x-v)^2}{c^2}\right]^{-\frac{1}{2}}$$

$$=\left(1-\frac{v}{c^2}u_x\right)\left(1+\frac{v^2}{c^4}u_x^2-\frac{u_x^2}{c^2}-\frac{v^2}{c^2}\right)^{-\frac{1}{2}}$$

$$=\left(1-\frac{v}{c^2}u_x\right)\left[\left(1-\frac{u_x^2}{c^2}\right)\left(1-\frac{v^2}{c^2}\right)\right]^{-\frac{1}{2}}=\gamma_u\gamma\left(1-\frac{v}{c^2}u_x\right) \tag{4-24}$$

式（4-24）结合新加速度变换式（4-16）或式（4-18），得：

$$\gamma_u`m_0 a_x`=\gamma_u\gamma\left(1-\frac{v}{c^2}u_x\right)m_0\cdot\frac{a_x}{\gamma^3\left(1-\frac{v}{c^2}u_x\right)^3}=\frac{\gamma_u m_0 a_x}{\gamma^2\left(1-\frac{v}{c^2}u_x\right)^2} \tag{4-25}$$

将相对论性即时力表达式（4-23）（其实就是牛顿第二定律），代入式（4-25），得纵向的新力变换式为

$$F_x^{`}=\frac{F_x}{\gamma^2\left(1-\frac{v}{c^2}u_x\right)^2} \tag{4-26}$$

由题意可知$u_\perp=0$，则根据式（4-17）、式（4-23）、式（4-24），同理可得，横向的力变换式为

$$F_\perp^{`}=\frac{F_\perp}{1-\frac{v}{c^2}u_x} \tag{4-27}$$

联立式（4-26）和式（4-27），则质点平行于x轴运行时，正、逆新力变换式（新力逆变换式同理）为

$$\begin{cases}F_x^{`}=\dfrac{F_x}{\gamma^2\left(1-\frac{v}{c^2}u_x\right)^2}\\ F_\perp^{`}=\dfrac{F_\perp}{1-\frac{v}{c^2}u_x}\end{cases},\quad \begin{cases}F_x=\dfrac{F_x^{`}}{\gamma^2\left(1+\frac{v}{c^2}u_x^{`}\right)^2}\\ F_\perp=\dfrac{F_\perp^{`}}{1+\frac{v}{c^2}u_x^{`}}\end{cases} \tag{4-28}$$

旧的力变换式（逆变换式略）为

$$\begin{cases}F_x^{`}=\left(F_x-vW/c^2\right)/\left(1-vu_x/c^2\right)\\ F_\perp^{`}=F_\perp/\gamma\left(1-vu_x/c^2\right)\\ W^{`}=\left(W-vF_x\right)/\left(1-vu_x/c^2\right)\end{cases} \tag{4-29}$$

在旧狭义相对论中，力的两种定义形式被看作各自独立的关系，仅保留以$F=\Delta p/\Delta t$定义的具有平均效果的冲力，完全抛弃了以$F=ma$定义的即时力（见4.2.1节）。由于冲力不能反映质点的真实受力情况，尤其是其中还掺杂着旧时空变换式的错误，所以式（4-29）不能成立。

§4.3　新力变换式的证明

4.3.1　新力变换式的证明思路

理论的成立与否，不但要看其合理性或称自洽性，更要看其是否符合实际。对于物理理论，传统的检验方式是设计可行性实验。但由于实验误差的存在，一般规定只要偏差在20%之内，便可以认为理论符合实验，当然这必须是在无主观因素干扰的情况下。可见，实验只能表明对理论的支持与否，而不是证实，证实

需要通过若干不同类型实验的检验。

经典理论是在实验基础上建立起的归纳性理论，是对各种具体规律的总结，是实践的升华。狭义相对论是在两个原理基础上建立起的演绎性理论，目的是推演出各种具体规律，是理论向实践的回归。从理论的建立次序看，归纳性理论是由具体到抽象，而演绎性理论则是由抽象到具体。从物理定律的统一性看，虽然两种理论的推理顺序相反，但应殊途同归，即两种理论是平权的，且可相互印证。对于演绎性理论，当涉及了各种参量的最终结果一旦被证实，便意味着整个理论体系得到了证实。可见，狭义相对论并不需要像经典理论那样，对每个具体结论都进行实验检验，这也是演绎性理论与归纳性理论，在验证方面的一大区别。

到目前为止，所有支持狭义相对论的实验，皆没有涉及变换式的横向参量（y、z坐标），或者说，凡涉及横向参量的实验，从没有过任何符合理论的相关报道。也就是说，对于旧狭义相对论，既有符合实验的，也有不符合实验的。新力变换式（4-28）的获取，经历了复杂的推演过程，尤其是横向的新力变换式，所涉及的参量最为齐全，也是狭义相对论的最终变换式。可见，对这一变换式的肯定，基本上可以认为是对整个新狭义相对论的肯定。

电磁理论中的洛伦兹力公式$f=quB$，源于安培力公式$F=ILB$，这是经过无数工程实践验证的公式。其无论是低速还是近光速情况，至今未发现存在任何偏差。因此，$f=quB$完全可以作为自然界中的一条基本定律。狭义相对论的各种变换式，皆与物质的组成无关，所以用新力变换式直接推导出$f=quB$，便实现了对整个新狭义相对论的证明。这也是一些资深狭义相对论学者，一直探求的目标。

4.3.2 洛伦兹力公式$f=quB$的直接导出

如图4-2所示，设电荷B与S`系固联，电荷$A$以速度$u_A$平行于xx`轴运行至图示位置（$AB\perp xx'$）。当以S系为观察系时，电荷A将受到电荷B的库仑力F_A，以及其所形成磁场的洛伦兹力f_A作用，则其合力为F_A-f_A（F_A与f_A始终反向，参见3.2.3节）。而当以S`系为观察系时，因电荷B静止而不产生磁场，则电荷A只受到电荷B的库仑力F_A'作用。

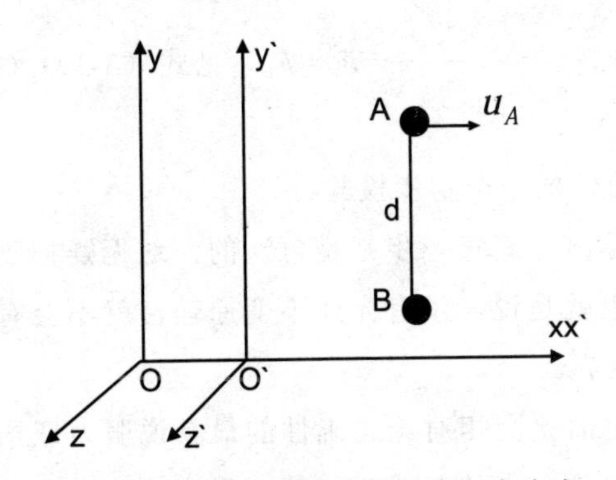

图 4-2 由新力变换式推导洛仑力公式

因为只有以S系为观察系时，才能体现出洛伦兹力，所以需使用新力逆变换式（4-28）中的横向变换式$F_\perp=\dfrac{F_\perp^`}{1+\dfrac{v}{c^2}u_x^`}$，得

$$F_A-f_A=\frac{F_A^`}{1+\dfrac{v}{c^2}u_A^`} \tag{4-30}$$

式（4-30）结合新速度变换式（4-3）中的$u_x^`=\dfrac{u_x-v}{1-\dfrac{v}{c^2}u_x}$，及尺-速关系式$l=l_0/\gamma$［见式（3-37）］，得

$$f_A=F_A-\frac{F_A^`}{1+\dfrac{v}{c^2}u_A^`}=\frac{q_Aq_B}{4\pi\varepsilon_0d^2}-\frac{\dfrac{q_Aq_B}{4\pi\varepsilon_0(\gamma d)^2}}{1+\dfrac{v}{c^2}\cdot\dfrac{u_A-v}{1-\dfrac{v}{c^2}u_A}}$$

$$=\frac{q_Aq_B}{4\pi\varepsilon_0d^2}\left[1-\frac{1}{\gamma^2\left(\dfrac{c^2-v^2}{c^2-vu_A}\right)}\right]=\frac{q_Aq_B}{4\pi\varepsilon_0d^2}\left[1-\left(1-\frac{v}{c^2}u_A\right)\right] \tag{4-31}$$

$$=q_Au_A\cdot\frac{\mu_0q_Bv}{4\pi d^2}=q_Au_AB_{BA}$$

式（4-31）中B_{BA}，为电荷B在电荷A处产生的磁感应强度。如此，由新力变换式直接推导出了洛伦兹力公式$f=quB$。这标志着从第三章至本章，对整个旧狭义相对论的修正，完全正确无疑，也标志着新狭义相对论得到了证明。

当电荷A也与S`系固联时，即$u_A^`=0$，则便回到了3.2.3节情况，则由式（4-

28）中逆变换式得，$F_A - f_A = \frac{F_A'}{1+\frac{v}{c^2}u_A'} = F_A' = F_0$［见式（3-39）（3-42）］。此也可看作对新狭义相对论自洽性的一个初步检验。

洛伦兹力公式的导出，其每一步都是可逆的，这无疑把磁场与光速不变原理紧密联系在了一起。也就是说，没有光速不变原理，就不会有磁场的存在，更不会有电磁理论或当今世界。

当初被认为是肯定旧狭义相对论正确性的最具说服力证据，就是由旧力变换式推导出的，称为全洛伦兹力的公式 $F=qE+qv\times B$ [7]，这也是旧狭义相对论最引以为傲的事件。虽然该式中的每一项，都是电磁学中常见的，但其中却隐藏着一个极不引人注意，却又极严重的错误。从推导过程看，$F=qE+qv\times B$ 是以两同向运动电荷为背景推导出的，但却忽视了一个问题：在电磁理论中，无论两运动电荷的正负如何，库仑力 qE 与洛伦兹力 $qv\times B$ 的方向，总是相反的。也就是说，只有 $F=qE-qv\times B$ 才能符合电磁理论。$F=qE+qv\times B$ 这个被人们所熟知的式子，将仅仅因为一个正负号错误而变得毫无意义。旧狭义相对论与电磁理论精确相符的说法，不攻自破，正所谓"失之毫厘，谬之千里"。

由上述可以看到，对物理学的要求，要比数学更为苛刻。物理学不但要同数学一样，做到逻辑上的严密和自洽，还要必须与实际相符，而数学则无此要求。这也是目前过于依靠数学的现代物理学，存在许多奇怪结论的根本原因。

§4.4 新狭义相对论的逻辑自洽性检验

4.4.1 场-速关系式的推导

逻辑自洽，是任何一个成功理论的必备要素。数学是最为精密的逻辑思维成果，虽然其从未被要求必须有实际的对应，但仍被称为人类智慧的结晶。这说明，对物理理论的逻辑自洽性检验，其重要性绝不亚于实验检验。或者说，只有经过自洽性检验的理论，在其指导下的实践才更具价值和意义。

到目前为止，使用新变换式已导出了几个具有普遍意义的公式：尺-速关系式 $l=l_0/\gamma$，钟-速关系式 $T=T_0/\gamma$，质-速关系式 $m=\gamma m_0$，动能-质量关系式 $E_k=\Delta mc^2$（旧的质-能关系式 $E=mc^2$ 将在第十章继续深入探讨）。下面将采用多种不同思路，再导出一个具有普遍意义的关系式——场强与速度的关系式（简称场-速关系式），作为对新狭义相对论逻辑自洽性的一种检验。

1.电荷电场的场-速关系式

根据电荷不变性和$l=l_0/\gamma$，得电荷电场的场-速关系式为

$$E=\frac{kq}{r^2}=\frac{\gamma^2 kq}{r_0^2}=\gamma^2 E_0 \tag{4-32}$$

2.匀强电场的场-速关系式

设平板电容的两板面积均为S，且分别带有Q与$-Q$的电荷。根据高斯定理，板间场强为$E=Q/\varepsilon_0 S$。由$l=l_0/\gamma$可得运动平板的面积变换关系为$S=S_0/\gamma^2$，则板间匀强电场的场-速关系式为

$$E=\frac{Q}{\varepsilon_0 S}=\frac{\gamma^2 Q}{\varepsilon_0 S_0}=\gamma^2 E_0 \tag{4-33}$$

式（4-32）和式（4-33）表明，点电荷电场和匀强电场，有相同的变换规律，且与方向无关。

3.由新力变换式推导场-速关系式

设电荷A、B两与S系固联，电荷C与S\`系固联，可知，$u_A^{`}=u_B^{`}=-v$，$u_C=v$，且电荷A或B与电荷C之间只有库仑力，而无磁场力，如图4-3所示。当电荷运动至图示位置时（$AC$、$BC$分别平行于$x$、$y$轴），若以S系为观察系，则电荷$C$电场为运动电场（也可以S\`系为观察系，此时电荷A、B的电场为运动电场，但最后结果是相同的）。根据式（4-28）中的新力逆变换式，得电荷A、B受电荷C的作用力分别为（不考虑A、B间的作用力）

$$F_{CA}=\frac{F_{CA}^{`}}{\gamma^2\left(1+\frac{v}{c^2}u_A^{`}\right)^2}=\frac{\left(1-\frac{v^2}{c^2}\right)F_{CA}^{`}}{\left(1-\frac{v^2}{c^2}\right)^2}=\gamma^2 F_{CA}^{`} \tag{4-34}$$

$$F_{CB}=\frac{F_{CB}^{`}}{1+\frac{v}{c^2}u_B^{`}}=\frac{F_{CB}^{`}}{1-\frac{v^2}{c^2}}=\gamma^2 F_{CB}^{`} \tag{4-35}$$

根据电荷不变性，将$F=Eq$分别代入式（4-34）和式（4-35），便可得电荷C分别在A、B两处的电场强度变换关系，为：

$$E_{CA}=\gamma^2 E_{CA}^{`};\ E_{CB}=\gamma^2 E_{CB}^{`} \tag{4-36}$$

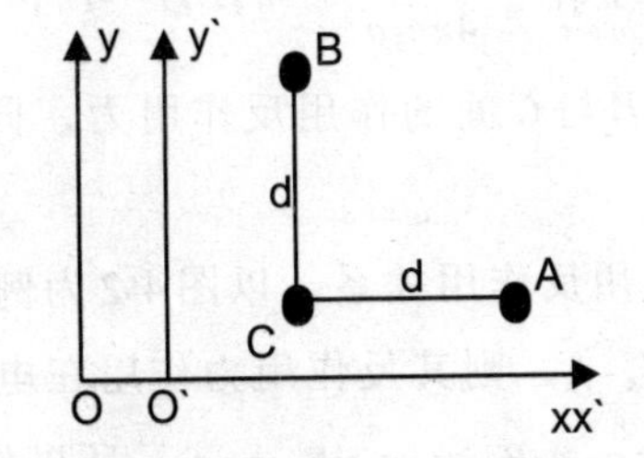

图4-3 由力变换式推导场强变换式

由式（4-36）可知，运动电荷的横向与纵向，其场强的变换关系完全相同。将其改写为动场与静场的关系后，与式（4-32）或式（4-33）完全相同。

以上推理过程，是用完全不同的演算思路，得出了完全相同的结果，这既是对新狭义相对论逻辑自恰性的检验，也是对力变换式正确性的佐证。如此完美的结果，对于旧狭义相对论几乎是不可想象的。旧力变换式与电磁理论，其横向与纵向间的矛盾，是不可调和的。

关于磁场的变换，虽不算复杂，但意义不大，在此不再赘述，感兴趣的学者可自行推导。

旧的电场或磁场变换式，只有在远小于光速时，才能回到库仑定律和洛伦兹力公式[7]，但实际上，库仑定律和洛伦兹力公式，在任意速度下都没有偏离过实验结果。相对性原理和麦克斯韦方程也要求，这两个定律在任意速度下都必须严格成立。再说，光速与远小于光速，也不符合近似的理念，即“经典理论是相对论的低速近似”说法，即使在旧狭义相对论中，也不应成立。

4.4.2 牛顿第三定律的重新肯定

动量守恒定律是自然界最基本的定律，是经过无数实验检验的定律。由动量守恒定律可知，两小球碰撞前后之间的任意时刻，其动量的增量必须始终大小相等，方向相反，即 $\Delta p_1 = -\Delta p_2$。每只小球所经历的力作用时间也必须为 $\Delta t_1 = \Delta t_2$，且计时的起点和终点也必须相同（关于同时的相对性将在第五章重新探讨），否则便会导致某一瞬时的动量不再守恒，从而破坏动量守恒定律的成立。根据动量原理，$F_1 \Delta t_1 = \Delta p_1$，$F_2 \Delta t_2 = \Delta p_2$，则作用力 F_1 与反作用力 F_2 关系必为 $F_1 = -F_2$。也就是说，无论两小球的作用时长如何，或相互作用是否完成，其作用力与反作用力始终是大小相等，方向相反。由此看出，牛顿第三定律同动量守恒定律一样，也是自然界的基本定律。

再看图4-3，电荷 C 对电荷 A 的作用力为 F_{CA}，则其反作用力为电荷 A 对电荷 C 的作用力 F_{AC}，则

$$F_{AC} = -E_{AC} q_C = -\frac{q_A q_C}{4\pi\varepsilon_0 d^2} = -q_A E_{CA} = -F_{CA} \tag{4-37}$$

同理可证，图4-3中电荷 B 与 C 间的作用反作用力，同样是大小相等，方向相反。

再看有磁场力情况下的作用反作用关系，以图4-2为例，且以S系为观察系，可知电荷 A 受到的作用力为 $F_A - f_A$，则其反作用力作用在电荷 B 上，为 $F_B - f_B$。因为 $F_A = E_{BA} q_A = -E_{AB} q_B = -F_B$，$f_A = q_A u_A B_{BA} = -q_B v B_{AB} = -f_B$，所以作用反作用力，仍是大小相等，方向相反。

从上述对作用反作用力的论证可知，牛顿第三定律在新狭义相对论中依然成立。经典理论与新狭义相对论的高度自洽，再一次否定了“经典理论是狭义相对论的低速近似”这一论断。

其实，在狭义相对论建立的伊始，其推导过程（见3.1.2节）便一直处于经典理论的逻辑框架内。只是为了融合光速不变，而加入了时空可变这一元素。可以说，这两大理论的相互自洽，是理论的必然结局，“存在就是有理”。

在旧狭义相对论中，力与加速度是不平行的，牛顿第三定律便是因此而被否定的，且该观点现已为学术界所普遍接受。为了满足自然界的最基本定律——动量守恒定律的成立，相关专著对此的解释，最终都归结为场动量参与了变化[6]。但最终给出的场动量大小却是一种人为定义，或说是把场势能臆测为与质量存在当量关系，而得到的纯数学性结果[2]，这根本不能肯定场动量的存在。即便如此，仍不能从根本上解决力与加速度不平行这一物理学疑难。

从新狭义相对论的所有推理过程看，无论是力变换式的推导过程，还是质-能关系的由来，皆未涉及丝毫的场动量，但结果却得到了很好检验。现代高能物理实验，更是从未观察到“力与加速度不平行”的痕迹。可见，对牛顿第三定律的否定，不过是对旧狭义相对论的一种盲从。过度依赖数学，而罔顾物理前提成立与否，是现代物理学陷入混乱的根源。

4.4.3　重探超距作用

对超距作用的否定，是指任何速度都不能大于光速，否则γ将成为虚数而失去意义，所以超距作用不允许存在，此也称为光速限制。这是旧狭义相对论的一个重要推断，并被学术界普遍接受。但是，综观整个时空变换式的建立过程，光速限制仅局限于实体物质的运动。而场是种与实体物质有着本质区别的特殊物质，其是否同实体物质一样也受光速限制，并没有任何理论和实验方面的依据。可见，这种把场物质看作实体物质，认为两者有着相同运动属性的做法，纯属臆测行为。为保持物理学的严谨性，必须对超距作用重新做出严格理性的分析。

现代物理学将物质分为两大类：实体物质和场物质。对于场物质的实质，目前还处于不能被现代实验所检验的假设性阶段，如量子力学中的场量子化假说等。场物质所表现出的性质，目前仅是认识到，场可共享空间，且具有力和做功的属性。严格来说，这些性质都是实体物质所不具备的。如两小球碰撞，从宏观上看是实体物质间的作用，但从微观层面看，它们之间的相互作用，都是以场为媒介发生的，否则仅凭原子结构的空旷性，就不可能产生现今的物质世界。

再仔细分析牛顿第三定律的作用机制，从微观层面看，物间的相互作用一般可归纳为实物a—场—实物b。作用力与反作用力关系应为作用在实物a上的力，其反作用力是直接作用在场上，再通过场将反作用力传递到实物b上。根据上节（4.4.2节）对牛顿第三定律和动量守恒定律的关系论述，要求场传播力的速度必须是超距的，即场的传播不受光速限制，否则便会与自然界的最基本定律—动量守恒定律发生冲突。

再看，库仑平方反比定律经受住了现代高精度实验的验证。由电磁理论知，垂直通过单位面积的电力线数N，等于该点场强（$E=N/\bar{S}$），则以点电荷为球心、半径为r的球面上任一点场强为$E=N/4\pi r^2$，则库仑平方反比定律得证，理论与实验达到高度吻合。将电荷换成质点，则由于引力场线数量不变，则引力场平方反比定律（$g_i=N/4\pi r^2$）同样可得证。

假如说场的光速限制成立，则由于天体的自转，场线将为螺线形，那么两天体间的引力，将会沿着螺线的切线方向，而不是相互指向对方。这将给物理学带来一系列灾难性问题：①平方反比定律被破坏。②作用-反作用定律及动量守恒定律失效。③绕行天体将不断沿切向加速而远离，能量守恒定律也将失效，宇宙更不会是当今的状态。这些都是理论和实际所不能接受的，所以场传播速度必须为无穷大，这完全可以视为对超距作用的肯定。

既然场传播速度必须为无穷大，那么就要求场物质的质量必须绝对为零（参考4.1.2节对场势能的论述）。如此，根据质-速关系式$m=\gamma m_0$，即使超光速时的γ为虚数，场物质的质量也仍为零（零与任何数和乘积都是零），$m=\gamma m_0$仍然不会失去意义。再仔细回顾第三章和本章内容，关于相互作用、力变换等的推演和证明过程，皆隐含着场或力具备超距作用，否则就不会精确地得到洛伦兹力公式。也就是说，狭义相对论从始至终，从未对场的超距作用有过丝毫限制，即场是不受相对论限制的特殊物质。场的超距作用不但与狭义相对论没有任何冲突，与其他任何物理定律也同样不存在冲突。

光子虽然区别于普通粒子，但确实属于实体粒子（光子的结构，将在第九章探讨）。狭义相对论的光速限制，仅局限于实体物质范围。之前的所谓“一切速度都不能超过光速”的结论，是未经严格论证且过于依赖数学的直觉性行为。

再看光速限制对现代物理学所产生的负面影响。量子场论认为，场是场源不断辐射出的能量子。由于实体物质的场朝着无穷远开放，根据能量守恒定律，其不断辐射的能量子必将使物质能量或质量不断减小直至消失，这显然极为荒谬。为了自圆其说，之后又提出了的负能量或虚粒子假说，即场源交替辐射正、负能量子。这种脱离载体的能量实物化及负能量子假设，显然完全违背了能量的初始定义，是典型的想象性“物质”。其实，量子场论最终的发散困难已暗示了这种假说注定是失败的。可见，场与普通实体物质一样具有质量的观点，是很不严谨的直觉行为。

有学者通过对固体潮的测定，得出了引力以光速传播的结论[8]，且不论固体潮与引力间的同步误差对结论的影响，仅就该理论根据对光速推迟的引力修正，计算出了水星进动值与广义相对论的结果相同，说明其已经否定了早已被实验验证、且已成定论的时空效应。可见，文献［8］的引力光速传播结论根本不可能成立，是典型的先入为主行为。

综合以上分析可得出如下结论：场物质是无质量、无体积、无粒子性，但却有方向的物质，是力的源泉，这些都是实体物质所不具备的性质。将场物质命名为虚物质，以对应实体物质，更能体现场物质的特性。不同的场物质可共占空间，场物质不受惯性制约，通过场发生力作用的物质双方，是瞬时的或超距的。

对于场物质的表现，后文中还将不断深挖其属性，以使人们在观念上对场物质有更清晰的认识。

§4.5　基于新狭义相对论的发现

4.5.1　运动电荷间纵向力的提出

从归纳性理论和演绎性理论的建立过程可以看出（见4.3.1节），归纳性理论可能会漏掉某些内容，而演绎性理论则可以将一切具体规律包含在内，但在演绎过程中不允许有丝毫差错。新狭义相对论的各种变换式经受住了多方面检验，其重要意义还表现为，一些还未被现代所认识的具体规律，将在新狭义相对论框架下显露无疑。

由3.2.3节可知，尺缩效应的产生，与运动力直接相关。在4.3.2节中，更是明确了新力变换式中的力，是合力，且包含新产生的未知力（这里指磁力）。经典电磁理论与新狭义相对论，是完全吻合的，它们都是适用于光速量级的理论。当两运动电荷连线垂直于运动方向时，其尺缩效应（指两电荷的间距）的产生，源于洛伦兹力的参与。由于尺缩效应存在于整个空间（见3.2.2节），由此推断：当两运动电荷连线平行于运动方向时，其尺缩效应的产生仍应源于一种力的参与。也唯有如此，才能使电磁理论与新力变换式达到完美吻合。

如图4-4所示，设电荷A的速度$u_A=u_x$，电荷B与S`系固联。当电荷B以速度v运行至图示位置时（$AB//xx'$），由于尺缩效应与运动力相关，则电荷A（或B）必受到一种新产生的运动力T的作用。其同洛伦兹力一样，是与库仑力反向的力，只是洛伦兹力为横向力（见4.3.2节），T为纵向力。否则，新力变换式中的纵向方程，将与横向方程及电磁理论等，产生不可调和的矛盾（请参看有关旧狭义相对论的论著）。

由力逆变换式（4-28）（S系为观察系）的纵向方程可知，电荷A的受力为（由于电荷B静止于$S`$系中，当以S`系为观察系时，电荷$A$、$B$皆不受纵向力$T$的作用，这类同于静止电荷不受磁场力的作用，所以须以S系为观察系）

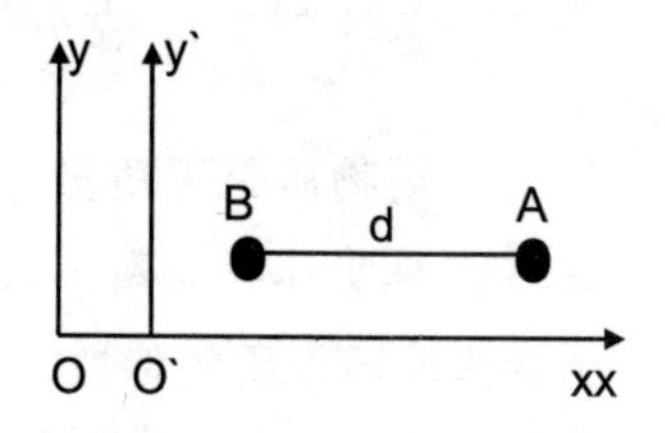

图 4-4 额外纵向力的推导

$$F_A - T_A = \frac{F_A^{`}}{\gamma^2\left(1+\frac{v}{c^2}u_A^{`}\right)^2} \tag{4-38}$$

结合尺-速关系$l=l_0/\gamma$，以及速度变换式的$u_x^{`}=\dfrac{u_x - v}{1-\frac{v}{c^2}u_x}$，得

$$T_A = F_A - \frac{F_A^{`}}{\gamma^2\left(1+\frac{v}{c^2}u_A^{`}\right)^2} = \frac{q_A q_B}{4\pi\varepsilon_0 d^2} - \frac{\dfrac{q_A q_B}{4\pi\varepsilon_0(\gamma d)^2}}{\gamma^2\left(1+\frac{v}{c^2}\cdot\dfrac{u_A - v}{1-\frac{v}{c^2}u_A}\right)^2}$$

$$= \frac{q_A q_B}{4\pi\varepsilon_0 d^2}\left(1-\frac{1}{\gamma^4\left(\dfrac{c^2-v^2}{c^2-vu_A}\right)^2}\right) = \frac{q_A q_B}{4\pi\varepsilon_0 d^2}\left[1-\left(1-\frac{v}{c^2}u_A\right)^2\right]$$

$$= \frac{\mu_0}{4\pi}\frac{q_A q_B}{d^2}vu_A\left(2-\frac{v}{c^2}u_A\right) \tag{4-39}$$

比照式（4-39）与式（4-31）可知，当电荷A的速度u_A远小于光速时，纵向力T接近洛伦兹力的两倍。这表明，T同样与磁导率相关，但与磁场力的作用规律不同，也难以用独立的场形式进行表达。

目前的电磁理论，对垂直于电荷运动方向上的磁场性质，有着极为深刻的认识，并在科学实验及工程应用中取得了巨大成功。但在平行于电荷运动的方向上，则默认为没有任何新力的产生。纵向力的提出，便填补了电磁理论这一空白。这是对电磁理论的进一步完善，也是新狭义相对论与牛顿运动三定律、电磁理论最终完美统一的体现。

4.5.2 纵向力的实际存在示例

在可控核聚变领域，高温通电流的等离子体柱，很难保持圆柱的粗细均匀性，这种情况被称为“腊肠不稳定性”，如图4-5所示。

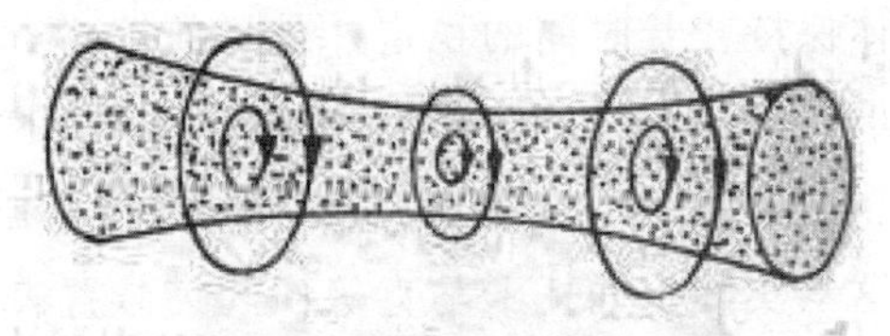

图4-5 腊肠不稳定性

由安培环路定理容易证明，圆柱表面的磁场最强，且与电流密度成正比。由于某种原因扰动，离子柱粗细出现不均。因为流过圆柱截面的电流大小保持不变，则电流密度将发生变化，从而导致细部位表面磁场强于粗部位表面磁场。目前核聚变理论认为，强磁场部位的离子在洛伦兹力的作用下，会被推向两端的弱磁场区域，造成细的部位进一步变细，以至发展为离子柱被截断[9]。仔细分析该观点，如果离子柱真的被截断了，则截断处的磁场必然会消失，离子柱将重新连续，从而形成动态稳定现象。另外，细部位比粗部位的磁场强，说明细部位的离子速度更大，而粗部位的离子速度小，这应该更利于离子间的碰撞，从而有利于聚变反应的进行，但实际上却正相反。可见，等离子柱截断的传统解释，不能成立。

无论是离子态，还是气态，其稳定性或称均匀性，都应遵循同一规律。如果内部微观粒子间的排斥能力（主要由碰撞引起）大于结合能力，则将处于均匀状态。否则，将处于不均匀状态。如云的形成，由于高空温度低于地表温度，水蒸气分子间碰撞减弱，结合能力增强，形成雾珠（云），即从微观上看，水蒸气分子的均匀性被破坏了。

同云的形成原理类似，纵向力T的提出，便可很好地诠释“腊肠不稳定性”的成因。如果离子柱皆由同性离子组成，则由式（4-39）知，此时无论电流或离子速度有多大（小于光速），新产生的纵向力和横向磁场力（横向的磁力小于纵向力T），将始终小于库仑斥力且与之方向相反，即离子间的结合能力总是小于排斥能力，这样离子柱是不会被截断的。但由于组成等离子体的正负电荷相等，库仑力被抵消。当等离子体通电时，由于通电等离子体中同性电荷的运动方向相同，其间产生的纵向力为结合力。而异性电荷因运动方向相反，产生的纵向力同样仍为结合力。也就是说，对于通电等离子体，将会额外增大离子间的结合力，且电流越大，结合力越大，从而造成了等离子体中的离子不均匀性。这才是“腊肠不稳定性”产生的真正原因，即通电等离子体内的纵向力，是形成“腊肠不稳定性”的主要因素。同样，横向磁场也会造成等离子柱在径向上的离子不均匀性。

上述只是从微观层面阐述“腊肠不稳定性”的成因，其实从宏观上看，这就是狭义相对论尺缩效应的体现。对于实验中的环流器装置，通电等离子体环的周长将收缩变短，但环形箍缩装置的周长不变，从而形成了离子柱被截断，或称“腊肠不稳定性”。

如何使等离子体保持较长时间的稳定，是目前等离子体物理学中一个重要的研究课题。但由于旧狭义相对论存在着重大缺陷，后续的理论研究几乎仅仅是为了强调与经典理论的近似关系，使得建立在现代物理基础上的磁约束聚变理论，也难免存在缺陷。这从实际上的托卡马克等磁约束装置表现，与理论预期存在着巨大差异便可看出。关于磁约束聚变理论，将在本书最后一章，进行更为深入的探讨。

本章小结

根据第三章的新时空变换式，推导出了新速度变换式、新加速度变换式、新力变换式。对比新旧狭义相对论，早前的许多观念发生了重大改变。主要内容为：

1. 对质-能关系进行了重新诠释。早前观点为，包括势能在内的一切能量，皆可转化为质量。这是对动能的随意扩展，是无任何依据的直觉行为。重新论证后，肯定了只有动能才可以等效为质量，即 $E_k=\Delta mc^2$ 才是客观存在的能量与质量关系，而势能则不可以等效为质量。

2. 重新肯定了加速度在狭义相对论和经典理论中，具有同等重要的地位。否定了旧狭义相对论中“加速度变换只是出于照顾运动学的完整性，并无实在意义”的观点。

3. 对力定义的两种形式，$F=\Delta p/\Delta t$ 和 $F=ma$，进行了重新论述。经严格论证后，肯定了 $F=\Delta p/\Delta t$ 为平均力定义，而 $F=ma$ 为即时力定义。两种力定义形式，同平均速度与即时速度的关系一样，本质上没有差别。

4. 否定了旧狭义相对论中，将质量分为纵向质量 $\gamma^3 m_0$ 和横向质量 γm_0 的观点。$\gamma^3 m_0$ 是质点从静止开始加速至某一速度的整个过程中，质点所表现出的平均质量效果，而 γm_0 才是任一时刻点的即时质量。对此的实验证实，就是弹性碰撞实验测得的纵向质量结果，与横向质量的测得结果完全相同。如此便肯定了，无论是低速条件下还是近光速条件下，牛顿第二定律始终保持着绝对的正确性（仅是否定了牛顿的质量不变观念）。

5. 任何物理量的变换，都必须是即时值的变换。旧狭义相对论用平均力的定义形式 $F=\Delta p/\Delta t$，推导出的力变换式，必须彻底抛弃。新力变换式，是以即时力的定义形式 $F=ma$（牛顿第二定律），推导出来的。

6. 由新力变换式直接推导出了经无数工程实验证实了的、任意速度条件下皆成立的、众多资深狭义相对论学者所一直探求的洛伦兹力公式$f=qvB$，完美达到了对新力变换式的证明程度。力变换式是狭义相对论的最终变换式，推导过程中各种参量相互交织，尤其是横向的力变换，涉及的参量最为齐全。所以说，对新力变换式的证明，也是对整个新狭义相对论的证明。

7.逻辑自洽性，是一个成功理论必须具备的要素，其重要性绝不亚于实验检验。对逻辑自洽性的检验，很难通过一两个例子做到对理论的全覆盖。正文中采用了三种不同思路，导出了完全相同的场-速关系式，从而对新狭义相对论的逻辑自洽性，给予了较为全面检验。

8.否定了旧狭义相对论关于“近光速条件下，力与加速度不再平行”这一离奇结论。重新肯定了，无论是低速条件下还是近光速条件下，牛顿第三定律皆成立。至此，牛顿三大运动定律，全部得到了充分肯定。

9.纵向力的提出（一种目前电磁理论还未曾提出的未知力），填补了电磁理论的一个空白。横向尺缩效应的产生，与洛伦兹力相关（见3.2.3节），那么纵向上的尺缩效应，则与纵向力相关。至此，新狭义相对论与电磁理论，得到了完美统一。

10.肯定了超距作用的存在。利用牛顿第三定律及库仑平方反比定律的高精度实验，论证了超距作用的存在。指出光速限制将会导致动量和能量守恒定律的破坏。从狭义相对论的整个建立过程看，光速限制只局限于实体物质，对场物质没有任何限制，即场的超距作用与狭义相对论不存在任何冲突。

11.重新论证了场物质所具有的一些特征：可共享空间，无体积，无质量（不受惯性制约），有方向，是力的源泉，是超距的，这些都是实体物质所不具备的特征。

参考文献

[1]张元仲.狭义相对论实验基础[M].北京:科学出版社,1979:126-142,126,139-142,126.

[2]俞允强.电动力学简明教程[M].北京:北京大学出版社,1999:173-174,175,18-25.

[3]蔡伯濂.狭义相对论[M].北京:高等教育出版社,1991:91-92.

[4]南京工学院等七所工科院校编,马文蔚,柯景凤改编.物理学(上册)[M].2版.北京:高等教育出版社.1982:107,6-8,107-112.

[5]黄志洵.论动体的质量与运动速度的关系[J].中国传媒大学学报(自然科学版),2006,13(1):1-11.

[6](美)A.P.弗伦奇.狭义相对论[M].北京:人民教育出版社,1979:233,

238-242.

[7]杨素珍.狭义相对论与电磁学[J].重庆师范学院学报(自然科学版),1997,14(2):88-94.

[8]Tang Keyun, Hua Changcai, Wen Wu, et al. Observational evidences for the speed of the gravity based on the Earth tide. Chinese Science Bulletin, Z1, 474-477.

[9]张三慧.大学物理学(第三册),电磁学[M].北京:清华大学出版社,1991:216-221.

第五章　同时相对性的重新论证

同时相对性是爱因斯坦创建狭义相对论的突破点，源于著名的思想实验——爱因斯坦火车，即在某惯性系中异地同时发生的两个事件，在另一惯性系中，却是先后发生的，由此否定了绝对时间观念，并提出了同时是相对的观点。但是，当将这一结论放入狭义相对论中时，便产生了自相矛盾的结果，即佯谬，这是完美科学理论绝对不允许发生的事件。也就是说，对同时相对性的重新审核，是彻底修正狭义相对论的一个必不可少环节。

§5.1　同时相对性的困惑

爱因斯坦火车的思想实验原理，如图5-1所示。也就是说，在运行速度为v的车厢内观察，同时点亮运动车厢两端的灯，灯光将同时到达车厢中点b（爱因斯坦火车，是由车厢中点发光，同时到达车厢两端。此小改动，只为正文叙述方便，原理完全相同）。而在地面上观察，根据光速不变原理，由于车厢以速度v向右运动，则车厢左右两端的光到达车厢中点b的时间分别为

$$\Delta t_a=\frac{L+v\Delta t_a}{c},\ \Delta t_c=\frac{L-v\Delta t_c}{c} \tag{5-1}$$

整理式（5-1），可得

$$\Delta t_a=\frac{L}{c-v}>\frac{L}{c+v}=\Delta t_c \tag{5-2}$$

式（5-2）是说，在地面上观察，车厢两端同时发出的光，车厢右端的光先到达车厢中点，而左端的光后到达。就是说，在车厢系同时发生的事件，在地面系却不是同时发生的。爱因斯坦据此否定了同时绝对性，而肯定了同时相对性。

123691236912369xx\`y\`yoo\`$x_b x_c$　　vacL\`L\`b

图5-1 爱因斯坦火车

仔细分析这个看似合理的同时相对性，却存在着不可调和的矛盾，即佯谬。也就是说，在车厢的正中间，放置探测器，仅当车厢两端同时发出的光，同时到达探测器时，探测器才发射一枚火箭，否则便不发射火箭。假如同时相对性是正确的，则在车厢内观察，火箭发射，而在地面观察，火箭不发射。但客观世界要求两者之中，必须且只能有一种情况发生，那么火箭到底是发射还是不发射呢？

再举一例，设一电源经导线连接在车厢两端的车轮，并通过钢轨形成闭合导电回路。如果同时相对性是正确的，那么无论在车厢内还是在地面上观察（皆存在相对运动），车厢两端车轮与钢轨接触点的上下处，因为不同时而永远不能形成电流（这是不可能的）。如此，便与电磁理论的基本原理——电流连续性原理，发生了严重冲突。

下面利用狭义相对论中的时刻变换式，对上述情况进行分析。如图5-1所示，以S`系（车厢内）为观察系，由于车厢内各处时刻皆相同，且光速各向同性，则车厢两端同时发出的光，必将同时到达车厢中点$x_b^`$处。设车厢两端发光的时刻为$t_a^`=t_c^`$，光到达$x_b^`$处的时刻为$t_b^`$，则车厢两端光到达车厢中点$x_b^`$处所经过的时间皆为

$$\Delta t^` = t_b^` - t_a^` = t_b^` - t_c^` \tag{5-3}$$

再以S系（地面上）为观察系，根据时刻变换式$t=\gamma\left(t^` + \frac{v}{c^2}x^`\right)$，得车厢两端的光，到达车厢中点所经过的时间分别为

$$\Delta t_a = t_b - t_a = \gamma\left(t_b^` + \frac{v}{c^2}x_b^`\right) - \gamma\left(t_a^` + \frac{v}{c^2}x_b^`\right) = \gamma\left(t_b^` - t_a^`\right) \tag{5-4}$$

$$\Delta t_c = t_b - t_c = \gamma\left(t_b^` + \frac{v}{c^2}x_b^`\right) - \gamma\left(t_c^` + \frac{v}{c^2}x_b^`\right) = \gamma\left(t_b^` - t_c^`\right) \tag{5-5}$$

将式（5-3）代入式（5-4）和式（5-5），可得：

$$\Delta t_a = \Delta t_c = \gamma\Delta t^` \tag{5-6}$$

式（5-6）表明，在地面观察，车厢两端同时发出的光到达车厢正中央，所用时间仍是相等的。就是说，在考虑相对论效应后，无论是在车厢系还是在地面系观察，车厢两端同时发出的光，皆为同时到达车厢正中央。

以上表明，同时相对性不但会产生佯谬，还与电磁理论，甚至与狭义相对论也发生了冲突，这简直就是笑话。可见，对于同时相对性问题，必须进行更为理性的重新思考。

§5.2　狭义相对论中的时差效应

由时刻逆变换式$t=\gamma\left(t`+\frac{v}{c^2}x`\right)$可以看出，S系中的某一时刻对应到S`系中时，将会随着x`坐标的变化而变化，即S系的时钟，不能同时校准S`系中ox`轴上的所有时钟，而只能校准其中的一个。再看式（5-4）或式（5-5），如果S`系中的时刻间隔（流逝的时间）为零，则S系中的时刻间隔也同样必须为零。也就是说，对应于S系中的某一时刻点，S`系中不可能存在时间的流逝（光速时除外，因时间静止）。可见，以S系为观察系时，S`系中不同坐标点$x`$的时刻，在S系中体现的一定是时差效应，而不是时间的流逝。

以上就好比在地球上，不同经度具有不同的地方时一样，如北京时间的1点钟，对应平壤时间的2点钟。在北京时间1点钟和平壤时间2点钟发射火箭，属于同时发射，而不能说发射时间相隔了1小时，这是计时起点不同的缘故。若异地计算某一火箭的飞行时间，则必须消除两地的时差影响，或直接用火箭发射地的时刻进行计算。

对于做相对运动的两惯性系，在S`系观察，根据时空的均匀性，$x_1`$、$x_2`$两坐标点处于同一个时刻$t`$。而在S系观察时，根据时刻逆变换式$t=\gamma\left(t`+\frac{v}{c^2}x`\right)$，则两坐标点的时差为

$$t_2-t_1=\gamma\left(t`+\frac{v}{c^2}x_2`\right)-\gamma\left(t`+\frac{v}{c^2}x_1`\right)=\gamma\frac{v}{c^2}\left(x_2`-x_1`\right) \tag{5-7}$$

将时空变换式中的$x`=\gamma(x-vt)$代入式（5-7），则

$$t_2-t_1=\gamma\frac{v}{c^2}\left[\gamma(x_2-vt_2)-\gamma(x_1-vt_1)\right]=\gamma^2\frac{v}{c^2}\left[(x_2-x_1)-v(t_2-t_1)\right] \tag{5-8}$$

整理式（5-8），可得两坐标点的时差t_j为

$$t_j=t_2-t_1=\frac{v}{c^2}(x_2-x_1) \tag{5-9}$$

式（5-9）便是动系相对于静系的时差效应，参见图5-1中的对应时钟示意图。也就是说，在地面观察，运动车厢的两端存在时差效应。只有当车厢速度远小于光速时，才可以将车厢的两端近似为同一时刻，即时差效应可忽略。

目前人们对时刻变换式中的$\frac{v}{c^2}x$或$\frac{v}{c^2}x`$项，其所表达的物理意义还不甚清楚。其实该项所表达的物理意义很直观，但几乎所有相关专著，都未对此有所阐述。总是表现为，在接近时差效应的提出时[2]，又回到了教条的思维定式中。目前对

于尺缩效应的认识或应用，一般仅局限于同时异地情况，而对于钟胀效应的应用，则仅局限于同地异时情况。对于异地异时的研究，目前几乎处于空白阶段，或者干脆被认为没有意义[1]。

时差效应的提出，弥补了“异地异时”内容的空白，拓展了旧理论的覆盖面，这是对狭义相对论的重要完善和发展。时差效应还揭示了时刻是一种客观存在，这使人们对时间本质的认识，向更深层次迈出了坚实的一步。

§5.3 爱因斯坦火车问题的解决

在揭示了动系相对静系存在时差效应后，再用经典运动学分析方法，重新推导爱因斯坦火车问题。如图5-1所示，在地面系观察，因为车厢右端与车厢中间的计时时刻点不同，所以必须消除这两处的时差效应。现以车厢右端为计时起点，计算光到达车厢正中的运行时间。结合式（5-1）和式（5-9），可得

$$\Delta t_R = \Delta t_c - t_j = \frac{L - v\Delta t_c}{c} - \frac{v}{c^2}(x_c - x_b) \tag{5-10}$$

因为$(x_b - x_c)$是在地面系观察到的光径路长度，则

$$\Delta t_c = \frac{x_b - x_c}{c} = -\frac{x_c - x_b}{c} \tag{5-11}$$

将式（5-11）代入式（5-10），并整理后得

$$\Delta t_R = \frac{L}{c} \tag{5-12}$$

同理，以车厢左端为计时起点，光到达车厢中间的运行时间为

$$\Delta t_L = \Delta t_a - t_j = \frac{L + v\Delta t_a}{c} - \frac{v}{c^2}(x_b - x_a) \tag{5-13}$$

因 $\Delta t_a = (x_b - x_a)/c$，将其代入式（5-13），得

$$\Delta t_L = \frac{L}{c} \tag{5-14}$$

比较式（5-12）和式（5-14）可知，车厢两端同时发出的光，将同时到达到达车厢正中。这与直接应用狭义相对论推导出的式（5-6）结果，完全相同。此也可看作经典理论与狭义相对论在自洽性方面，同时得到了检验。至此，同时相对性被彻底否定，而同时绝对性则重新被充分肯定。

本章小节

时间是一个较为抽象的概念，是衡量物质运动变化快慢及表现事件的持续性和顺序性的物理量。一般来说，时间包含时刻和时段两个概念。为适应人们阅读习惯，文中的“时间”单指“时段”。“同时”这一概念，从字面上应有两种解释：

同一时刻和事件发生的先后顺序。我们通常所理解的“同时”，显然是指事件发生的顺序。从旧相对论内容看，“同时”也是指事件发生的顺序。

根据时刻变换式，可推导出运行的车厢两端，存在时差效应，即车厢两端的计时时刻是不同的。也就是说，在新狭义相对论中，时刻是相对的，这才是同时相对性的本质。早前所说的同时绝对性中的“同时”，是指事件发生顺序不可改变。可见，同时相对性和同时绝对性中的“同时”，是两个完全不同的概念。

到目前为止，还没有任何一本字典，将“同时”解释为同一时刻，所以“同时相对性”必须更正为“时刻相对性”，才可以成立。这也为进一步认识时间的本质，提供了很好的科学思路。

爱因斯坦以同时相对性为突破口，创建了狭义相对论，但之后却没有应用狭义相对论对其进行深入分析和验证，从而给后人留下了同时相对性这一疑难。造成这一疑难的更根本原因，就是没有正确认识到，运动系中的两个异地钟不能同时校准，是时差效应的表现，而不是事件先后顺序的表现。爱因斯坦把车厢两端的时差效应，看作不“同时”，显然是对“同一时刻”与“事件先后顺序”概念的混淆。但无论如何，没有应用时刻变换式进行验证，显然是不该发生的。

后来的相对论研究工作，似乎只是想尽办法如何去解释问题，而不是去解决问题。这种对权威的崇拜几乎贯穿了整个现代物理学，并在无意中对物理学中的错误起到了一种保护作用，从而成为物理学健康发展道路上的一大障碍。

对于同时相对性问题，有些学者已通过改进爱因斯坦火车，指出同时相对性存在佯谬，但却不能指出佯谬产生的原因。这也就不难理解，令人满意的解释为何不能产生了[3]。这就使得同时到底是相对的还是绝对的问题，成为狭义相对论的一个重要争议焦点。其实狭义相对论本身就是佯谬的多发地，且形式众多。如有学者试图用带有佯谬的同时相对性观点，去解释尺度悖论[4]，且不说其推理过程是否严谨，单就这种用佯谬解释佯谬的观点，本身就是一种荒唐。

参考文献

[1]刘辽，费保俊，张允中狭义相对论[M].北京：科学出版社，北京，27，50.

[2](美)A.P.弗伦奇狭义相对论[M].北京：人民教育出版社，北京，117-122.

[3]刘先国，李强再谈相对论同时相对性的理解[J].伊犁教育学院学报，2004，17(3)：139-141.

[4]周平，李俭兵对狭义相对论教学中一个实例的深入认识[J].重庆邮电学院学报(社会科学版)，2003(4)：107-108.

第六章　广义相对论的重新定位

目前认为，狭义相对论仅限于讨论惯性系情况，被称为特殊相对论；而广义相对论则被认为适用于一切参考系，是宇宙中通用的理论，称为一般相对论。“狭义”与“广义”的命名，便表达了这种理念。正因为如此，广义相对论的作用被过分夸大，并深深地掩盖了其真实面目。其实，广义相对论应归属于狭义相对论的延伸，谈不上“广义”与“狭义”之分。广义相对论之所以被普遍接受，主要原因就是在弱场条件下取得的一些成就，以及少有人看懂的复杂非欧几何运算。鉴于广义相对论早已深入人心，且错误较多及具有隐蔽性，对其的纠正也极尽细致谨慎，并在暴露其弱场近似本质的同时，给出了准确、简洁、易懂的非近似性引力场理论，且通过了包括实验在内的多种形式检验。

§6.1　广义相对论回顾及质疑

6.1.1　广义相对论创建思路梳理

目前，广义相对论被认为是引力理论的最高成就，并已被学术界广泛接受。但随着新观测数据的不断出现，广义相对论的计算值与实际值，并不完全符合，如涉及了强引力场的双星系统[1]，这说明广义相对论并非完美理论。宇宙学疑难的不断增多，更是与广义相对论有着直接关联。整个广义相对论同旧狭义相对论一样，总是给人一种似懂非懂的感觉。这一切都表明，重新审核广义相对论，是极为必要的。

牛顿引力理论是建立在哥白尼、第谷、开普乐和伽利略等人研究成果的基础上，而广义相对论则是以一个全新角度为切入点，即把对引力场的研究，转化为了可操作的对参考系研究。这就要求引力场中任一点，都必须有一参考系与之严格等效。为满足此要求，爱因斯坦提出了著名的等效原理和广义相对性原理这两个假设，并以其为基础，创建了广义相对论（与狭义相对论的创建过程极为相似）。可以看出，这两个原理假设是先有目的性，再去寻找相关实验和理论依据为依托（狭义相对论的两个原理假设是先有实验证据为依托），这也是两个原理假设需要论证的原因（这与一般认为的，原理无须论证不同）。

等效原理：引力场与惯性系是局部不可分辨的，或者说，对惯性系的研究等价于对引力场的研究（注意：广义相对论将加速系和恒速系通称惯性系。这种混淆概念的称谓，后文将不再采用）。

广义相对性原理：在任何参考系中，物理规律都是相同的。这是对狭义相对论的相对性原理（只包含恒速参考系）扩展，其目的就是使物理规律在任意参考系中皆可进行统一表述，这也是相对论被分为广义与狭义的根本原因。

在广义相对论中，因广义相对性原理符合牛顿力学（与其称为原理，倒不如说就是牛顿力学的必然结果），不再赘述。但对于等效原理，因其涉及引力质量与惯性质量（这是两种完全不同含义的质量，后文通称两种质量）是否等价问题，所以必须进行论证。其基本出发点为，加速系中的质点，会形成相对加速系的加速度。这种由于质点惯性而形成的加速度a，是由被称为虚拟力或惯性力F_I作用的结果。若该质点处于引力场中，则会受到引力F_g的作用，并产生与引力场强等值的引力加速度g。根据万有引力定律和牛顿第二定律，则$F_g=gm_g$，$F_I=m_Ia$，其中m_g、m_I分别为质点的引力质量和惯性质量。可见，欲使加速系与引力场的动力学效应不能被区分开来，即$F_I=F_g$，$a=g$，就必须要求$m_I=m_g$，从而达到用加速系替代引力场的目的。这种加速系与引力场的动力学效应等效，称为弱等效原理。

从概念上讲，m_I和m_g是两种本质不同的物理量，理论上也没有相等的理由，所以必需有实验的支持。由此便重提了早前的厄皐实验，并认为厄皐实验在10^{-11}精度上没有发现两种质量存在偏离（后文将会看到，这其实是对厄皐实验原理的严重曲解），是对两种质量严格相等的证实。

将“任何物理效应”，直接代替弱等效原理的“动力学效应”，便扩展成了强等效原理，即通常所说的等效原理。这种强制扩展所要达到的目的，无非是让引力场与加速系，不但动力学效应等效，在其他任何方面（主要指时空效应）也必须等效。为了使数学表达形式可适用于任意时空点，又提出了广义相对性原理，以补充等效原理的不足。

等效原理的核心作用，就是在黎曼几何框架内，建立起自由粒子运动方程，以使自由粒子在加速系中的运动规律，等价于对引力场的描述。黎曼几何中的联络，是由度规张量的微商构成，如果联络描述了引力场强，则度规张量相当于引力势。这种用空间几何表示引力的想法，就是引力的几何化。

广义相对论的核心-场方程，就是把引力场（与参考系等价）中，具有确定物质分布和运动的能量动量，与确定引力场特性的度规张量联系起来的方程。场方程的最重要解，就是球对称物体的引力场解，即席瓦西尔（Schwarzschild）解，为

$$ds^2=\left(1-\frac{2GM}{rc^2}\right)c^2dt^2-\left(1-\frac{2GM}{rc^2}\right)^{-1}dr^2-r^2\left(d\theta^2+\sin^2\theta d\phi^2\right) \tag{6-1}$$

式（6-1）表明（等号右端第一、二项），引起时间和空间改变的是引力势 GM/r，而不是引力场强或加速度。由牛顿引力理论可知，引力势与速度平方有着相同的量纲。这是广义相对论与狭义相对论相衔接的最关键一环，也是引力场具有时空效应的根本原因（目前的广义相对论专著未能对此予以明晰，令人非常遗憾）。

场方程的形式看似简洁，实则极其复杂难解（对具体推导过程感兴趣的读者，可参看广义相对论或黎曼几何等相关专著）。广义相对论的主要内容及之后的宇宙学，几乎就是围绕场方程解的不断诠释过程。此过程中的一些结论，从开始时的符合实验，发展到后来的离奇不断，戏剧性地重走着旧狭义相对论的老路。

为使广义相对论的逻辑体系结构更为直观，现将广义相对论整理为图6-1所示框架。

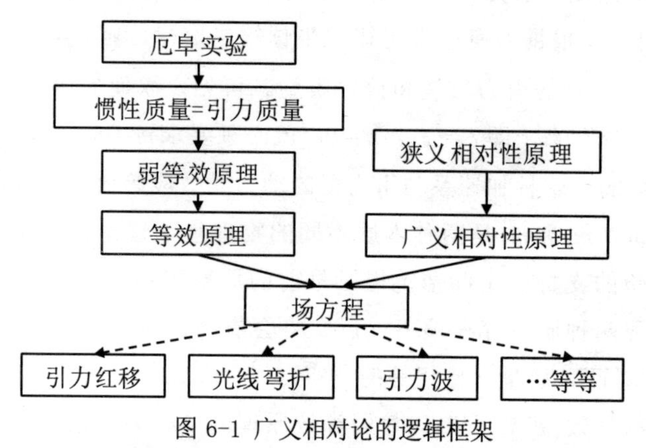

图 6-1 广义相对论的逻辑框架

6.1.2 广义相对论质疑

下面剖析广义相对论各部分内容的内在逻辑关联，参考图6-1。

1.厄皐实验原理及实验目的

厄皐实验的原理为：在地球的45°纬度上，将两个不同材质、引力质量 m_g 相等的两球悬系在扭秤的两臂上，则每只球将受到地球自转惯性离心力和地心引力的合力作用。由于地球引力不变，此时如果两球惯性质量的增量不同，或者说惯性质量的增量与材质有关，则两球受到的合力是不等的，两球将对扭秤产生转矩。

首先使扭秤平衡，并指向东西，然后再将整个实验装置翻转180°，即两球的位置互换，则转矩取向相反但大小不变。如此，应观察到扭秤偏转一个角度。

根据厄阜实验原理，可推导出扭秤在平行于悬线方向的扭矩[2]，为

$$M_{//} \approx \frac{R\omega^2 m_I^{(1)} m_I^{(2)} \left(\alpha^{(1)} - \alpha^{(2)}\right)\left[l \cdot \left(n_g \times n_I\right)\right]\cos\varphi}{2m_g} \tag{6-2}$$

在式（6-2）中，$m_I^{(1)}$、$m_I^{(2)}$分别为两球的惯性质量，$\alpha^{(1)}$、$\alpha^{(2)}$分别为两球的m_g/m_I，l为扭秤悬臂长，n_g、n_I分别为沿重力方向和惯性离心力方向的单位矢量，φ为地球纬度，$R\omega^2$为地球赤道表面的自转加速度。

由式（6-2）可知，如果小球的惯性质量与材质有关，则有$\alpha^{(1)} \neq \alpha^{(2)}$，则$M_{//} \neq 0$，如此扭秤才会发生偏转。而如果小球的惯性质量与材质无关，则必有$\alpha^{(1)} = \alpha^{(2)}$，则$M_{//} = 0$，此时即使$m_g \neq m_I$，也不会使扭秤发生偏转。可知，厄阜实验根本不能回答两种质量是否具有等同性。

再看，观察者与扭秤是处于同一参考系，属于相对静止状态下观测不同材质的两种质量是否存在差异。这与不同运动状态下两种质量，是否相等或比值是否恒定，没有丝毫关联。可见，厄阜实验并不能回答，物体处于不同的运动状态时，两种质量是否相等或其比值是否恒定。

厄阜先后经过多次实验，也只是在10^{-8}精度上，证明了惯性质量与材料无关。这也是当初厄阜为提高牛顿单摆实验的精度10^{-3}，而设计的实验。后来迪克（Dicke）等人的改进实验（原理不变）将精度提高至10^{-13}，算是对“惯性质量与材料无关”的进一步肯定。可以看出，厄阜实验只可以看作对“狭义相对论与物质组成无关”的验证。

以上分析表明，所谓的“厄阜实验是对两种质量相等的支持”，是对厄阜实验原理的严重曲解。将厄阜实验称为检验两种质量等同性的最著名实验，是典型的“强买强卖”，厄阜实验与弱等效原理无任何关联。可见，两种质量相等的断言，不但没有理论依据，更没有实验支撑，是典型的猜测。欲检验两种质量是否相等，必须在不同速度下进行比较，才是有效的（此类实验见后文6.3.3节）。

2.等效原理不是逻辑上的必然结果

暂且不论弱等效原理成立与否，将弱等效原理的“动力学效应”毫无依据地推广为“任何物理学效应”，这种强制扩大弱等效原理的内含而得到的强等效原理，显然极不严谨。许多学者对这种强制推广，便持明确的怀疑态度[2]。

再看，加速系不具有时空效应已被实验证实（见$\mu^{\pm}$介子的圆周和直线运动实验对比[3]），而引力场具有时空效应也已被实验证实（见光波红移实验[2]）。由此可知，现有实验并不支持加速系与引力场等效，包括广义相对论强调的所谓局部等效（其实局部等效的理由本身，就极令人费解和牵强[2]）。可见，将弱等效

原理强制推广为强等效原理，不过是种迎合性行为。

3.物理概念不允许混淆

在任何领域，已经定义的概念都不允许混淆，更何况是科学领域，尤其是逻辑极为严谨的物理学领域。惯性系在物理学中有着明确定义，即恒速运动的参考系。但广义相对论却把具有加速度的参考系也称为惯性系，其理由主要为：引力与惯性力相互抵消而不受外力作用，所以加速系与惯性系不可区分。

现谈谈引力与惯性力的关系，对于引力场中的质点加速系来说，引力就是外力，非零外力是加速系存在的必要条件。也就是说，加速系必须是始终受到非零外力的作用，否则便不存在加速系。这如同物体在外力作用下的加速运动一样，只能说加速运动抵消了惯性力，而不是抵消了外力，更不能说物体不受外力作用。由此可知，惯性力与引力是一对平衡力关系，惯性力被加速系替代后，变成了加速系与引力是一对平衡关系，它们是同时存在的。无外力作用的加速运动，是不存在的。所谓的广义相对论不含有引力，实质上是将惯性力与引力这对平衡力看作一个力，而犯了偷换概念的错误（将一对平衡力当成一个力）。

再看，物理学中的惯性系是指恒速运动的参考系，或说是合外力为零的参考系，而加速系则是合外力不为零的参考系。可知，惯性系与加速系是两个不同概念。无论出于何种原因，物理概念都不允许混淆。将非恒速参考系看作惯性系，带有极强的人为干预和诡辩性，也有悖于科学法则。

4.广义相对论遭遇的麻烦

物理允许神奇，但不可以离奇。许多物理量之间，可以进行合理的转换，但对于基本物理量，则不可以相互转换。爱丁顿的时空互换假想，把时间与空间这两个本质完全不同的基本物理量，直接进行交换，是反科学观的，物理“不是随意打扮的小姑娘”。再看建立在场方程基础上的宇宙学，被称为“解决掉一个问题，会多出十几个问题”，足见其问题之多。可见，对广义相对论的应用，已完全偏离了正常的科学研究轨道，或者说背离了正常的科学逻辑，如宇宙初期的超光速暴涨（能量将大于无穷）。

以上4点已足以说明，广义相对论在创建过程中就出现了多处失误，且逻辑混乱，倒像个胡乱拼凑的理论。实际上，专著文献中对图6-1中各部分的论述，其逻辑错误远多于上述4种情况，这便是人们看不懂广义相对论的真正原因。有些学者也曾经试图否定等效原理[2]，但一些实验对广义相对论的支持，却又维护着广义相对论。旧狭义相对论面临的情况又重新上演，这就急迫要求，对广义相对论重新进行详细彻底的分析或论证。

本节最颠覆三观的内容，就是厄阜实验被认为是检验两种质量等同性的实验。令人不解的是，这个早已经过前人明确的实验原理，被明显曲解后，百多年来却能一直成为教科书的标准内容，且无人质疑，着实太让人难以接受。对于混淆概念和非逻辑性推理，更为科学所不允许。这种已完全超出名人崇拜应有限度的现象，堪称现代版的“指鹿为马”，其必将成为物理学史上的最大笑柄。

§6.2　弯曲时空与牛顿引力理论

6.2.1　弯曲空间概念的澄清

关于广义相对论，人们对弯曲空间的认识存在极大误解，认为弯曲空间是自然界中的真实存在。按一般常识，只有线、面可弯，空间弯曲则超出了人们的正常认知范围。这就需要从弯曲空间的提出源头，来澄清对弯曲空间这一概念的误解，这也是看懂广义相对论并对其进行深入分析的基本前提。这里的所谓“看懂”，并非机械地复制前人的理解或总结，而是同对旧狭义相对论的修正一样，是去伪存真的过程。

弯曲这一概念，源于线及面的弯曲。其弯曲的程度由曲率进行表达（平均曲率=圆心角/弧长），弯曲的最基本特征，就是保持尺度不变。在我们通常认识的三维空间内，一维线既可以在二维面内弯曲，也可以在三维空间内弯曲；而二维面则只能在三维空间内弯曲，三维体在三维空间内不可以弯曲。这便是在三维空间中，人们对弯曲的定义和认识。

在数学中，空间的维数可任意多（三维以上称为多维）。由于人类大脑只能建立起三维空间图像，对于多维空间的图像，一般只能通过代数形式进行表述。

对于多维均匀空间，可应用欧几里得几何（欧式几何），并想象有多条刻度均匀且相互垂直的坐标轴，而建立起的直角坐标系，称为多维欧式空间。同时规定，空间任意两点的距离为$ds^2=dx_1^2+dx_2^2+\cdots+dx_n^2$（$x_1$，$x_2$，…，$x_n$为两两相互垂直的坐标轴，称为正交），或写作$ds^2=dx_i dx_i$（爱因斯坦约定：重复指标代表取和），这是对三维空间内两点间距的代数关系的递推。对三维空间中的线、面弯曲规律进行递推，便可知N维物体或空间只能在N+1维及以上的空间中发生弯曲。

对于非均匀空间，是指直角坐标系的坐标刻度不再均匀，则欧式几何不再适用。为使坐标刻度保持均匀，可将非均匀空间中任两点的直线距离抽象为曲线长度，以使非均匀坐标刻度变为均匀坐标刻度。也就是说，对非均匀空间的研究，必须建立曲线坐标系，这便是非欧几何（黎曼几何和罗巴切夫斯基几何），弯曲空间概念便由此产生。非欧几何是以曲面的高斯坐标为基本单元，然后再按照多维欧式空间的建立思路，向多维非欧空间扩展。

弯曲空间的两点间距离为$ds^2=dx^j dx^j$（x^1，x^2，…，x^n为正交曲线坐标轴），其与平直空间（尺度从未发生改变的原生态欧式空间）中直角坐标系的坐标变换关系为 $dx_p dx_q = g_{\mu\nu} dx^\mu dx^\nu$（其中 $g_{\mu\nu}$ 称为度规张量，p，q，μ，$\nu=1$，2，…，n）。

综合以上可知，无论采用何种坐标系，多维空间同日常的三维空间一样，各个维之间都是平权的。利用非欧几何对非均匀空间进行数学建模，便可建立起表达非均匀空间不均匀程度的数学方程。也就是说，弯曲空间是数学上的几何意义，其对应的物理空间，是非均匀空间，这便是弯曲空间的物理意义。

几何意义与物理意义有着本质区别，绝不可以把几何图像看作物理图像。对物理空间进行描述，应按照几何图像所表达的物理意义，将数学语言翻译成自然语言。尤其在科普过程中，更不应把代表几何意义的弯曲空间当作真实存在，而对物理世界进行描述。目前对广义相对论的普遍认识，就是把几何意义当成了物理意义，从而给人们造成了极大的误解和困惑，这是现代物理学界的悲哀。

6.2.2 广义相对论所描述的空间

引力场对时空的影响，完全取决于引力势的大小，这已为光波红移实验所证实[2]。从引力势与速度平方有着完全相同的量纲（后文再做详细论述）便可看出，这同狭义相对论中速度对时空的影响，并没有实质上的差别。就目前所知，引力势的不同，是时空不再均匀的唯一要素，参见式（6-1），所以采用非欧几何的曲线坐标或称黎曼几何，对非均匀空间或引力场进行表述，原则上是可行的。

先暂且抛开时间维度，则非均匀空间两点的直线长度（一般专著中称为实际尺度或有效尺度或标准尺度，对于时间也是同样。为统一概念，后文一律统称标准尺度或标准时间），对应了黎曼几何中的曲线投影长度。而这个曲线长度就是平直空间（无引力场存在的空间）中的直线长度（一般专著中称为坐标尺度或固有尺度，对于时间也是同样。为统一概念，后文一律称为固有尺度或固有时间）。这种将非均匀空间转换为均匀空间的算法，应是黎曼几何这一数学理论在物理学领域中的首次应用，实验证明也是可行的。可见，黎曼几何的作用，就是将非均匀空间的物理量，换算为均匀空间的物理量，其几何图像属于数学范畴，而非真实存在。引力的几何化（准确地说，是引力场的几何化），与其他领域对某事物的数学建模，并无任何区别。

如图6-2所示，沿引力源M的矢径方向，将两相邻点 a、b 间的直线路径，抽象为曲线路径后，便可消除非均匀空间或尺缩的影响。或者说，曲线在矢径上的投影，就是平直空间尺缩后的标准尺度。越靠近引力源 M，空间的尺缩越大，则曲线的曲率也就越大。曲线的总长度，就是平直空间中的直线长度，即固有尺度。标准尺度与固有尺度的变换关系，就是黎曼几何所要解决的问题。弯曲空间这种几何图形，是对该变换的一种直观表达形式。也就是说，一质点由 b 点直线到达 a

点所经过的距离，相当于沿曲线走过的路程大小。这条曲线只是一种数学抽象，并不是质点的真实轨迹。爱因斯坦的“时空告诉物质如何运动”，是对几何意义的一种语言表述，而不是对真实时空的表述。

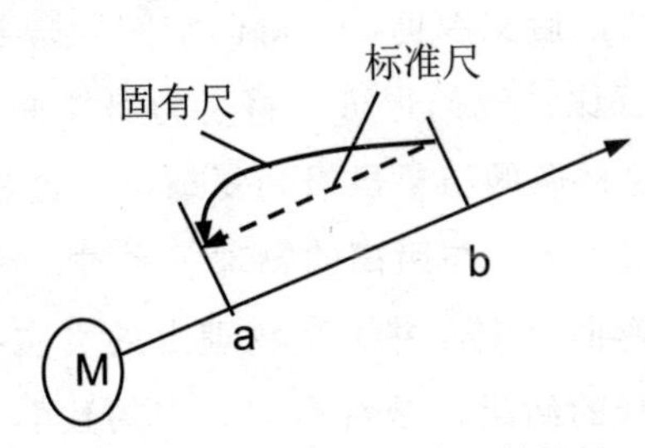

图 6-2 标准尺与固有尺的比较

从广义相对论中的尺度变换关系 $dl \approx dl_0\sqrt{1-2GM/rc^2}$ 可以看出（其中 dl、dl_0 分别为标准尺度和固有尺度，$2GM/rc^2<1$），固有尺度的收缩就是标准尺度。

广义相对论的四维时空，就是在三维空间的基础上再增加一个时间轴 $-ct$（c 为光速，t 为时间）。采用 $-ct$ 的目的，仅是统一坐标单位。这种把时间维转换为空间维的做法，属于数学上的运算技巧，是为了将时间和空间统一在一个方程式中，以方便集中运算。也就是说，时间轴是数学抽象出来的几何图像，而不是物理上的真实空间维数。

目前常看到的时空图像，是指去掉一个空间维后，以二维面代表空间，以面的弯曲代表时空，形成引力场几何化后的三维图像（四维图像无法画出），如图 6-3 所示。其中网格大小代表了空间的不均匀性，而二维面的凹陷深度取决于时间轴，凹陷顶点为引力源。由于忽略掉了一个空间维，所以自由质点必须且只能在曲面内运动，这就是质点沿弯曲时空运动的来历。

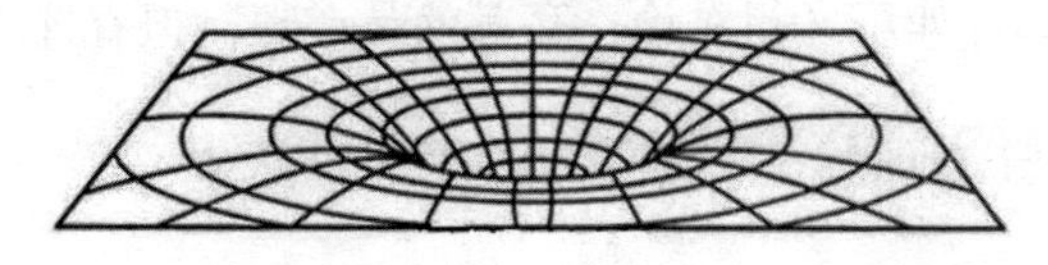

图 6-3 广义相对论的时空图

目前学术界普遍认为，质点沿凹陷下落，是由弯曲的几何时空图像决定的，即是由时间轴造成的，这是对几何意义与物理意义的严重混淆。物理上没有任何依据表明，时间轴或时间具有影响质点运动的趋势或作用（罗巴切夫斯基几何的物质内部引力场，是越靠近中心，时空越平坦，越靠近边界，时空曲率越大，此时的质点将沿着凸起运动）。所谓的物质沿凹陷运动，是由处于凹陷顶点的引力源决定的，这也是自由粒子运动方程的体现和建立基础。在对弯曲空间的运算过程中，牛顿引力势一直处于核心地位，见式（6-1）中的 GM/r，即弯曲空间从没有否定过牛顿引力场的作用。把几何图像当作物理图像是一种纯形而上学行为，更是对非欧几何的严重曲解。

由以上可知，图6-3是忽略一个空间维数的纯数学几何图像，其所表达的空间是二维的不完整空间。三维弯曲空间所对应的真实三维空间，应叙述为不均匀空间或收缩空间（为照顾习惯，后文中仍称“弯曲空间”），而四维弯曲时空，则应叙述为不均匀时空。这就好比：我们也可以将引力势能曲线作为曲线坐标轴，来研究势能与距离的关系（这样做的结果虽极为复杂，但也是成立的），那么弯曲势能便属于几何意义，但在叙述势能与距离的物理关系时，绝不能说势能是弯曲的。可见，广义相对论的所谓弯曲时空，并不是物理上的真实存在，而是属于数学的几何意义，这是坐标系选择的结果，是对实际时空的数学建模和抽象，也是一种运算方法的选择。

爱因斯坦所说：“物质告诉空间如何弯曲，空间告诉物质如何运动。”这句话本质上是对黎曼几何的通俗概括，而不是对物理时空的概括。弯曲空间是几何意义而非物理意义的明示，将彻底改变目前对广义相对论的认识，这对物理学发展有着极为重要的现实意义。

把几何图像当作物理图像，还引申出了多维物理空间。假如多维物理空间是真实的存在，那么由于多维空间的每个维是平权的（见6.2.1节），则能量或动量等物理量必均摊于所有维度中，从而在目前三维空间的高能高精度实验中暴露无遗，能量守恒定律或其他许多自然界的基本定律将不再成立。其后果就是，整个物理学及至整个人类建立起科学体系都将被重新改写。而如果说真实的物理世界确存在难以逾越的特殊维，那么空间各维平权的欧式几何和非欧几何，也根本不可能胜任对这种空间的描述。可见，所谓的多维或蜷缩空间，只是一种数学抽象，而不是真实的客观存在。多维空间理论只能存在于数学中，且只能在某领域中充当一种运算工具角色，如广义相对论。存在就是有理，但有理不一定存在。

6.2.3 牛顿引力理论完全符合弯曲空间要求

黎曼几何是非欧几何，是用曲线坐标表达空间结构的数学理论，也是广义相对论的数学基础。其中空间的联络代表引力场强，而联络则是由度规张量的徽商构成。由于引力场强等于引力势的微分，所以度规张量相当于引力势。

受牛顿绝对时空观的影响，一般认为，牛顿引力理论只能适用于弱场条件或平直空间，而广义相对论才是完美的引力理论，这几乎已成为目前学术界的普遍共识。现抛开牛顿的绝对时空观，仅就牛顿引力定律的数学形式而言，牛顿引力理论完全可以适用于广义相对论的弯曲时空要求。

牛顿引力理论的核心是万有引力定律，对于引力场强 $g_i = GM/r^2$ 或引力势 $\phi = GM/r$，其中的 GM 为不变量，唯有尺度 r 是可变量。在弯曲空间中，GM 也同样为不变量。那么，将 $g_i = GM/r^2$ 中的唯一变量 r，设定为弯曲空间中的尺度-标准尺度，而非平直空间中的尺度-固有尺度。这除了与牛顿的绝对时空观念不符外，与具体的牛顿引力定律内容无任何冲突。如此，牛顿引力理论（若无特别说明，后文中牛顿引力理论中的尺度皆为标准尺度），便完全符合了广义相对论的弯曲空间要求。

由以上可知，牛顿引力理论的根基——万有引力定律，并非必须在平直时空中成立，更不可当成平直时空代名词。平直时空只是牛顿个人时空观的表现，其完全可以从万有引力定律中剔除，而丝毫不影响万有引力定律的普适性。那种认为“只有在低速和弱场条件下，场方程才能近似于牛顿引力理论”的结论，就是预先把万有引力定律人为圈定在了平直时空中，这是极不严谨的。关于广义相对论的运算，也从未离开牛顿引力势的参与，牛顿引力理论完全可以适用于强场、弱场、高速和低速。牛顿引力同广义相对论相比，只是缺少了“时空可变”这一要素。也就是说，牛顿引力理论也同牛顿力学一样，需要的是将其所缺失的内容补齐，而不是将其定性为近似理论。

一般看来，强场与弱场通常是指场强大小的差别，但广义相对论中的强场与弱场，实质上是以引力势绝对值大小进行区分的，而不是以引力场强的大小进行区分的。引力势与引力场强是两个不同的概念，类似于速度与加速度。引力势绝对值极大的引力场，其引力场强不一定大，这在宇宙中的一些极端天体上便可体现（见8.3.6节极端天体的场强）。

§6.3　惯性质量与引力质量关系的重新论证

6.3.1　惯性质量等于引力质量违背能量守恒定律

上节论证了牛顿引力理论完全可以符合弯曲时空要求，但这仅仅表达了对牛顿引力理论的一种肯定，而不代表弯曲时空在任何条件下一定完全正确。由于没有任何实验和理论依据表明两种质量相等（见6.1.2节），那么两种质量相等便成了纯粹的假设。虽然以此为基础建立的广义相对论经受住了许多实验的检验，但在强场条件下却从未符合过实验，如双星的轨道进动。

实验只能对理论的某一结论进行检验，而不能遍及整个理论。因此，理论的自洽性或说与基本定律是否发生冲突，就成为衡量一个理论成功与否的核心要素，即正确的理论不允许自相矛盾。不自洽理论的个别结论有可能符合实验，否则也不会被接受，但这或许只是一种巧合，因此绝不能因个别案例而定论所有结论符合实验。相对论至今已争议上百年，其不自洽性一直没有得到合理解决，以至有人将其视为哲学理论。

引力频移实验，是与广义相对论预言高度符合的著名实验。按照广义相对论的建立逻辑（图6-1），这似乎也可以构成对两种质量等同性的间接证实。假如真的如此，那么静质量接近零的光子，其动质量将同普通物质一样而受到引力作用。

设在引力场的某处向无穷远发出光子，则光子红移形成的能量增量为$\Delta E=h\Delta f$（h为普朗克常数，Δf为红移的频率增量）。根据机械能守恒定律，引力对光子的做功应为：$W=GM\Delta m/r$（其中$\Delta m=h\Delta f/c^2$，为光子红移形成的质量增量，r为光子发出点至引力源的距离）。因为$GM/rc^2\neq 0$，可得$\Delta E\neq W$，即光子频移不是引力的作用结果。这就暴露出了广义相对论的根基——两种质量相等，与自然界的最基本定律——能量守恒定律发生了严重冲突，即理论产生了严重的不自洽。可见，两种质量不可能相等，这同时也构成了对广义相对论的建立逻辑不严谨的证实。

6.3.2 动质量不受引力作用

在广义相对论中，引力频移的产生，源于标准时$d\tau$与固有时dt的关系，为

$$d\tau=\sqrt{-g_{00}}\,dt=\sqrt{1+\frac{2\phi}{c^2}}\,dt \tag{6-3}$$

式（6-3）中，ϕ为牛顿引力势。在弱场近似条件下，$\phi<<c^2$，则引力场中不同两处的光波长关系为［见4.1.2节，函数$(1+x)^m$展开为幂级数］

$$\frac{\lambda_2}{\lambda_1}=\frac{d\tau_2}{d\tau_1}=\frac{\sqrt{1+\frac{2\phi_2}{c^2}}}{\sqrt{1+\frac{2\phi_1}{c^2}}}\approx\frac{c^2+\phi_2}{c^2+\phi_1} \tag{6-4}$$

式（6-4）中，设λ_1为光源发出的光波固有波长，λ_2为观测者所测得的波长，则弱场条件下的频移量为

$$z=\frac{\lambda_2-\lambda_1}{\lambda_1}\approx\frac{\phi_2-\phi_1}{c^2+\phi_1}\approx\frac{\Delta\phi}{c^2} \tag{6-5}$$

由式（6-5）可知，引力势差是产生频移的唯一要素（z正值时为红移，负值时为蓝移）。

对式（6-5）的实验检验已做过多次，如1964年，Pound和Snider应用穆斯堡尔效应，在距地面22.5米高度上，测得的频移量观测值$z=(0.997\pm0.008)\times4.92\times10^{-15}$，此时频移量的理论值$z=4.92\times10^{-15}$。观测值以不超过1%的精度，验证了理论值。由此可知，光子频移或称光子能量的变化，完全取决于有着速度平方量纲的引力势。

再看引力势与引力场强的关系。对引力势的认识，一般来自球对称引力场，

引力势与引力场强有着一一对应关系，但对于无限均匀平板（引力势$\phi=gh$，正比于至平板的距离，而场强$g_i=2\pi G\sigma$，为常数，其中σ为平板质量面密度），这种一一对应关系便不复存在了。由此可知，引力势与引力场强并非一定是一一对应关系，而是可以各自独立存在的不同物理量。由牛顿引力理论可知，引力势是速度的函数，与力无关，而引力场强或称引力加速度，才是与力直接相关联的物理量。引力势与引力场强的关系，类同于速度与加速度的关系。或者说，引力势引发的事件与引力场强或引力引发的事件，是各自独立的事件。

由狭义相对论可知，只有速度才能改变时空，而加速度或力对时空则无丝毫贡献（见6.1.2节）。由此推论，有着速度平方量纲的引力势，可改变时空，而有着加速度量纲的引力场强或说引力，则与时空的改变无关。由式（6-5）及光子频移实验可知，由频移所造成的光子能量改变，完全取决于引力势，而引力场强或引力，对光子能量的改变无丝毫贡献，即光子完全不受引力作用。

由于光子的静质量可视为零，所以光子的质量可视为全部来自于动质量。由此可知，光子不受引力作用就是动质量不受引力作用。光子的动质量与普通物质的动质量，皆是由运动引起，本质上没有任何差别。由此推论，动质量（指与动能相当的质量）完全不受引力作用。至此，引力质量与惯性质量相等这一假设，再次被否定。

有人说广义相对论中没有引力概念，弯曲时空已将引力的作用包含在内。这是典型地曲解广义相对论，自由粒子运动方程就是在引力加速度基础上建立的，加速度或称联络就是引力作用的体现，但联络在场方程的席式解中并没有丝毫体现，见式（6-1），即引起时空弯曲的是度规或称引力势。也就是说，广义相对论包含引力，但弯曲时空并不包含引力。可见，无论是否定引力在广义相对论中的作用，还是认为弯曲时空已将引力包含在内，本质上都是对引力势与引力场强概念的严重混淆，并由此造成了理论上的严重混乱。

光子不受引力作用，这种观点其实在早前就已有表现。爱因斯坦便是采用引力势差和惠更斯原理计算出的光线绕太阳偏折，并给出了当光接近太阳时，光速非但不会增加，反而会减小的结论[4]，这些都表明了光子不受引力作用。也就是说，光线的偏折源于时空效应，或者说光线在引力场中的偏折，更类似于光通过不同介质时的折射效应（由速度差异引起，$\sin i/\sin r=v_1/v_2$）。所不同的是，介质是通过改变波长而引起光速改变，引力场则是通过同时改变频率和波长（尺缩钟胀效应）而引起光速改变。

另外，关于光线偏折，广义相对论还提出了失当的思想实验，即用升降机的加速运动描述光线弯曲，这是很不严谨的，因为升降机的匀速运动，同样会造成此类光线弯曲。

宇宙学中所谓的光不能从黑洞逃逸，是指黑洞静界面上的时间静止尺度为零（也称无限红移面。目前多称“视界”，这是不准确的。因为视界是指所能观测的极限范围，这与静界有着完全不同的物理意义），即静界面上的任何速度都为零，这才是光子不能从黑洞逃逸的原因。这是时空性质的使然，与引力无丝毫关系。可见，并非所有质量皆受引力作用，但却无一不受引力场的时空效应影响。

广义相对论通过两种质量相等，准确预言出了引力频移效应，并得到了实验高精度的证实，但两种质量相等却又违背了物理学基本定律——能量守恒定律。这种理论上的严重不自洽，难道真的预示着自然界的物理规律不能统一吗？这是绝对不可能的，因为“存在就是有理”。科学史上任何领域的不自洽理论，最终无不以失败告终而被新理论所取代。那么，这难道仅仅是物理学上的巧合吗？在科学史上，此类现象并不罕见：以太学说和地心说，在当时也符合实验观测结果；麦克斯韦方程的正确性是无疑的，但却根植于错误的以太学说基础上；以及前文修正的狭义相对论，如此等等。可见，重新彻底剖析广义相对论，是物理学发展的必然，也是解决现代宇宙学众多疑难的根本出路。

6.3.3 引力质量是恒定的

两种质量相等关系的否定，其实并不意味着对弱等效原理的否定，而是说这两者间没有必然的逻辑关联。因为对于引力场中的任一时空点，总能找到一个可抵消力学效应的参考系，只是这个参考系的加速度不再等于引力加速度或引力场强而已，其偏差可以通过某一系数进行纠正。也就是说，力学效应的等效，不一定必须依赖两种质量的相等。那么引力质量与惯性质量到底是什么关系呢？这是必须回答的问题。

新狭义相对论与经典理论是吻合的，且通过了多种形式的检验（见三、四章），再加上牛顿引力定律也可以合乎广义相对论（见6.2.3节），所以旧狭义相对论的所谓“牛顿引力理论的非洛伦兹协变性”观点，必须重新考虑（具体推理过程见第七章）。也就是说，引力场同样处于基本定律的约束范围内，早前有关引力场的一些观念必须予以摒弃。

新狭义相对论表明，运动空间在各方向的尺缩，不但相同，并且是真实的存在。结合“狭义相对论与物质组成的无关性”，可知运动对引力场、电场的影响，必须是相同的。由此可知，引力场的场-速关系，也应与电场的场-速关系式一样，有着完全相同的数学表达形式。如此，根据电场的场-速关系式（4-32）（$E=\gamma^2 E_0$），可知引力场的场-速关系式为

$$g_i=\gamma^2 g_{i0} \tag{6-6}$$

设一质点m_0与S`系固联，按牛顿引力理论，静止质点的静质量等于引力质

量。设质点在S系中的引力质量为m_g，则引力场在两惯性系中的场强分别为：

$$g_i = G\frac{m_g}{d^2},\ g_{i0} = g_i' = G\frac{m_0}{d'^2} \tag{6-7}$$

将式（6-7）代入式（6-6），并结合尺-速关系式（3-37）（$l=l_0/\gamma$），得

$$G\frac{m_g}{d^2} = \gamma^2 G\frac{m_0}{d'^2} = G\frac{m_0}{d^2} \tag{6-8}$$

简化式（6-8），得

$$m_g = m_0 \tag{6-9}$$

式（6-9）表明，引力质量同电荷一样，是不随运动变化的恒量，是洛伦兹不变量，且引力质量等于静质量（引力质量不变机理见第十章）。

质-速关系式$m=\gamma m_0$中的m，已被实验证实为惯性质量。结合式（6-9）可得出结论，相对论性质量m与静质量m_0的关系，就是惯性质量与引力质量的关系。

由于惯性质量与引力质量间的差值，是与动能相当的质量［见式（4-10）或（4-12）］。由此推论，与动能相当的质量--动质量，只有惯性，而无引力。这完全符合6.3.1节及6.3.2节内容。

再看实验方面，能够区分两种质量差别的实验[5]：①德国I来梅大学的“应用空间技术及微重力中心”，在110米的落塔上做自由落体实验，精度好于10^{-12}，没有发现两种质量的差别。②中国华中科技大学引力实验中心的实验装置，在两个10米高的真空管，顶端各悬挂一个陀螺，一个高速旋转，另一个不旋转。实验中让它们同时自由下落，精度为10^{-7}，也没有发现两种质量的差别。

分析上述两个实验，110米自由落体的最大速度为46.433 m/s。根据$m=\gamma m_0$，可知$m_I/m_g=\gamma=1+1.2\times10^{-14}$。可见，该实验的$10^{-12}$精度，根本不能观察到两种质量的差别。由于没找到陀螺下落实验的具体旋转参数，所以还不能计算出该实验的m_I/m_g，但10^{-7}精度，基本不能观测到两种质量差别。可以说到目前为止，还没有一个实验能够观测到运动物体的两种质量差别。可见，惯性质量与引力质量的关系$m_I=\gamma m_g$，与现有实验不发生任何冲突。

§6.4　广义相对论是弱场近似理论

6.4.1　等效原理的真实面目

式（6-9）肯定了引力质量等于静质量，是不变量，并通过质-速关系式确定了两种质量的关系。但这势必会破坏以两种质量相等为前提而提出的等效原理，及至自由粒子运动方程或场方程。这对于广义相对论，将是严重的挑战。下面对

等效原理是否继续成立，进行论证。

一质点在引力作用下，由无穷远处落至引力场中的某时空点时，所耗费的引力势能为：$E_P = -GMm_0/r = \phi m_0$。引力做功使质点获得的相对论性动能为：$E_k = mc^2 - m_0c^2$［见式（4-10）］，该式已在近光速条件下经过了严格的实验验证，所以以该式为出发点的推论，是极具说服力的。将质-速关系式 $m=\gamma m_0$ 代入，得 $E_k=(\gamma-1)m_0c^2$。根据机械能守恒定律，$E_p+E_k=0$，可得

$$(\gamma-1)c^2=-\phi \tag{6-10}$$

式（6-10）便是速度（γ 是速度的函数）与引力势的精确函数关系，可称为势-速关系式，这也是速度与引力势等效的体现（在广义相对论中已有所表现，只是未予以强调），更是引力场具有内禀运动属性的理论依据。根据狭义相对论，则引力场便具有了影响时空的属性。也就是说，引力场中的静止，不是真正的静止，此时的速度效应取决于引力势。引力场强或引力势为零的静止系，才是真正的静止，即绝对静止系（宇宙中的绝对静止系，将在第八章中给出）。

再看质点的受力，由万有引力定律和牛顿第二定律可知，$GMm_0/r^2=ma$。将 $m=\gamma m_0$ 代入，得引力场强与质点加速度的精确关系为

$$\gamma a=\frac{GM}{r^2}=g_i \tag{6-11}$$

式（6-11）可称为场强-加速度关系式，表明引力场中质点的加速度小于引力场强。这是由两种质量不等所引起的，但这并不影响弱等效原理的成立，只是需要适当调整质点位置，即质点位置与 r 不重合，仍可完全抵消引力场的力学效应。

式（6-10）和式（6-11）表明，可抵消引力场一切物理效应的参考系，是可以存在的，即速度与加速度并存的参考系。其中速度改变时空，加速度抵消引力场的动力学效应。如此，引力场中任一时空点的物理学效应，皆可以由某参考系完全抵消，这才是等效原理的真实面目。也就是说，式（6-10）和式（6-11）共同构成了等效原理及广义相对论性原理的全部内容。如此，也完全规避了由弱等效原理的“动力学效应”向“任何物理学效应”的强制推广（旧的论证过程，是不能做到严格成立的[2]），更无须修改或混淆惯性系概念（见6.1.2节）。可见，爱因斯坦是用错误的思路，肯定了等效原理的存在。至此，整个旧等效原理的论证体系被彻底否定，但等效原理仍然存在且成立，只是需对其内容进行适当修正。当然，此时的“等效”已不宜再称为原理，而应按照物理学标准，称为等效定理。

6.4.2 广义相对论的弱场近似性

6.4.2.1 弱场近性的理论论证

在广义相对论中，黎曼几何虽然极为复杂难解，但充其量只是运算工具。与引力势相对应的度规 $g_{00}=-1+2GM/rc^2$ [见式（6-1）]，是决定时空弯曲程度的核心要素，也是广义相对论的核心内容，且已为众多实验所证实，如雷达波延迟、光线弯折和引力频移实验等。但是，综观所有符合广义相对论的实验，无一不是在弱场条件下完成的。那么引力质量恒定的结论，是否会影响这种结果？直接决定了前文论述的成败。

式（6-10）和式（6-11）在弱场情况下，即当 $v<<c$ 时，将 γ 按级数展开 [函数 $(1+x)^m$ 展开为幂级数]，得 $(\gamma-1)c^2\approx v^2/2$，$\gamma a\approx a$，即式（6-10）和式（6-11）可近似表示为

$$\begin{cases} v^2\big|_{v<<c}\approx -2\phi \\ a\big|_{v<<c}\approx g_i \end{cases} \tag{6-12}$$

再看旧理论中，在两种质量相等的情况下，一质点由无穷远处进入引力场中，所耗费的引力势能为 $E_p=-GMm/r=\gamma m_0\phi$。因为 $-E_p=E_k=(\gamma-1)m_0c^2$ [参看式（6-10）推导过程]，则

$$(1-1/\gamma)c^2=-\phi \tag{6-13}$$

将 $1/\gamma$ 按级数展开得（[函数 $(1+x)^m$ 展开为幂级数]，当 $v<<c$ 时，舍去 c 的二次项，得 $(1-1/\gamma)c^2\approx v^2/2$，将其代入式（6-13），得 $v^2\approx-2\phi$。而 $a=GM/r^2$ 在两种质量相等情况下始终成立。对比式（6-12）可知，在弱场条件下，无论两种质量是否相等，其结果都是相同的。可见，广义相对论是纯弱场近似理论，这是由它的建立根基（两种质量相等）所决定的。

由以上可知，建立在两种质量相等前提下的广义相对论，在弱场条件下符合实验结果，并不足为奇。但在强场条件下，将不可能符合实验，如双星的轨道进动。

在旧有观念中，广义相对论是适用于高低速和强弱场条件下的通用理论，牛顿引力理论才是近似理论。为彻底消除旧观念影响或对上述“近似论”的疑虑，下面再对广义相对论中的一些具体推理过程进行剖析。

广义相对论是通过泊松方程 $\nabla^2\phi=4\pi G\rho$，得到场方程的相对论引力常数 $k=8\pi G/c^4$。其演算推理过程中，一直采用弱场近似变量[6]。在黎曼几何中，π 值也不是常数，所以 k 只能是弱场近似值。席式解的度规 $g_{\mu\nu}=-1+2GM/\bar{r}c^2$ 中的

$2GM/r$，也同样是弱场近似结果，所以由席式解最终得到的，只能是弱场下的近似结论。对于广义相对论的其他结论，也基本都是建立在上述弱场近似解的基础上。可见，综观广义相对论的所有确切解，几乎无不是弱场条件下的近似解。这就决定了它的几乎所有运算，只能适用于弱场条件。如果将这些近似解强制用于强场条件，则必明显偏离实际值，如双星的轨道进动。

再看弱场条件下，狭义相对论因子γ与广义相对论度规g_{00}之间的关系。由式（6-12），可得

$$\gamma=\frac{1}{\sqrt{1-\dfrac{v^2}{c^2}}}\approx\frac{1}{\sqrt{1+\dfrac{2\phi}{c^2}}}=\frac{1}{\sqrt{1-\dfrac{2GM}{rc^2}}}\approx\frac{1}{\sqrt{-g_{00}}} \tag{6-14}$$

式（6-14）中最右边的“≈”是隐含于广义相对论中的。式（6-14）表明，引力场对时空的影响与狭义相对论对时空的影响，有着完全相同的机理。狭义相对论的尺缩钟胀效应，就是弯曲时空所描述的物理时空效应，两者没有本质上的差别，有的只是称谓的不同（尺缩钟胀是物理意义，而“弯曲时空”则是几何意义，见6.2.1节）。

6.4.2.2　弱场近似性的实验检验

根据观测，水星近日点的轨道进动值与牛顿理论的计算值相差43"/百年，与广义相对论的预言值正好符合。但是，60年代迪克（Dicke）等人测出太阳扁率会引起3.4"/百年的附加进动[7]，将此进动因素扣除后，便暴露出了广义相对论的理论值较实际值略微偏大。至于是否还有其他不确定性因素（各大行星、太阳风、太阳潮汐等）影响水星轨道进动，至今仍存在争议[6]，所以说水星近日点的轨道进动，并不能构成对广义相对论的证实。

再看，武仙座DI双星的实际轨道进动值（1.05度/百年），更是明显小于广义相对论的理论值（4.27度/百年）[1]，其他双星的轨道进动值与此类同。这是因为双星系统已不再属于弱场条件，所以造成了实际值与理论值的更大偏差。

比较水星和双星的轨道进动值，随着引力场的增强，广义相对论的计算值与实际值的偏差，是不断增大的。而高度符合广义相对论的所有实验，却又无一不是在弱场条件下完成的。可见，广义相对论是弱场近似理论，完全符合实验观测结果。

速度与引力势的精确函数关系式（6-10），是引力场影响时空的核心因素，广义相对论正是因为融入了这一核心要素才得以近似成立。但目前实验条件所限和对弱场条件的忽视，以及对广义相对论的曲解，使得理论的近似性被进一步掩盖而被认定为精确理论。

描述引力场与时空的关系，离不开引力势与速度的等效性，这属于对狭义相

对论的延伸。也就是说，狭义相对论不是特殊相对论，而是整个相对论的核心。仅基于广义相对论性原理，便将广义相对论定位为适合任意参考系的通用理论，并将狭义相对论也包含在内，是不理性的，也是错误的（考虑读者习惯，后文仍继续分为广义与狭义）。这种只顾表面而不顾内容实质的定位，是过于夸大广义相对论作用的重要原因。

日前，针对广义相对论的研究，几乎都集中在场方程解上。而对场方程的基础是否坚实，则极少有人怀疑。以致后续的研究，基本仅是围绕数学讨论，且不断臆想着真实的物理世界。该情况在狭义相对论的修正过程中，已明确指出。

6.4.3　强引力场环境下的时空

拉普拉斯（Laplace）在牛顿力学基础上，根据引力势能与动能的守恒关系 $mv^2/2=GMm/r$（这显然是相对论性动能在低速下的近似），得到 $v^2=2GM/r$。这与近似表达式（6-12）的结果完全相同，从而印证了前述席式解中的 $2GM/r$，是近似值的判断。这也再次表明，两种质量相等，是弱场下的近似相等，广义相对论是纯弱场近似理论。

拉普拉斯还预言，当 $v=c$ 时，$r=2GM/c^2$，此时光将不能向外传播，这也是黑洞观念的开端，此时的 r 称为引力半径。而由式（6-12）可得，$r\approx 2GM/v^2\big|_{v<<c}$，可知该式只能在远小于光速或弱场时才能成立。可见，拉普拉斯的引力半径并不能用于强场条件。

式（6-10）可用于任意极端条件，当 $v=c\sqrt{3}/2$ 时，$\phi=-(\gamma-1)c^2=-c^2$，即

$$c^2\Big|_{v=\frac{\sqrt{3}}{2}c}=-\phi=\frac{GM}{r} \tag{6-15}$$

式（6-15）中的r，才是精确的引力半径（为拉普拉斯引力半径的一半），以r为半径的球面称为静界面。式（6-15）的物理意义为，光速引力势与 $c\sqrt{3}/2$ 的速度等效。

根据匀速圆周运动定律，围绕天体做匀速圆周运动的质点线速为 $v=\sqrt{-\phi}$。根据光速限制，则自然界不存在超光速引力势。也就是说，引力势的等效速度与质点的真实速度，两者并不相等（现实中的星系状态，正是这两种速度的不等造成的。见后文第八章），这是惯性质量不等于引力质量的必然结果。可见，引力势同实体粒子一样，也受光速限制，光速引力势是引力势的最大极限值。这就好比，粒子的速度在概念上可为任意值，但实际上不能大于光速。需注意的是，这并不意味着与 $c\sqrt{3}/2$ 速度等效的光速引力势或称静界面的时空，仍属于正常时空（见后文第八章）。

现进一步理解等效定理，式（6-10）表明，速度与引力势的等效，不是恒定等效，而是呈函数关系的等效。同样，式（6-11）表明，加速度与引力场强的等效，也是呈函数关系的等效。等效定理是有着坚实理论基础及具体推导过程的推论，而广义相对论的等效原理假设，则仅能适用于弱场条件。

由以上可见，在强场条件下，必须应用式（6-10）来确定引力势与速度的等效关系，只有这样，才能准确计算出引力场对时空的改变量。

下面再从速度与引力势的精确关系式（6-10），推导精确的引力频移量。所谓的“引力场具有内禀运动属性”，就是指引力势与速度具有等效关系，这种无运动的速度效应，可称为静速度。可知，由静速度引起的频移，只能产生运动的横向多普勒效应（光源与观测者之间无相对位移，可参考相关文献），该特性在观测上可用于区分运动频移与引力频移（见后文第八章）。也就是说，引力场中的光波周期或波长变化，是由静速度引起的尺缩钟胀效应。广义相对论的标准时与固有时，以及标准尺与固有尺，就是狭义相对论中的动系时间与静系时间，以及动尺与静尺的关系。

由式（6-10）可知：$\gamma=1-\phi/c^2$。再结合尺-速关系式 $l=l_0/\gamma$［式（3-37）］），可得任意引力场中的精确引力频移为

$$z=\frac{\lambda_2-\lambda_1}{\lambda_1}=\frac{\lambda_2}{\lambda_1}-1=\frac{\gamma_1}{\gamma_2}-1=\frac{1-\frac{\phi_1}{c^2}}{1-\frac{\phi_2}{c^2}}-1=\frac{\phi_2-\phi_1}{c^2-\phi_2}=\frac{\Delta\phi}{c^2-\phi_2} \tag{6-16}$$

式（6-16）便是引力频移与引力势的精确关系式，其物理意义简洁明了。由于实际上的地球引力势 $\phi_2<<c^2$，所以在地球附近观测任意引力场中发出的光，皆可直接使用式（6-16）的近似结果 $\Delta\phi/c^2$，这与广义相对论下的式（6-5）完全相同。但是，式（6-5）是光源引力势 $\phi_1<<c^2$ 时（弱场），$c^2+\phi_1\approx c^2$ 的结果，所以式（6-5）不适用于强场下的光源，这与式（6-16）有着本质区别。可见，广义相对论利用 $\Delta\phi/c^2$，能准确计算出强场中的光源红移量，纯属巧合。此也可看作对广义相对论为纯近似性理论的检验。

从以上看出，无论是宏观还是宇观，仅使用基本公式，便可推导出适用于强弱引力场的精确具体规律。从前面内容看，广义相对论这种晦涩难懂的近似性理论，完全可以放弃。不过，若将场方程及解中的所有近似量进行修正，并将精确的引力势代入度规中，广义相对论仍可成为精确理论，虽然这相当麻烦。此旨在说明，黎曼几何与引力场是种近似对应，对数学的应用绝不能离开具体物理规律的帮助，否则很容易得出奇怪结论而前功尽弃。

到现在为止，经典理论中唯一没有被新狭义相对论统一的部分，只剩下牛顿

引力理论。而指出广义相对论的不足及错误，并对其进行重新定位，是将牛顿引力理论统一在狭义相对论框架内之前，必须做的工作。

2019年4月10日晚，全球多地同步发布了人类的首张黑洞照片。该M87黑洞位于巨型椭圆星系的中心，距离我们有5500万光年，质量为太阳的65亿倍。在上海的发布会上，科学家透露出这样的信息（虽未见诸正式文献，但其准确性应不会有大的出入）：通过对M87黑洞的观测和计算发现，黑洞外围吸积的高温等离子体物质，围绕M87旋转一周需要两天的时间。按照拉普拉斯的引力半径（也称席瓦西尔半径）计算公式$r=2GM/c^2$，可得到M87的静界半径约为1.92×10^{13}米。再按周长公式$C=2\pi r$，可算得M87吸积物质速度为6.98×10^{8}米，约为光速的2倍多。这显然违背了光速限制原则，但这却基本符合式（6-15）的引力半径结果。此仅作为对式（6-15）的验证参考。

本章小结

等效原理是广义相对论的基础，但广义相对论对等效原理论证很不严肃，主要表现在：①把验证惯性质量与材质无关的厄阜实验，当作验证惯性质量等于引力质量的实验。②把弱等效原理无理由地强制推广为强等效原理。③把加速系与恒速系统称惯性系，篡改了物理概念。

对广义相对论进行重新论证后，得出广义相对论是纯粹的“低速或弱场的近似理论”，这完全符合目前所有关于广义相对论的实验结果。该结论也完全颠覆了早前认为的“广义相对论是引力理论的最高成就”的观念。主要内容如下：

1. 颠覆了三个早已深入人心的观念：①弯曲空间不再是物理上的真实存在，而是数学上的几何意义，其所对应的物理空间为收缩空间。②牛顿引力理论也不再是“相对论在低速或弱场下的近似”，其也可完全适用于弯曲空间。牛顿引力理论只是缺失了时空可变这一要素，但这并没有动摇万有引力定律的地位，而仅是否定了牛顿的绝对时空观。③物理上不存在三维以上的空间，多维空间不过是数学理论的一个部分，或者说是数学在具体应用上的一种运算手段。

2. 指出了惯性质量等于引力质量，是没有任何理论和实验依据的直觉，且违背了能量守恒定律。通过光子在引力场中的表现，得出光子不受引力作用的结论，继而得出动质量不受引力作用的结论，如此便从根本上否定了两种质量相等的猜测。

3. 由新狭义相对论可推导出引力质量同静质量一样，是恒定不变的。引力质量同电荷一样，是洛伦兹不变量。惯性质量与引力质量的关系为$m_I=\gamma m_g$，这就是质-速关系式中的总质量与静质量的关系。通过对目前实验的分析，该结论与现有实验不存在任何冲突。

4.等效原理依然成立，但其内容发生了根本性的变化，即能抵消引力场一切物理学效应的，是速度与加速度并存的参考系。其前提坚实，推理严谨、逻辑清晰简洁，完全没有了早前论证过程中的逻辑混乱性。其中速度与引力势的准确关系为式（6-10），加速度与引力场强的准确关系为式（6-11），二者共同构成等效原理的全部内容。特别强调了，引力场中的静止，不是真正的静止，其速度大小由引力势决定，这才是引力场内禀的运动效应。

5.式（6-10）和式（6-11）在弱场下的近似表达式，便是广义相对论的建立基础，或说是旧等效原理的数学表达形式。由此得出了广义相对论，是弱场近似理论的结论。这完全符合，迄今为止所有支持广义相对论的实验，无不是在弱场条件下进行的，而强场条件下的实验观测，则无一符合广义相对论，如双星的轨道进动。其实，综观广义相对论的所有确切解，无不是以弱场条件下的近似为前提。

6.对强引力场条件下时空，进行了重新论证，并得到了精确引力半径 $r=GM/c^2$。广义相对论的引力半径，是精确引力半径的2倍，这其实就是拉普拉斯在牛顿力学基础上所预言的引力半径，属于弱场近似结果。

参考文献

[1]张沛.挑战相对论的怪异双星[J].大科技(科学之谜),2010,6: 14-15.

[2]刘辽.赵峥.广义相对论[M].北京：高等教育出版社,2004: 5-7,9-11,152-155.

[3]张元仲.狭义相对论实验基础[M].北京:科学出版社,1979:80-84.

[4]F.R.坦盖里尼.广义相对论导论[M].朱培豫,译.上海:上海科学技术出版社,1963:24,67.

[5]张元仲.等效原理的实验检验[J].物理教学,2002,24(2): 2-4.

[6]俞充强.广义相对论引论[M].北京:北京大学出版社,1997: 49-51,98.

[7]李增林.太阳扁率对水星近日点进动的贡献[J].南京师范大学学报(自然科学版),1985,2: 38-41.

第七章 牛顿引力理论的回归

相对论的修正，将使牛顿引力理论完全符合洛伦兹协变性。牛顿引力理论不再是低速下的近似，而是缺失某项内容的精确理论。对牛顿引力理论缺失的内容进行补充及检验后，将重新回归物理学核心地位，并反过来从根本上彻底解决狭义相对论所带来的一切佯谬。也就是说，现实中的惯性系虽然彼此等价，但并不平权，这丝毫不影响狭义相对性原理的成立。之后的章节将会看到，牛顿引力理论的回归，在保持物理学完美自洽的同时，使宏观、宇观和微观得到彻底统一，物理学的崭新篇章将自此开启。

§7.1 牛顿引力理论的洛伦兹协变性

7.1.1 磁场的本源

电磁理论符合洛伦兹协变性，或者说电磁理论完全符合旧狭义相对论的观点，似乎早已成为共识。但此共识，却源自一个原本不应该发生的、错误的全洛伦兹力公式（见4.3.2节末文字），这是很令人吃惊的。新狭义相对论，才真正做到了与电磁理论的完美吻合。可见，物理学研究，绝不是抛开对具体物理规律的分析，而简单地让位于数学。

质点引力场与点电荷电场，有着相同的分布规律。因此，揭示磁场的产生本源，并将其借鉴到对引力理论的研究，有着重要意义。

设运动电荷与S`系固联，S系为观察系，则由电场能量密度公式$\omega=\varepsilon_0 E^2/2$和场-速关系式$E=\gamma^2 E_0$［见式（4-32）］，可得电荷从静止至速度$v$时，其横向电场能量密度的变化量为（暂不考虑纵向电场的变化）

$$\Delta\omega_e=\omega_e-\omega_e^{`}=\frac{1}{2}\varepsilon_0(E\sin\theta)^2-\frac{1}{2}\varepsilon_0(E^{`}\sin\theta)^2=\frac{1}{2}\varepsilon_0\left(E^2-\frac{E^2}{\gamma^4}\right)sin^2\theta=$$

$$\frac{q^2}{32\varepsilon_0\pi^2d^4}\left(1-\frac{1}{\gamma^4}\right)\sin^2\theta=\frac{q^2v^2}{32\varepsilon_0\pi^2d^4c^2}\left(2-\frac{v^2}{c^2}\right)\sin^2\theta \tag{7-1}$$

式（7-1）中的θ为电场矢量与电荷运动方向的夹角。由于场-速关系式$E=\gamma^2E_0$，源自尺-速关系式$l=l_0/\gamma$，所以说电场的能量密度变化量$\Delta\omega_e$，是源于电场的尺缩（此时运动电荷的电场强度与距离的平方反比关系依然成立）。

根据磁场能量密度公式$\omega=B^2/2\mu_0$，得运动电荷产生的磁场能量密度为：

$$\omega_m=\frac{1}{2}\frac{(B\sin\theta)^2}{\mu_0}=\frac{1}{2\mu_0}\left(\frac{\mu_0qv}{4\pi d^2}\right)^2\sin^2\theta$$

$$=\frac{\mu_0q^2v^2}{32\pi^2d^4}\sin^2\theta=\frac{q^2v^2}{32\varepsilon_0\pi^2d^4c^2}\sin^2\theta \tag{7-2}$$

比较式（7-1）和式（7-2），因$(2-v^2/c^2)>1$，可知：

$$\Delta\omega_e>\omega_m \tag{7-3}$$

对于式（7-3），可以理解为，磁场能量是由电场能量转化而来的。由于磁场的产生必伴随电荷的运动，运动又必伴随尺缩，尺缩又是唯一影响电场的因素，因此可得出结论：磁场是电场横向尺缩的表现，即先有电场的尺缩，后有磁场的产生，磁场不能离开电场而单独存在，这就是电场与磁场的内在关系。

两处于平衡状态的异性裸电荷在同速运动时，其间的洛伦兹力不是使两电荷加速分离，而是继续保持平衡状态（见3.2.3节），也是对“先有电场的尺缩，后有磁场”结论的肯定。

既然运动电荷电场的尺缩可形成磁场，那么磁场也必然会反过来作用于运动电荷，这就是变压器原理或楞次定律（感应电流总是反抗引起感应电流的原因）的内在机理。至于电场的纵向尺缩，则是以纵向力（见§4.4节）的形式来体现。

狄拉克预言的磁单极子，是根据磁场与电场有着极为对称的数学形式，猜测两者可能有着类似的物理本质。但从上述的磁场本源可以看出，磁场不能离开电场单独存在。从微观层面看，现实中的磁场也不可能离开电荷的运动而单独存在。可见，磁单极子不可能存在。其实毕奥-萨伐尔定律早已表明，磁场具有相对性，这也注定了磁单极子是不可能存在的。磁单极子的寻找，已逾半个多世纪，至今仍不能被证实，便是对上述结论的支持。

7.1.2 W场的提出

牛顿引力理论与相对论的不相容，是现代物理学的核心问题。目前学术界认为，牛顿引力理论存在两个无法克服的困难：Neumann-Zeeliger疑难和非洛伦兹协变性。

Neumann-Zeeliger疑难是说，如果宇宙是均匀无限的，则宇宙中任一点引力场强将无穷大[1]。为避免该疑难的产生，Zeeliger曾试图修改牛顿引力理论，结果却把万有引力的长程力变成了短程力[1]，而与事实不符。另外，还有一个否定宇宙无限观的理由，称为奥伯斯佯谬：一个静止、均匀、无限的宇宙模型，将会导致黑夜同白天一样亮，但实际上的夜空却是黑的。

其实无论是Neumann-Zeeliger疑难还是奥伯斯佯谬，都完全可以看作对宇宙有限性的证明，同时也是对牛顿绝对时空观的否定。这就要求，万有引力定律与牛顿时空观，必须能够彻底脱钩。而要做到这点，只需将万有引力定律中的尺度看作标准尺度，而非平直空间中的固有尺度即可（见6.2.3节）。如此，牛顿的时空观与万有引力定律，便不再有任何关联。可见，Neumann-Zeeliger疑难和奥伯斯佯谬的解除，只需直接否定牛顿的绝对时空观，根本无须修改万有引力定律。

再看牛顿引力理论遭遇的另一困难——非洛伦兹协变性，这是旧狭义相对论框架下的结论。新狭义相对论能否完美消除该疑难，将是对新狭义相对论完美性的又一重大考验。从前面章节内容看，除牛顿引力理论外，新狭义相对论与经典理论的其他所有部分，皆实现了完美吻合，并经受住了准确性、逻辑自洽性、实验等多方面的检验，彻底否定了“经典理论是相对论的低速近似”的结论。这些足以说明，任何物理定律都不应与新狭义相对论相抵触，包括牛顿引力理论。

爱因斯坦创建的广义相对论，是揭示引力场与时空关系的理论，但其复杂难懂的非欧几何，物理意义极不明了，这是导致许多概念被严重曲解以及近似性被掩盖的根本原因。式（6-10）和式（6-11）的取得，导致引力场的内禀运动效应得以准确表达，并使引力场与时空的关系得以直观展现。关键是，引力场本身随运动而变化的规律，广义相对论并不能回答，那么也就不能回答牛顿引力理论是否符合洛伦兹协变要求，毕竟这属于狭义相对论框架内涉及的问题。就是说，广义相对论仅凭静态的万有引力公式，就贸然做出牛顿引力理论是非洛伦兹协变的结论，显然是错误的。

在科学史上，解决类似问题的成功典范，就是麦克斯韦提出的位移电流假设，使安培环路定律适合了非稳恒电流。按此思想，以被证明的新狭义相对论为基础，根据新发现而重新探索牛顿引力理论的洛伦兹协变性问题，既有坚实的根基，也有着历史上的先例。

既然电场的尺缩会产生磁场，那么根据新狭义相对论的物质组成无关性，推断运动的引力场同样会产生尺缩，其尺缩也同样会形成能量密度的变化，所以也同样会有新场的产生。此新场既是逻辑推理的必然，也是目前理论所从未提及的，暂命名为W场。同磁场对运动电荷形成的洛伦兹力类似，W场将会对运动的中性质点产生W场力的作用。W场的引入，将迫使牛顿引力理论的非洛伦兹协变性，必须进行重新审核。

7.1.3 重探牛顿引力理论的洛伦兹协变性

前文已经证明（见3.2.3节和§4.3、§4.4节）：两运动裸电荷间的尺缩，与两运动电荷间的洛伦兹力或纵向力相关，力变换式中的力包含有未知的力或场。

设间距为d的两质点A、B，其中B与S`系固联，$A$以速度$u_A^`$沿$xx$`轴向运行，则当$AB$连线垂直于轴$xx$`轴，且S、S`系以速度$v$沿$xx$`轴做相对运动时，以S系为观察系，根据相对论的物质无关性，由力逆变换式（4-28）的横向变换关系可知（参考4.3.2节和图4-2）：

$$F_A - f_A = \frac{F_A^`}{1+\frac{v}{c^2}u_A^`} \tag{7-4}$$

式（7-4）中，F_A为万有引力，f_A为运动质点B所产生的W场对运动质点A的作用力（可比照运动电荷在磁场中受到的洛伦兹力）。设A、B的引力质量分别为m_{gA}、m_{gB}，根据引力质量不变性（见6.3.3节），并结合速度变换式（4-1），由式（7-4）可得

$$f_A = G\frac{m_{gB}m_{gA}}{d^2} - G\frac{m_{gB}m_{gA}}{d^{`2}(1+\frac{v}{c^2}u_A^`)} = \frac{Gm_{gB}m_{gA}}{d^2}\left[1-\frac{1}{\gamma^2\left(1+\frac{v}{c^2}u_A^`\right)}\right]$$

$$= \frac{Gm_{gB}m_{gA}}{d^2}\left[1-\left(1-\frac{v}{c^2}u_A\right)\right] = \frac{Gm_{gB}m_{gA}vu_A}{c^2d^2} \tag{7-5}$$

在式（7-5）中，$\frac{1}{?^2\left(1+\frac{v}{c^2}u_A^`\right)} = \frac{1-\frac{v^2}{c^2}}{1+\frac{v}{c^2}u_A^`} = \frac{1-\frac{v^2}{c^2}}{1+\frac{v}{c^2}\frac{u_A-v}{1-\frac{v}{c^2}u_A}}$

$$= \frac{1-\frac{v^2}{c^2}}{1+\frac{vu_A-v^2}{c^2-vu_A}} = \frac{1-\frac{v^2}{c^2}}{\frac{c^2-v^2}{c^2-vu_A}} = 1-\frac{v}{c^2}u_A$$

。

设质点B在A点产生的W场强为$w_i = \frac{Gm_{gB}v}{c^2d^2} = W_0\frac{m_{gB}v}{d^2}$（与运动电荷磁场

的数学形式相同），其中 $W_0=\frac{G}{c^2}=\frac{6.673\times10^{-11}\mathrm{N\cdot m^2kg^{-2}}}{(2.99792\times10^8\mathrm{ms^{-1}})^2}$ $=7.425\times10^{-28}\mathrm{N\cdot s^2kg^{-2}}$，为一恒量（类似真空中磁场的磁导率$\mu_0$）。

设运动质点产生的W场遵守右手螺旋法则（姆指指向速度方向，虚握四指为w_i方向），为矢积$v\times\vec{\mathbf{r}}$方向（与运动正电荷产生的磁场方向相同。$\vec{\mathbf{r}}$为单位向量），如图7-1所示，则w_i的矢量式为

$$w_i=W_0\frac{m_{gB}v\times\vec{\mathbf{r}}}{r^2} \tag{7-6}$$

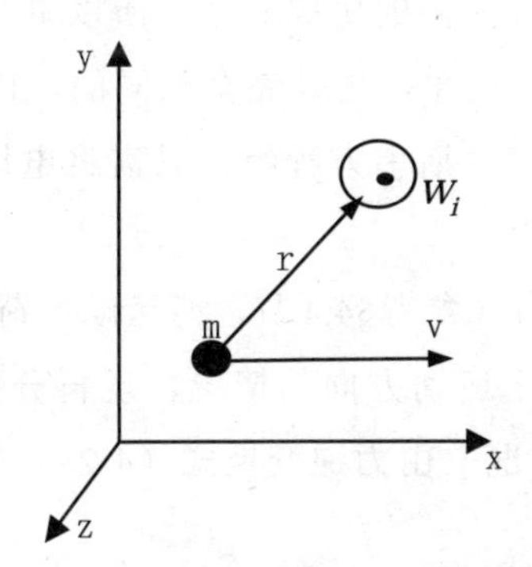

图7-1 运动质点的W场方向

注意：式（7-6）中的m_{gB}是引力质量，而不是惯性质量，所以$m_{gB}v$不是动量。

由式（7-4）可知，W场力f_A与引力F_A方向始终相反（与两运动电荷间的洛伦兹力与电场力永远反向类同）。将式（7-6）代入式（7-5），则运动质点在W场中的受力为

$$f_A=-m_{gA}u_A\times w_i \tag{7-7}$$

式（7-7）与洛伦兹力公式$f=qu\times B$类似，属于同类型力，只是式（7-7）前为负号。这是质点皆为同性，且皆为引力，而同性电荷间则为斥力的缘故。

电场的尺缩产生磁场（见7.1.1节），同样，引力场的尺缩将产生W场。由于普通物质是由正负电荷组成，电磁场可以被屏蔽，如通电导线中的电荷流动，而在导线外部形成磁场，表现出独立的磁场力作用。但据目前所知，自然界不存在斥力物质，所以引力场和W场不可以被屏蔽，W场和引力场只能同时发挥作用，这就是磁场与W场在表现上的不同。

现分析W场力在实际中的表现。由尺缩效应的形成机理可知（参考3.2.3节和7.1.1节），当两质点同向运行时，则W场力与引力反向［见式（7-4）］，此时质点不是沿W场力方向加速，而是优先沿尺缩方向运动，即沿W场力的反方向运动，直至达到平衡状态，而表现为尺缩效应（对应于时间，就是钟胀效应），这是

先有引力场的尺缩，后有W场的体现。而当两质点反向运行时，则W场力与引力同向，此时质点将同样沿W场力的反方向运动，直至达到平衡状态，而表现为尺“胀”效应（对应于时间，就是钟缩效应）。也就是说，两质点无论是同向运行还是反向运行，其间距的胀缩都是趋向于维持平衡状态。

当两质点的运动方向垂直时，则W场力与引力方向垂直。由于该情况下不存在抵消W场力的平衡态，所以只有此时的W场力，方可独立表现出来，即质点将沿W场力方向产生加速度。但无论如何，W场力始终与质点运动方向垂直［见式（7-7）］，这同洛伦兹力始终与电荷运动方向垂直的性质完全相同。

由于W场与磁场有着完全相同的生成机理，所以引力场与W场的相互生成规律，同电场与磁场和相互生成规律，也是完全相同的。由此推断，引力场与W场的相互生成规律，同样符合麦克斯韦方程组，只需将电场改为引力场，磁场改为W场即可。

下面再看质点间的纵向力（参考§4.4节，两运动电荷间纵向力的产生）。以上论述是基于两质点连线垂直于运动方向的情况，现再分析AB两质点连线平行于运动方向或平行轴OX轴的情况。由力逆变换式（4-28）的纵向变换知：

$$F_A - T_g = \frac{F'_A}{?^2\left(1+\frac{v}{c^2}u'_A\right)^2} \tag{7-8}$$

式（7-8）中T_g为由引力场运动而引起的纵向力，最后得（参考式（4-38）过程）：

$$T_g = W\frac{m_{gA}m_{gB}}{d^2}vu_A\left(2-\frac{v}{c^2}u_A\right) \tag{7-9}$$

式（7-9）中，v为m_{gB}的速度，u_A为m_{gA}的速度。至此，牛顿引力理论完美地纳入了新狭义相对论。

W场的提出，弥补了牛顿引力理论内容的缺失，使牛顿引力理论的非洛伦兹协变性问题得到了彻底解决。可见，牛顿引力理论不是近似理论，而是缺失部分内容的理论。同经典力学的其他部分一样，只需对其内容进行合理的补充，便可成为精确理论。

7.1.4 验证W场存在的几个实例

由于天体内部结构的复杂性，其平均自转线速在目前条件下还难以确定，即难以准确计算出W场强，但许多观测和实验结果却已经表明了它的存在。W场理论，完全可以使一些目前理论无法解释的现象，得到合理的解决，且与现有理论不发生任何冲突。

1.W场对星际探测器运行轨道的影响

目前世界上多艘驶入星际空间的航天探测器（先驱者10号和11号，伽利略号；尤利西号等），每艘都出现了指向太阳的、不明原因的横向“额外”加速度[2]。科学家们虽然考虑了各种可能的引力摄动影响（太阳和行星、太阳风、银河系、柯伊伯星带等等）和广义相对论参数的修正，但这种异常的加速度仍然稳定地存在（先驱者10号航天器约为8×10^{-8}cm/s²）。从1998年至今，这个横向“额外”加速度的破解一直困扰着科学工作者。因为现有的引力定律对行星运动情况的预测是非常精确的，为解释这个奇异的加速度而对引力定律所做的任何改动，都将与行星的观测轨道发生冲突。这也是人们怀疑广义相对论的局限性和不完善性的最直接证据，当然此可作为对广义相对论是近似理论的支持。

航天器是按太阳系自转方向做远离太阳的飞行，此可看作相对太阳系切向分量和径向分量的合运动（远离太阳方向）。

先看切向分量运动（沿太阳系自转方向），根据式（7-6），太阳系的自转将产生自北向南的W场（以地球磁极为基准）。由7.1.3节可知，按W场理论，航天器的切向运动，将使航天器附加一个指向太阳的尺缩运动［与式（7-7）中的f_A方向相反，即先尺缩后形成f_A］，以抵消W场力而达到平衡状态（向心力为F_A-f_A）。但是，由于尺缩运动造成的尺度变化，就是实际观察到的标准尺度，所以尺缩运动并不属于横向“额外”加速度范围。

再看径向分量运动，此时的W场力作用可独立表现出来（引力源的旋转与质点两者的相对运动方向垂直，见上节），航天器将受到一个反切向的W场力［与式（7-7）中的f_A方向相同］，使航天器的切向速度减小，则引力做功使得轨道半径减小，这便是航天器横向“额外”加速度的成因。

2.罕见的天文撞击事件

先看水星的运行情况，水星由近日点向远日点运行时，与星际探测器远离太阳运动的情况相同，其产生的横向额外加速度，是W场力使水星切向速度减小造成的，从而形成半个轨道的正进动。当水星由远日点向近日点运行时，则与星际探测器远离太阳运动的情况相反，可知W场力将使水星沿切向加速，而产生远离太阳的加速度，形成另半个轨道的负进动，使水星更不易落入太阳。

由于W场力始终与速度方向垂直，所以W场力不做功（同洛伦兹力的表现类同），W场只是改变了速度方向。由此可知，水星近日过程的加速和远日过程的减速，并不会改变水星的公转能量，而只能造成偏心轨道半轴的摆动。远日点与近日点的时空差异，才是形成水星轨道多余进动的真正原因（广义相对论对水星轨道进动的计算，是存在偏差的，见6.4.2.2节）。可以预言，远日点距离的不断减小与近日点距离的不断增大，将会使水星绕太阳公转轨道的偏心率越来越小。

再看太阳系内的小行星，近地小行星是指其轨道与地球轨道相交的小行星。已知直径4千米的近地小行星就有数百个，而直径大于1公里的近地小行星估计成千上万。据天文学家测算，这些近地小行星可能已经在自己的轨道上运行了1000万至1亿年，但却很少发生与地球及内行星（地球轨道以内的水星和金星）的相撞。这无论是牛顿引力理论还是广义相对论，都是难以解释的。

由前面对水星公转轨道的分析可知，当某小行星轨道被内行星引力破坏或指向大行星运行时，将会被大行星自转形成的W场力加速，如此便大大地降低了碰撞的可能，如此便解释了天文撞击事件为何很少发生。

3. 星系旋转皆趋于同一平面

一般星系的旋转，皆趋于同一平面现象，这也是现代天文学不能解释的。

由核聚变装置-磁镜的工作原理可知，绕磁力线运行的电粒子，会沿磁力线由强场区推向弱场区[3]，这是机械能守恒定律所决定的。同理，天体W场的非均匀性，也会使顺行天体的公转轨道，沿 *W* 场线由强 *W* 场区推向弱 *W* 场区。对于逆行天体，可以推导出，其公转轨道将会沿 *W* 场线由弱 *W* 场区推向强 *W* 场区。

由于星系自转形成的W场，自转轴中垂面上的 *W* 场最弱，且天体的旋向几乎都为顺行，所以公转天体的轨道将会被推向中垂面，并在惯性作用下，在中垂面上下区域波动。如此，便解释了一般星系的旋转为何皆趋于同一平面。

4. 极为稀少的逆向公转天体

按传统理论，天体自转和公转在各个方向的概率，应该是相同的。但在银河系或太阳系等众多星系中，各天体的旋向几乎都是同向的，逆向天体极少（海卫一是太阳系内的逆向运行卫星），这也是现代天文学所不能解释的。

由前面可知，对于顺行公转的天体，是近日运行时加速而远日运行时减速。与此相反，对于逆行天体，则是近母星时减速而远离母星时加速。如此，便会造成远点更远、近点更近的结果，逆行天体轨道的偏心率将不断增大。可见，逆行天体容易落入母星，这便是逆行天体极少的原因。

现通过实际中的陨石或彗星坠落轨迹，说明逆行天体轨道的不稳定性。以较为著名的天文事件为例：2013年俄罗斯车里雅宾斯克州发生的陨石坠落事件，其陨石轨迹为自东向西坠落，与地球自转反向。1994年千万人看到了人类历史上从未有过的一次宇宙事件，即苏梅克-列维9号彗星（SL9）被木星的强大引力分裂成20多块碎片接连撞向木星[4]，其坠落轨迹与木星的自转反向。再看宋代沈括在《梦溪笔谈》中的记载，1064年发生于江苏宜兴的一次陨石降落，“乃一大星，几如月，见于东南。少时而又震一声，移著西南”，即陨石坠落轨迹，仍为自东向西坠落。其他对陨石坠落的记述，极少提及陨石坠落轨迹，不再赘述。可见，陨石或彗星的坠落轨迹，皆为逆自转方向。这在一定程度上表明，逆行天体轨道是不稳定的，是难以长期存在的。

由于逆行天体将会被推向强W场区（见2），所以坠落天体不易发生在低纬度区，这也符合实际观测。

另外，由于地球的自转，且大气与地面可近似为同步运动，则当小行星逆向进入大气时，大气对小行星将产生向东的摩擦阻力，并随着地球自转使小行星产生向东的加速度。这对于大质量小行星，影响不大。但对于比表面积（单位质量物质具有的总面积）较大的小质量行星，便会形成自西向东的降落轨迹，如2020年12月23日，降落在青海玉树的火流星（直径：6.5米。重量：430吨。空中爆炸点：北纬31.9°，东经96.2°。落地点：北纬32.36°，东经96.59°）[5]。

5.万有引力常量G的测量

万有引力常量G的测量，是被测定的自然基本常数中最不精确的，各种测量结果间的吻合度仅达到10^{-3}量级[6]。有学者据此预言万有引力常量为非恒量性（这会造成引力理论的极大混乱）。

对以上现象的解释是，无论是天体还是微观粒子，其运行速度和旋转速度的不同，所产生的W场强度也不同，再加上两种质量（惯性质量与引力质量）的不同，从而导致万有引力常量G的测量，出现了不同程度的差异。另外，在后文中将会看到（见10.3.1节），万有引力定律中的引力常数，在微观理论上也存在微小的不确定性。

§7.2　惯性系的非平权性

7.2.1　时间佯谬的思考

牛顿引力理论的非洛伦兹协变性问题的解决，使得修正后的新狭义相对论与经典理论的全部内容，实现了完美吻合，并经受住了准确性、逻辑自洽性、实验等多方面的检验。两大理论完全可以互为佐证和补充，大多数经典定律在光速级时仍然适用（有些只需相对论因子的修正），彻底否定了“经典理论是相对论的低速近似”结论。这足以说明，任何物理定律都不应与新狭义相对论相抵触，对新狭义相对论的研究也离不开具体物理定律的帮助。但是，新狭义相对论同旧狭义相对论一样，仍存在着一个重大困难还未解决，这就是时间佯谬，这是完美理论所不允许的。

时间佯谬是说，双胞胎，甲留在地球上，乙乘坐近光速飞船去太空旅行。待乙返回时，根据时胀效应，甲认为乙是处于动系中，所以乙年轻了。但在狭义相对论框架内，默认各惯性系是平权的，任何惯性系都不具有优先权。由于甲、乙两惯性系平权，所以乙同样会认为甲处于动系中，是甲年轻了。那么甲和乙到底谁更年轻呢？

围绕时间佯谬，物理学家们给出了多种不同解释，但无一不存在着严重纰漏。对于在狭义相对论框架下解决时间佯谬问题[7]，就如同用“可刺穿任何物件的矛”，论证存在“不能被任何矛刺穿的盾”一样，极为可笑。该种方法无不在推导过程中，隐含着把某惯性系定格在了具有优先权地位（其逻辑混乱，在此不做具体分析），从而与理论的初始条件相悖，根本不值一驳。另外一种比较被接受的解释是，根据广义相对论，甲没有加减速运动，而乙则存在往返的加减速运动，所以两惯性系不能平权。这种以加减速决定优先权的做法，在广义相对论中并无依据，更无加速度影响时间一说（影响时间流逝的是引力势），所以这相当于无任何理论依据的极不负责行为。再说，地球上的甲也在做加速运动（自转和公转），甲和乙的加速时长与大小，也根本无法严格界定。尤其是，加速系决定优先权的说法，还会造成无论谁加速，都会造成双方所经过的时间立即互换，这显然极为荒唐。更为关键的是，狭义相对论要求，时间流逝的快慢只取决于速度，与加速度无关，这已为$\mu^{\pm}$介子圆周和直线运动实验的对比所证实[8][9]。可见，上述解释皆是转移问题本质的诡辩行为。

还有学者认为$\mu^{\pm}$介子圆周运动实验，相当于乙旅行后返回出发点，所以这是对乙年轻结论的实验证实。但是该说法忽视了一个问题，即如果以介$\mu^{\pm}$子为观察系，同样可以认为地球回到了起点而甲年轻了，理论与实验的矛盾依然存在。可见，此说法同其他解释一样，忽视了惯性系平权性。

时间佯谬提出的最初目的，是暴露惯性系的平权性给狭义相对论带来的困难。此问题不解决，任何对时间佯谬的强行解释，都不过是妄想或寻求心理安慰。百多年来时间佯谬不断被提起，说明在现有理论框架内，时间佯谬根本不可能得到解决。但是，一个完美的理论是不应也不允许存在佯谬的，所以对于时间佯谬唯一可行的解决办法就是，在维护相对性原理正确的基础上，承认现实中的不同惯性系存在优先权。这就需要思考一个问题，我们的宇宙是否存在基准系或绝对静止系？或者说，是否存在违反人类直觉而引发运动属性的机制？当然，这个有违目前哲学思维理念的想法，必须建立在严谨的逻辑推理基础之上。

时间佯谬的存在，说明狭义相对论还不完美，是必须给予解决的。这种现象在物理学史上并不罕见，如伽利略提出的“落体悖论”（与佯谬同一本质），否定了亚里士多德而奠定了近代科学的开端。时间佯谬的提出，虽然是催生广义相对论的原因之一，但最后并没能解决时间佯谬问题。目前流行的“大胆假设，小心求证”说法，就是一种撞大运。量子场论中的四大假设，甚至连本身的发散困难都不能解决，又如何能揭示真实的客观规律？可见，坐实前提，严谨推理，尽可能不假设或小心假设，才是物理学研究的正确思想。

7.2.2　基准惯性系和绝对静止系的探索

所谓的基准惯性系（以下简称“基准系”），就是做相对运动的各惯性系，哪个系是静止系的问题。在狭义相对论中，默认各惯性系是平权的。由于尺缩钟胀效应是客观存在的（见3.2.3节），所以实际上的不同惯性系中，时间流逝快慢可以用时钟进行记录，然后再将这些时钟放在一起对钟，则必会有快有慢。这说明，各惯性系不可能平权。而狭义相对论中各种佯谬的产生根源，归根结底来自惯性系的平权性，这是狭义相对论永远绕不开的话题。该问题不解决，对狭义相对论的争议就永远不会停止，佯谬就永远不能从根本上得到解决，相对论就不能称为完美理论。

狭义相对论中各种变换式的推导或各惯性系间的变换，是脱离外部环境影响的变换，是纯数学性的。按相对性原理，这样的惯性系无疑是平权的。而各种佯谬的提出，则无一不是以实际中可能出现的事件为前提，是载有物质的惯性系，而不是数学上的纯抽象惯性系。这种区别，应该隐藏着物质惯性系的非平权性。物质是运动的载体，运动不能离开物质而单独存在，所以狭义相对论在实践应用中，对于基准系的确定，应考虑从物质的角度出发，以寻求突破。

对于运动，由7.1.1节可知，磁场的产生，源于电荷的运动或电场的尺缩。也就是说，磁场是电荷的运动标志。这从洛伦兹力公式的准确导出过程，便可得证。由7.1.3节可知，质点的运动会产生W场，所以W场同样是质点的运动标志。

再看基准系的确定，设与外界完全隔离的某独立空间，各处随机存在着多个不同质量的质点，并在万有引力作用下相互靠近。根据质心运动定理（外力为零时，质心无运动），则与质心固联的惯性系便成为该空间中唯一的基准静止系，即所有质点皆朝向公共引力质心运动。由式（7-6）可知，与质心固联的惯性系，在任意时刻其W场强的矢量和都为零，即$\sum_{i=1}^{n} W_i = 0$（n为质点数）。而如果以其他任一质点为基准系，都会形成相对质心的运动，从而使W场强不为零。也就是说，基准系中的W场强矢量和必须为零。

须要强调的是：质心是指引力质量的质心，而非惯性质量的质心。若考虑相对论效应，由于惯性质量大于引力质量，则上述情况从开始直至最后，惯性质量与引力质量的质心是不重合的。所以空间各质点在整个运动过程中，为保持基准系中的W场为零，基准系或引力质心系的位置将会有所变动。或者说，基准惯性系的位置并不是绝对的固定不变，但变动范围很小。只有在极强场或极近光速条件下，才会考虑基准惯性系的变动。

由以上可知，W场强的矢量和是否为零，是区别基准系或静系与动系的重要标志，这同样适用于一切做匀速运动的惯性系。对于运动的质点体系，与引力质心固联的惯性系就是基准系。而其他各质点系，则只能作为运动系。

由于引力质心系的$\sum_{i=1}^{n} w_i = 0$，则由式（7-6）可知，$\sum_{i=1}^{n} m_{gi} v_i = 0$。对于由两质点构成的相对运动系统，设其引力质量分别为m_{g1}和m_{g2}，其相对引力质心的速度分别为v_1、v_2，则有$m_{g1}v_1 + m_{g2}v_2 = 0$。由速度变换式（4-3），得两质点的相对速度为

$$v = \frac{v_1 + v_2}{1 + \dfrac{v_1 v_2}{c^2}} = \frac{\left(m_{g2} - m_{g1}\right) v_1}{m_{g2} - m_{g1}\dfrac{v_1^2}{c^2}} = \frac{\left(m_{g1} - m_{g2}\right) v_2}{m_{g1} - m_{g2}\dfrac{v_2^2}{c^2}} \tag{7-10}$$

式（7-10）只是针对做相对运动的两质点惯性系的运算。此只为说明，载有物质的惯性系或称质点惯性系，在符合相对性原理的基础上，是不平权的。如此，狭义相对论的时间佯谬以及尺度佯谬，便从根本上被彻底解除了。至此，1911年法国物理学家P．朗之万提出的、困扰物理学界一百多年的双生子佯谬问题，得到了彻底解决。

对于上述两质点的基准系，是处于无其他物质影响的理想状态。但实际中的运动都属于复杂的多质点运动系统。如从地球上发射航天器，开始时可以只考虑地球与航天器两者的相对运动，其基准系很容易确定。但待航天器进入星际空间时，各天体的运动对基准系中W场的影响将不可再忽略，基准系将会发生非常复杂的变动，尤其是引力场所具有的内禀运动属性，也需要考虑。

由式（6-10）可知，引力场与速度具有等效性，由此定义：合引力场以及合W场皆为零的惯性系，即$\sum_{i=1}^{n} g_i = 0$和$\sum_{i=1}^{n} w_i = 0$，便是绝对静止系。可知，在整个宇宙中，所有物质的总引力质心（见后文第八章），便是可消除一切运动效应的绝对静止系，即整个宇宙中的绝对静止系是唯一的。绝对静止系的提出，将彻底颠覆现代哲学关于运动是绝对的观念，这是科学理性推理的必然。

7.2.3 旋转运动的基准系

同平动情况下基准系的确定思路一样，对于跟外界隔离的某独立系统，根据

角动量守恒定律，正反旋转必是对等的，则非旋转系的$\sum_{i=1}^{n} w_i = 0$，即非旋转系就是旋转运动的基准系。

通常情况下，旋转运动的研究对象，都是单一旋转方向，但基准系是不应发生改变的。例如，在细绳两端各固定一钟，地面或绳中心也放置一钟。当绳绕中心高速旋转时，则两绳钟与地面钟之间便形成了相对运动（绳钟的向心加速度，与时空不发生丝毫关系，见7.2.1节）。此例的基准系非常明显，那就是地面钟。因为无论以哪一只绳钟为基准系，都会产生时间佯谬，而只有以地面钟为基准系，才能保持理论的自洽性。可见，非旋转系必为基准系。

对于不考虑外部物质影响的某刚体，在与刚体固联的随动坐标系中观察，则无论刚体是否转动，刚体质点产生的W场在随动系中皆为$\sum_{i=1}^{n} w_i = 0$，而非旋转系或基准系中的W场则为最强，可表示为$\sum_{i=1}^{n} w_i = \max$，此可作为旋转基准系的相对判断标准。之所以会造成这种结果，是角动量守恒定律要求，正反旋转在宇宙中必须是对称存在的，所以仅就单独的刚体而言，必然会造成与前述判断标准相反的结果。从全宇宙范围看，基准系的确定，并不会因为宇宙中某一局部W场的强弱而发生改变。远处天体对一单独刚体而言，因其W场极弱而无须考虑，这就好比远处天体对地球引力场几乎无影响一样。因此，判定某一刚体的基准系和转动系，还是以相对判断标准更为直观些，即$\sum_{i=1}^{n} w_i = \max$为基准系，$\sum_{i=1}^{n} w_i = 0$为转动系。

判定旋转运动基准系和转动系的另一标准为，是否存在离心加速度，即无离心加速度的系为基准系，有离心加速度的系为转动系。通俗地说就是，无转动的为基准系，有转动的为转动系。

对于以涡旋形态旋转的流体，由于涡旋由内向外，角速度是逐渐减小的，则对于每一个质点来说，涡旋的转动系可以有无数个。但根据$\sum_{i=1}^{n} w_i = \max$标准，非转动系或称基准系仍只有一个。宇宙中的天体，如太阳系、银河系等星系，其运动基本上都是涡旋形态。一般常见的星球，也多是具有液核的，这种天体的旋转，基本上都是内快外慢的涡旋形态。可见，如何确定涡旋体的基准系，更具现实意义。

根据场叠加原理，任何涡旋都始终存在一个$\sum_{i=1}^{n} w_i = 0$的随动系，可将其定义为涡旋整体的有效转动系，其转速称为有效转速。可知，与有效转动系相对应的非转动系，便是涡旋的基准系。由$w_i \propto m_{gB}v$［见式（7-6）］可知，涡旋的转动系也是与质量及速度相关的量。

下面以地球自转为例，对涡旋运动进行剖析。地球为同心球层结构：地壳（固态）-地幔（熔融）-外核（液态）-内核（固态）。其由内向外的自转方向相同，内核面一定点比地面一定点，每年多运行19千米，即内核自转速度比地面的自转每年快约1.1°[10]。如果简单地将地球外壳所对应的非转动系看作基准系，则由于地球内部的转速大于外壳，则该系中仍会形成W场或离心力不为零，所以地球外壳所对应的非转动系不能认定为是基准系。

为简化分析，将地球的自转看作地壳转动和有效转动两部分，如图7-2中粗线圆和阴影圆面（为使图像简洁，图中各坐标系只画出一条坐标轴）。其中K_0系为有效转动系，其对应的非转动系为K_0系，即地球自转的基准系，ω_0为K_0'系与K_0系的相对角速度。K'系为地壳转动系，其对应的非转动系为K系，ω为K'系与K系的相对转速，即地壳自转角速度，则其线速为ωR。Ω为K_0'系相对K'系的角速度，即地壳转速与地球有效转速之差，则它们各自对应的非转动系K与K_0的相对转速也为Ω。为方便理解，K_0或K，也可视为相对K_0'或K'的同速反向转动，则此时K_0系快于K系，且相对速度保持不变。

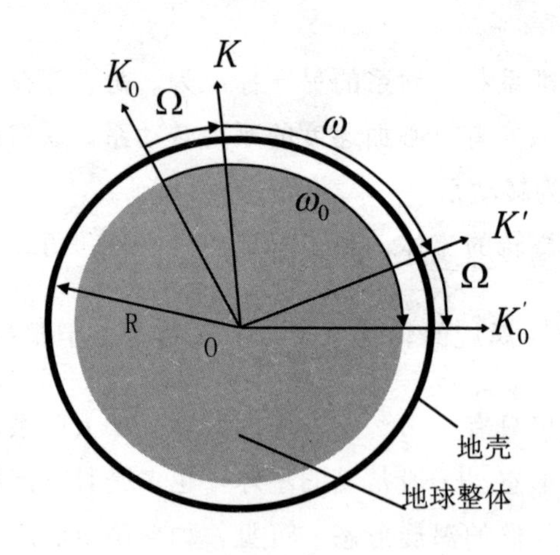

图7-3 地球自转的基准系与转动系关系示意图

由于地球的转速远小于光速，可不考虑相对论效应，则由图7-2可知，地面系或地壳系相对基准系K_0的线速可近似为

$$u_0 \approx (\omega + \Omega) R \tag{7-10}$$

由以上可见，涡旋体的基准系，为相对于有效转动系的非转动系。而旋转刚体的基准系，就是非转动系。

7.2.4　旋转运动基准系的实验检验

狭义相对论的佯谬形式主要分为时间佯谬和尺度佯谬。由于比较尺度时，尺缩效应会失效，即尺缩效应不可以被记录，所以尺度佯谬只存在于假想之中。但钟胀效应是可以用时钟记录的，即可以用对钟的方法检验基准系的存在。消除了时间佯谬，也是间接地消除了尺度佯谬。

1971年，Hafele和Keating完成了原子钟环球航行实验，即将原子钟放到飞机上，并高速分别向东、向西绕地球一周后回到地面，然后将飞机上的原子钟与静止在地面上的原子钟比较读数。发现向东飞行的原子钟变慢了，向西飞行的原子钟变快了。飞行钟与地面原子钟的读数差，见表7-1。

表7-1　飞行原子钟与地面原子钟的读数差

$\Delta\tau$(以10^{-9}秒为单位)	向东飞行	向西飞行
实验数据	-59±10	+273±7
理论值	-40±23	+275±21

早前对该实验的理论分析[8]，其基准系为相对地壳的非转动系，称为地轴系，即图7-2中的K系。经推导，最后得到飞行原子钟与地面原子钟读数差的计算式为

$$\Delta\tau \approx \int (d\tau - d\tau_0) = \int \left(\frac{gh}{c^2} - \frac{v^2}{2c^2} - \frac{\omega R v \cos\theta \cos\phi}{c^2} \right) d\tau_0 \tag{7-11}$$

式（7-11）中，等号右边第一项为引力场的贡献，总是为正值，即地面钟比空间钟走得慢；第二、三项为运动学效应，v为飞行钟相对地面的速度，向东为正，向西为负，ωR为地壳赤道自转线速；$\cos\phi$为飞行钟的纬度余弦，$v\cos\theta$为速度在东西方向上的分量，此两项的作用是对飞行钟偏离航道的修正。表1中的理论值，便是式（7-11）的计算结果。

在旧狭义相对论中，各惯性系平权，不存在基准系，即基准系可任选。如果以地面钟或飞行钟为基准系，则会得到不可预知的结果。再就是，为什么地球自转方向为正？为什么存在钟缩效应？这都是旧狭义相对论所不能回答的。可见，如果说式（7-11）的结果符合了实验值，也只能算作对旧狭义相对论还不完善的证实，或者说是对旧狭义相对论部分内容（时间可变）的证实，而绝不可以认为是对旧狭义相对论的证实。

旋转运动的基准系确定，使得上述问题皆不复存在。再回到图7-2，K_0系为原子钟环球航行实验的基准系，则由式（7-10）可知，地面钟的速度为$(\omega+\Omega)R\cos\phi$，飞行钟的速度为$v+(\omega+\Omega)R\cos\phi$。将$\omega+\Omega$代替式（7-11）中的$\omega$（可参考文后式（7-13）～（7-19）的演算过程），可得到新的演算结果为：

$$\Delta\tau\approx\int(d\tau-d\tau_0)=\int\left[\frac{gh}{c^2}-\frac{v^2}{2c^2}-\frac{(\omega+\Omega)Rv\cos\theta\cos\phi}{c^2}\right]d\tau_0 \tag{7-12}$$

根据内核自转速度比地面的自转每年仅快约1.1°，可知Ω比ω小许多（考虑到地幔、外核的旋转，还不能确定Ω的大小），所以式（7-12）与式（7-11）的计算结果，是近似相同的。但可以看出，式（7-12）中Ω的加入，将使得东西两组理论结果的绝对值皆增大。如此，东西两组的理论值与实验值差异，更趋于接近，见表7-1（向东组相差近1/3，而向西组则较接近），这也更符合两组各自独立实验的应有表现。也就是说，旋转运动的基准系确定（见7.2.3节），是为实验所支持的。

再应用W场直接判断东西运动时钟的快慢。在基准系中观察，根据式（7-6），则地球转动将形成由北向南的W场。如此，向东飞行钟将形成尺缩钟胀效应，而向西飞行钟则形成尺“胀”钟“缩”效应（旧狭义相对论不存在此说法），而地面钟的速度介于两者之间，所以向东飞行钟比地面钟慢，而向西飞行钟则比地面钟快。这是完全符合实验结果的，即原子钟环球航行实验，不仅是对时间可变的证实，也是对惯性系不平权、存在基准系、存在W场的证实。

原子钟环球航行实验的原初具体分析过程：

以不随地壳转动的参考系K为基准系（图7-2中的K系），则由时胀效应［时-速关系式（3-38））］可知：

$$d\tau=\sqrt{1-\frac{u^2}{c^2}}\,dt \tag{7-13}$$

式（7-13）中，$d\tau$为K系中以速度u移动的原子钟时间间隔（标准时间间隔），dt为静止在K系中的时间间隔（固有时间间隔）。

设静止在地球表面上的原子钟时间间隔为$d\tau_0$，其在K系中的运动速度为$u_0=\omega R$。根据式（7-13），在低速近似情况下，地面钟与K系钟的时间关系为

$$d\tau_0=\sqrt{1-\frac{u_0^2}{c^2}}\,dt=\sqrt{1-\frac{\omega^2R^2}{c^2}}\,dt\approx\left(1-\frac{\omega^2R^2}{2c^2}\right)dt \tag{7-14}$$

设地球赤道面内相对地面的飞行钟以速度v向东运动，则在低速近似（不考虑相对论效应）情况下，飞行钟在K系中的速度为$u\approx v+\omega R$。根据式（7-13），在低速近似情况下，飞行钟与K系钟的时间关系为

$$d\tau=\sqrt{1-\frac{u^2}{c^2}}\,dt\approx\left(1-\frac{v^2}{2c^2}-\frac{\omega^2R^2}{2c^2}-\frac{\omega Rv}{c^2}\right)dt \tag{7-15}$$

由式（7-14）和式（7-15）消去K系钟dt，便可得到飞行钟与地面钟的关系为

$$d\tau\approx\left(1-\frac{v^2}{2c^2}-\frac{\omega Rv}{c^2}\right)d\tau_0 \tag{7-16}$$

另外，还要考虑到广义相对论效应，即飞行钟距地面的飞行高度h，在地球引力场中所形成的时间差。对于弱场的近似，由$d\tau=\sqrt{1+\frac{2\phi}{c^2}}\,dt$［见式（6-3）］，可得

$$\frac{d\tau-d\tau_0}{d\tau_0}=\frac{\sqrt{1+\frac{2\phi}{c^2}}-\sqrt{1+\frac{2\phi_0}{c^2}}}{\sqrt{1+\frac{2\phi_0}{c^2}}}\approx\frac{\frac{\phi}{c^2}-\frac{\phi_0}{c^2}}{1+\frac{\phi_0}{c^2}}=\frac{\phi-\phi_0}{c^2+\phi_0}\approx\frac{gh}{c^2} \tag{7-17}$$

将式（7-17）表示为$d\tau-d\tau_0\approx\frac{gh}{c^2}d\tau_0$，并将其加入式（7-16），便是飞行钟的总时间效应，为

$$d\tau\approx\left(1+\frac{gh}{c^2}-\frac{v^2}{2c^2}-\frac{\omega Rv}{c^2}\right)d\tau_0 \tag{7-18}$$

在实际实验中，还要考虑飞机的速度v及高度h经常变化，因此，需将每飞行段的原子钟读数之差进行积分，从而给出飞行钟绕行地球一周后与地面钟的总读数差，为

$$\Delta\tau\approx\int(d\tau-d\tau_0)=\int\left(\frac{gh}{c^2}-\frac{v^2}{2c^2}-\frac{\omega Rv}{c^2}\right)d\tau_0 \tag{7-19}$$

再考虑到原子钟不在赤道面内及飞行钟速度对东、西向的偏离，所以还需用飞行钟的纬度余弦$\cos\phi$和速度在东西方向上的分量$v$osθ进行修正，则式（7-19）便成为式（7-11）形式。

本章小结

从第三章至本章止，对整个相对论（含狭义和广义）的修正及补充，便全部完成了。相对论的实质，就是把光速不变原理融入经典理论的过程，且不再存在任何佯谬和歧义。主要内容为：

1.指出磁场的存在源于电场的尺缩，从而揭示了电磁场的相互感应机理，并指出磁场不能离开电场而单独存在，彻底否定了磁单极子的存在。

2.质点引力场与电荷电场有着相同的分布规律，质点的运动同样会使引力场

发生尺缩效应，并产生一种新场，暂称W场。经推算，也唯有提出W场，才能使牛顿引力理论与新狭义相对论达到完美吻合。引力场与*W*场的相互感应关系，完全符合麦克斯韦方程组。

3.通过对现有实验和观测进行分析，如驶入星际空间的航天探测器对预定轨道的偏离，逆向天体为何极为稀少，以及万有引力常量*G*的难以准确测量，都表现出对W场的支持。

4.探讨了基准惯性系确立，指出现实中的惯性系，在符合狭义相对性原理的基础上，是不平权的。对于两质点系统来说，W场矢量和为零的惯性系，即其质心系就是基准惯性系，而W场矢量和不为零的惯性系则为运动系，从而彻底解决了时间佯谬问题。根据引力场具有内禀的运动属性，指出宇宙中存在唯一的绝对静止系。

5.对于刚体的转动系，其基准系就是非转动系。而对于涡旋系统，提出了有效旋转系概念，并通过对原子钟环球航行实验的更深入分析，对其进行了检验。

参考文献

[1]刘辽.赵峥.广义相对论[M].北京：高等教育出版社，2004:2-3.

[2]John D. Anderson，Philip A，Laing，et al.Indication，from Pioneer 10/11，Galileo，and Ulysses，of an Anomalous，weak，long-Range Acceleration.Physical Review Letters.2008，81(14):2858-2861.

[3](美)爱德华·泰勒.聚变第一卷，磁约束(上册)[M].胥兵，等，译.北京：原子能出版社，1987:183-184.

[4]傅承启.彗木相撞事件记要[J].科学.1994(5)：61-64.

[5]李明涛，周炳红，龚自正.青海火球事件——“肇事者”身份调查[D/OL].2020-12-31.知乎 https://zhuanlan.zhihu.com/p/340998376

[6]佘德才，曹文娟，王新民.万有引力势与电势关系及万有引力常量[D/OL].[2007-3-28].中国科技论文在线 WWW.paper.edu.cn

[7]李文博.狭义相对论导引[M].哈尔滨：东北林业大学出版社，1986：62-66.

[8]张元仲.狭义相对论实验基础[M].北京：科学出版社，1979:80-84，61-65.

[9]Farley F J M，et al. The anomalous magnetic moment of the negative negative muon. Nuovo Cimento A.1966，45:281([2，14]).

[10]肖春艳.观测结果揭示地球内核自转快于地球本身[J].世界地震译丛.1997(4):86-87.(原文名：Obectvations suggcat Earth's inner core spins faster tyan the Earth itself)

第八章　宇宙理论的重建

建立在广义相对论基础上的大爆炸宇宙模型，是目前公认的诸多宇宙模型假设中最好的。即使这样，它所提出来的问题，也远比它能解决的问题多得多。广义相对论是弱场近似理论的揭示，使得以其为基础的模型宇宙不再成立。牛顿引力理论重新回归，将使宇宙结构可被直接推导，根本无需须模型的帮助，一个崭新、简洁、清晰的黑洞宇宙将被确立。无论是古代还是现代，所有关于无限和有限宇宙的讨论，乃至各种观测结果，皆将被完美诠释。

§8.1　黑洞理论的重建

8.1.1　黑洞的形成

从能量守恒角度看，电势能与引力势能存在根本性区别。电场力做功，消耗的是电场势能，如两异性电荷在电场力作用下结合为一整体后，电势能将完全消失而转变为内能。如若要将两电荷分开，则必须借助外力做功重建电场势能，这完全符合能量守恒定律要求。由于同性电荷相斥，异性电荷相吸，所以由电粒子通过电场聚合在一起的物质，电场能很容易被抵消，其紧密程度极为有限，即电场能很难使物质发生本质的变化。

引力场做功不同于电场做功，引力场做功后其引力势能无丝毫改变，这似乎与能量守恒定律相悖。截至目前，所有企图表述引力场能量的努力，无不以失败而告终[1]。但如果将引力场的做功，看作能量的一种储存形式，引力场只是起媒介作用，便可符合能量守恒定律。也就是说，物质在引力场作用下聚合为一体时，能量被储存在这些物质之中（电场做功的能量储存极微弱），其对外表现为时空的改变，如同磁场和W场是运动的外在表现一样。但这种能量的储存也不是无限的，一旦条件具备，能量将自动重新释放出来，而无须外界能量的介入。下面通过天体的演化，来说明这一过程。

理论上，小于0.1～0.2⊙（⊙为太阳质量）的中子星是不存在的[2]。目前所认定的中子星，质量在1～3⊙。这表明，中子态物质的最小质量与天文推算结果基本符合。否则，由于天体的碰撞，宇宙中必将存在许多的小于0.2⊙的中子星，而与观测不符。可见，当中子星的自引力小于简并中子气压力时，将会发生中子的$c\sqrt{3}/2$衰变，而分解成质子、电子、反中微子，再之后便是原子的形成过程。因为中子质量大于所衰变的粒子质量的总和，所以中子的$c\sqrt{3}/2$衰变，是释放能量过程。或者说，是释放引力做功所储存能量的过程，这也是中子态物质反向演化成为普通物质的过程。

夸克理论认为，演化后期的中子星可能存在夸克解禁[3]，称为奇异星或夸克星。其实夸克还仅存在于理论中，并没有得到过任何公认的实验证实。这样的理论，根本不能作为推理依据，而仅能算是猜测（后文第十章将重新论证夸克理论）。

建立在高能物理基础上的恒星演化理论认为，质量超过中子星质量上限的晚期恒星将坍缩成为黑洞。式（6-15）表明，当外围坍缩物质速度达$c\sqrt{3}/2$时，便进入了引力半径$r=GM/c$，即进入了黑洞的静界面。也就是说，天体坍缩为黑洞，完全满足光速限制条件（旧相对论要求必须为光速，但这需要无穷大能量，这也是旧黑洞理论被质疑的重要原因），从而为黑洞的客观存在，奠定了坚实的理论基础。

恒星演化理论认为，形成黑洞的最小质量为3⊙[4]。目前实际观测中比较肯定的黑洞天体，最小黑洞质量大约是3.8⊙[5]。说明构成黑洞的物质，也存在最小极限质量M_n。否则，天体的碰撞也会在宇宙中形成更多的小于3⊙质量的黑洞，而与观测不符。

由以上类推可知，当中子星质量足够大或不断吸积外部物质而坍缩为黑洞时，中子态物质将将蜕变为更不稳定的黑洞态物质。由于目前对$r<0.5fm$的核势性质无实验数据[1]，所以还不能确定黑洞态物质（密度超过$10^{16}g/cm^3$）的具体性质。质量小于M_n的黑洞，其引力将不足以维持黑洞态物质的存在，而向着普通物质演化并释放出巨大能量。也就是说，宇宙中不可能存在所谓的微型黑洞。

广义相对论的黑洞理论，是建立在拉普拉斯引力半径基础上，只是附加了引力场影响时空这一元素。拉普拉斯引力半径是弱场或低速近似结果，不能用于强场条件下（见6.4.3节）。广义相对论将此结果，直接用于席式解度规中，用弱场空间的尺度直接替代了强场空间的尺度，再加上广义相对论本身的近似性（见

6.4.2节)，说明广义相对论框架下的黑洞理论，是不能成立的。或者说，其不过是一种数学游戏罢了。

拉普拉斯引力半径$r=2GM/c^2$，是指$v=c$时，光不能向外传播。对于广义相对论黑洞，外界物质需要无穷大能量才能进入视界（就是静界面）而形成黑洞，这显然是不可以的。也就是说，在广义相对论框架下，天体无论如何也不能演化成为黑洞，更不可能形成超大质量黑洞。星系中心大质量黑洞的存在，其实应作为对广义相对论黑洞的否定。

8.1.2 黑洞内外引力场的分布规律

广义相对论下的黑洞理论，是不顾物理规律的客观性，而建立在纯数学方程解的基础上，内容庞杂且逻辑混乱，猜测性结论居多。从科学史上看，这样的理论从未有过成功先例。

在上节中，虽然肯定了黑洞的存在，但欲揭示黑洞的演化规律，则必须要求解出黑洞内外引力场的分布规律，这也是目前引力理论亟待解决的问题。由6.2.3、7.1.2节可知，牛顿引力理论完全适用于弯曲空间要求，只需将万有引力定律中的尺度定义为真实尺度或称标准尺度。

根据面密度均匀球壳内外的引力场强精确解，见式（2-9），则对于半径为R、体密度为ρ的均匀球体，其内外任一点的引力场强，完全取决于过该点的球面（高斯面）内，所包含物质的多少，与高斯面外部物质的多少无关。对于球体内部，高斯面内的物质质量为$4\pi r^3\rho/3$。由式（2-9），可得均匀球体内外的引力场强［参考式（2-18）］为

$$g_i=\begin{cases}\dfrac{4\pi G\rho}{3}r & (r<R)\\[2ex] \dfrac{GM}{r^2} & (r>R)\end{cases} \tag{8-1}$$

由式（8-1）及引力势与场强的关系$\phi=\int_a^b g_i dr$，得球体内外的引力势为

$$\phi=\begin{cases}\displaystyle\int_r^0 \frac{4\pi G\rho}{3}rdr=-\frac{2\pi G\rho}{3}r^2=-\frac{GM}{2R^3}r^2 & (r<R)\\[2ex] \displaystyle\int_r^\infty \frac{GM}{r^2}dr=GM\int_r^\infty r^{-2}dr=-\frac{GM}{R} & (r>R)\end{cases} \tag{8-2}$$

在式（8-2）中，物质内部引力势（$r<R$）的积分上下限，与正常的选取方式相反，这仅是为了保持引力势为负的约定（在后文8.3.5节中计算银河系在宇宙中的位置时可用到）。

式（8-1）或式（8-2）便是球体内外引力场的分布规律，可知球心$r=0$处的

引力场为零，靠近球壳处的引力场最强，且球体内外整个引力场在$r=R$处不连续。球体内外引力势的ϕ-r曲线，如图8-1所示。

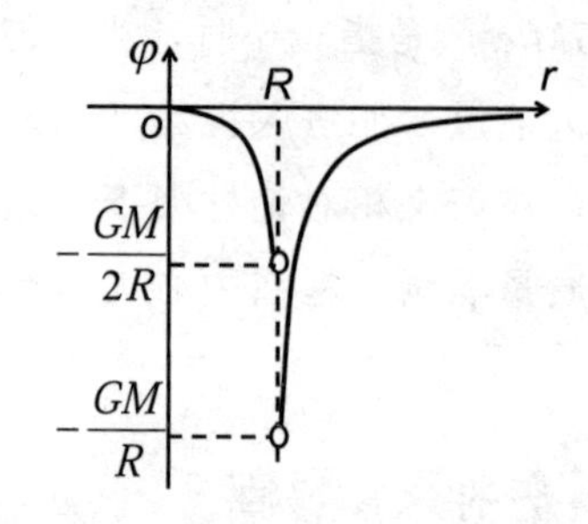

图8-1 球体内外引力势的分布规律

由式（6-15）可知，当球体半径为引力半径$R=GM/c^2$时，球壳便进入了光速引力势或静界面，即球体成为黑洞。式（8-2）结合式（6-15），得静界面内外边缘的引力势为

$$\phi=\begin{cases}-\lim\limits_{r\to R^-}\dfrac{GM}{2R^3}r^2=-\dfrac{GM}{2R}=-\dfrac{c^2}{2}\\ -\lim\limits_{r\to R^+}\dfrac{GM}{R}=-\dfrac{GM}{R}=-c^2\end{cases}\tag{8-3}$$

由式（8-3）可知，黑洞静界面为光速引力势。在黑洞内部（r<R），引力势发生了跳变，其最大值为$|-c^2/2|$。

由式（8-2）可知，黑洞内部引力场的分布规律不同于外部，也根本不存在所谓的分母$r=0$时的“奇异性”，黑洞内部的演化，也将变得简单明了。这完全不同于旧广义相对论，把黑洞外部的引力势规律，强制用于黑洞内部，而引出无法处理的“奇异性”（奇点的由来），其后理论的庞杂晦涩，原因就是完全建立在了这种错误的理论基础之上。

广义相对论用度规$g_{\mu\nu}=-1+2GM/\bar{r}c^2$，去处理引力源内外的引力场，即用外引力势（$r>R$时），去处理引力源或星体内部（$r<R$时）的演化（其实广义相对论已经导出了内引力势与外引力势的不同[6]，只是由于其表达形式为张量矩阵，根本看不出内外引力势的差异及物理意义）。可见，广义相对论黑洞从建立伊始，就是罔顾客观的一种数学游戏。

之后的黑洞理论研究基本上就是不断更改和重新定义坐标含义（归结为坐标的选择不当），最典型的就是爱丁顿的时间与空间轴的互换等，完全背离了物理学的基本法则。其后的推理又叠加在该错误基础上，形成了充斥着以数学做掩盖的、庞杂的、遐想型黑洞理论体系，且衍生出了许多玄之又玄的概念，如未来、过去、奇点、白洞等，使得黑洞这一极端天体，始终充斥着不可思议的玄念。

现再举几例完全背离正常逻辑的推理，以明确广义相对论黑洞，就是谬论的不断堆砌。

1.认为物质可以穿越与光速系等效的视界[6]：视界或光速系内的物质无论如何运动，对于平直空间中的观测者来说，都是永恒静止的（光速系的时间静止，尺度、速度为零）。

2.混乱的概念：席式黑洞内的所有物质将汇聚到中心奇点，而Kerr黑洞则可能进入未来，还有个什么未来无穷远。那么物质到底应该进入奇点，还是未来，还是过去？这恐怕是连玄学也不敢回答的问题。再看，视界（新黑洞理论只有静界，而无视界概念）是根据数学需要进行严格定义的，具有无限红移的性质，却又说不清形成无限红移的物理机制。还有其他什么单、双向膜、能层、类空、类时等说不清的概念[1]。

3.黑洞有温度有辐射：温度是微观粒子运动程度的体现，而广义相对论视界上的一切都是静止的，又何来温度一说？热辐射就是光或电磁波，而光是不能逃离黑洞的，又何来辐射一说。再看霍金辐射[1]，黑洞表面真空涨落产生正负能量的虚粒子对（量子场论自身假设多多，属于猜想性理论，后文述），其中负能粒子掉入黑洞，正能粒子飞出。暂且不论此说毫无依据，只说这负能又是什么样的物理存在？难道霍金真的不清楚物理学中的能量概念吗？霍金辐射看似逻辑通顺，但每一步骤都不过是些遐想概念的堆砌。

4.奇点可容纳任意多物质：这是广义相对论用外引力势代替内引力势的必然结果。奇怪的是，视界至奇点间出现的超光速区域（被想象成时空坐标发生了互换），却未见有所解释。奇点就这样，被想当然地“存在”了。

由以上可以看出，广义相对论黑洞，就是在错误理论结合错误逻辑的基础上，肯定了牛顿理论下的黑洞存在，而不是自己提出了黑洞。滥用数学和滥造概念对任何领域来说，都是灾难性的。

8.1.3　黑洞的演化

当超过黑洞最小极限质量M_n的星体，向黑洞演化时，由式（8-1）或式（8-2）可知，星体外壳的引力场最强或引力势最大，所以星体外壳将首先进入静界。当星体外壳进入静界后，便形成了黑洞。

一、静界面的时空性质

由式（8-3）可知，静界面为光速引力势，再向内便跳变为了1/2光速引力势。由于静界面的光速引力势为引力场的最大极限值（见6.4.3节），所以引力半径为物质坍缩的最小极限尺度。当某星体因坍缩而使外壳进入静界面后，将不能再继续向内部坍缩，而是停滞于静界面上，否则便会形成超光速引力势，而与光速限制发生冲突。也就是说，无论静界外粒子的速度和质量有多大，其一旦落入静界，即使不受任何其他力的作用，也会即刻停滞于静界面上，其惯性仿佛消失了一般。由此推断，静界面就是时间静止尺度为零的奇异时空。

由式（6-15）可知，静界面或引力半径处的光速引力势，与$c\sqrt{3}/2$的速度等效，这本应属于正常时空范围，但由于静界面处于奇异区域（跳跃间断点），如图8-1所示，其时空性质将不再符合正常逻辑，所以静界面时空的时间静止尺度为零，与$c\sqrt{3}/2$速度的时空，两者并不冲突。也就是说，从静界面外部至静界面，虽然引力势没有跳变，但时空发生了跳变，此可看作光速引力势的奇异性使然。可知，在静界面的内外两侧，时空各发生了一次跳变。

以上是说，星体坍缩为黑洞后，其外壳物质只能停滞于静界面上，而不能继续参与黑洞内部的演化。因为静界面上的时间静止尺度为零，所以静界面上可容纳任意多物质。

二、黑洞内部的演化

黑洞内部的物质质量为（指静界面所包围的物质，不含外壳或静界面上的物质）：星体总质量减去外壳质量。由式（8-3）可知，黑洞内部的时空仍属于正常时空。可知，如果黑洞内部的物质质量仍大于M_n，则将继续坍缩而形成内层静界面，直至质量小于M_n。此时黑洞内部的物态简并压力或称支撑力，小于M_n的最大引力，或说黑洞内部的压力，完全取决于黑洞内部的引力场强。根据式（8-1），越靠近黑洞中心，压力越小。这完全不同于其他普通星体，越靠近中心，压力越大。

根据式（8-3），当黑洞内部的物质质量小于M_n时，其引力势将发生跳变而进入普通时空，物质的自引力不足以维持此时的物态，这些积蓄了巨大能量的准黑洞态物质，将迅速衰变而向周围辐射，其能量可超过超新星爆炸。这些辐射物质所形成的反向压力或反作用力，将会使其余物质继续向黑洞态物质演化，并再次形成新的内层静界面。可见，最初形成的黑洞内部应具有多层静界。

由于静界面时间静止，所以无论黑洞内部的爆炸能量多大，辐射进静界面的物质都将停滞其中。由于物质向静界面辐射的过程中，会不断衰变而向普通物质方向演化。当该过程结束后，黑洞内部温度极低，只有极少部分物质在万有引力作用下，以极稀薄的气态形式留在黑洞内部，并开始向普通天体方向演化。

由于黑洞内部的上述演化过程，并不会使总引力质量增大，所以不会改变静界的大小。至此，黑洞便进入了随后的慢速演化阶段。

由以上可知，在黑洞形成的前后，实体物质完成了一次物态演化的大循环，即普通态→核子态→黑洞态→核子态→普通态。

三、静界面的演化

再看静界面的演化，这是个较为漫长的过程。由于坍缩成黑洞的星体周围，通常情况下仍存在大量绕转物质。根据引力场叠加原理，黑洞的最外层静界面将受到外围运动物质的扰动，而呈现凸凹变化，使得原静界面上的物质，在静界面的内外两端不断析出。当然，黑洞内部物质的无序运动，也会引起静界面的凸凹变化。

对于静界面外部析出的物质，大部分会被重新吸入静界，只有极少部分径向速度大于$c\sqrt{3}/2$的物质（主要来自黑洞态物质的衰变和由静界内部进入静界面的物质），才会逃逸出黑洞的引力范围，所以黑洞不是绝对的“黑”。

在静界面内部析出的物质，将因为引力势突变［见式（8-3）］而造成的时空瞬间恢复。这部分物质将迅速向普通物质衰变，其中一部分将重回静界面，而另一部分则将参与黑洞内部物质的演化，其相互间的碰撞，还将产生电磁辐射。就就是说，在黑洞内部靠近静界的位置，将形成黑洞内部的背景辐射源。

由上述可知，进入黑洞内部的物质将大大多于逃逸出黑洞的物质。物质穿越静界的机理，是由于黑洞内外物质的运动，形成了对静界引力场的扰动，使静界面发生了凸凹变化，则静界面上物质因此而不断析出。这完全不同于广义相对论中，物质不断运动而直接穿越静界或视界，以及什么“真空量子涨落”等，这种违背物理规律或错误理解物理概念的推理。

对于有多层静界的初始黑洞，由于进入静界内部的物质多于逃逸物质，则原停滞于外层静界面的物质，便会不断进入内层静界。如此，则内层静界的扩张速度将大于外层静界的扩张速度，直至多层静界合并为单一静界，从而使黑洞进入稳定演化阶段。再往后，就是黑洞会不断吸积黑洞外围的物质，而向着超大质量黑洞演变。

再看，由于黑洞的外壳是由静界面维持的，根据场叠加原理，当两个同量级黑洞靠近时，因两者的引力场方向相反而削弱，使原有的静界面受到破坏，静界面上的物质将会迅速衰变而向外辐射。也就是说，两黑洞在合并前，静界面上的物质能量，已基本逐渐释放完毕，两黑洞的合并是柔和的，不存在硬性的碰撞。这完全不同于有硬壳的普通星体，只有在碰撞的瞬间，才产生巨大的突变辐射。可见，黑洞的合并或碰撞，绝不会像普通星体碰撞那样形成壮观的天文景象。

2016年2月11日，美国LIGO科学家宣布自首次探测到引力波以来（2015年9月14日捕获），总共观察到了11次引力波事件，其中10次属于裸黑洞合并（皆没有同步的电磁辐射和为佐证），一次是中子星合并（有同步的电磁辐射被观察到）。LIGO合作组织推算，在每立方吉秒差距（1Gpc≈32.62亿光年）的空间内，双黑洞合并的发生率为每年12~213次。

LIGO探测器是采用迈克尔逊干涉仪原理，两条互相垂直的干涉臂长均为4公里，并平铺在地面上。可知，LIGO探测器的巡天范围，大致为宇宙的一个平面范围（太阳系及地球的公转和自转扫过的平面）。要知道，以现今成熟的观测技术，在全宇宙范围内的普通天体碰撞，也极难被观测到。我们就算放宽限制，假设引力波像中微子一样在宇宙中通畅无阻，极为稀少且还互绕的裸黑洞，其发生合并的概率，在每立方吉秒差距的空间范围内竟高达每年12~213次，这么高的碰撞频率简直不可思议。更关键的是，确定合并裸黑洞的方位、距离、质量，又是怎样的运算思路?

再看，黑洞视界（静界）是靠极端引力场维系的，根本不可能存在硬性物质的碰撞而引发引力波强度的突变（若按广义相对论的物质全落入奇点，则更不会存在硬性碰撞）。只有具备硬壳的中子星合并，才能引起引力波强度的突变，并被LIGO探测到。由此推测，所谓的10次“黑洞合并”事件，不排除可能源于地球极深处引发的某种地质变动。

§8.2 宇宙模型必须遵守的原理

8.2.1 大爆炸宇宙模型的困惑

对于目前所提出的各种不同宇宙模型，宇宙学原理一直是被共同认可的假设，即宇观尺度下的三维宇宙空间内，星系或物质总体上均匀分布且各向同性。其主要观测依据为，在一亿光年天区范围内，星系分布、射电源计数和微波背景辐射等，基本均匀和各向同性[1]。可见，宇宙学原理是个接近被证实的假设，所以衡量一个宇宙模型的成立与否，其最基本的出发点，便是必须遵守宇宙学原理。

下面仅就大爆炸宇宙模型（简称宇爆模型）进行质疑。至于其他宇宙模型，如稳恒态宇宙模型、阶梯宇宙模型（不承认宇宙学原理）等，因与观测有更多不符而不被看好（注意：宇爆模型只是相对少些而已），且已被公认，不再赘述。

一、宇爆模型

宇爆模型是目前被公认的最好宇宙模型，其最早的依据为，1929年哈勃发现遥远星系光谱存在普遍的红移现象。哈勃认为这是多普勒效应（由星系退行速度引起）所致，并由此总结出著名的哈勃定律 $V=H_0\cdot R$，即河外星系视向退行速度与距离成正比。后发展成为目前最具影响力的大爆炸宇宙学说，还反推出宇宙是由一个奇点爆炸而产生。

宇爆模型面临的明显问题就是，按照哈勃定律，将会导致由内向外逐渐变稀的宇宙图像，从而与宇宙学原理发生了严重冲突，被称为平坦性疑难。为解决该疑难，学术界提出了无任何理论和观测依据的假设，即宇宙在甚早期存在一个超光速暴胀阶段（之所以放到甚早期，大概就是为了无法被证实，因为其不在观测范围内）。也就是说，现今的宇宙只是恰好处于均匀状态[6]，且不论什么形式的爆胀才能让宇宙均匀，只说这种违背光速限制的、逻辑上看似成立的巧合性假设，无疑就是理论的自我否定，即暴胀假设在理论上根本无法被接受。这也说明，既满足哈勃定律又满足宇宙学原理的均匀膨胀宇宙，根本无法描述[7]。

另外，2018年利用哈勃太空望远镜和盖亚卫星的观测数据，对哈勃常数进行测定，结果为73.52±1.62km/s/Mpc，不确定度仅2.2%。相比之下，普朗克卫星团队给出的哈勃常数的值为67.80±0.77km/s/Mpc。两者存在8%左右的明显差距，这意味着哈勃定律或说宇爆模型存在着不可容忍的问题。

二、标准宇宙模型

结合了广义相对论的宇爆模型，也被称为标准宇宙模型。这个动力学宇宙理论，是根据宇宙学原理得到$R-W$度规[1]，再结合场方程和物态方程，而整理成的基本方程组。其中用于描述宇宙膨胀速率的方程为

$$\dot{R}^2+k=\frac{8\pi G}{3}\rho R^2+\frac{\Lambda}{3}R^2 \tag{8-4}$$

式（8-4）中的Λ为宇宙常数（为任意实数的积分常数。因为量子场论的真空能或暗能量提出而得以保留）。目前认为，现今宇宙的曲率因子$k\approx 0$，如此便会得出，宇观尺度$\dot{R}$越大，宇宙膨胀的速率$\dot{R}$越大，平坦性疑难没有得到丝毫改善。也就是说，根据宇宙学原理得到的$R-W$度规，最后得到的却是不符合宇宙学原理的宇宙（一般论著中的论证过程，有意回避了这个令人尴尬的问题）。这就好比“我证明了我不存在”，显然可笑。

三、暗能量的提出

鉴于平坦性疑难的始终存在，又有学者提出了宇宙没有中心或任一点都是中心、都是爆炸源的观点（哥白尼原理的推广），试图消除平坦性疑难。该观点的依据是利用黎曼几何的多维性，认为宇宙爆炸发生于四维空间，不能用三维空间的思维去理解，并把三维宇宙空间理解为膨胀的气球面。于是又提出了驱动宇宙膨胀的暗能量假设，认为暗能量是使宇宙始终保持均匀膨胀的根本原因。式（8-4）中的宇宙常数Λ，便包含了暗能量。

在6.2.2节中已指出，所谓的弯曲时空，是指去掉一个空间维的时空，其已经不能完整表达四维宇宙的变化图像。“膨胀气球面”的实质，是二维的面空间随时间膨胀，而不是三维体空间随时间膨胀。二维面的均匀膨胀根本不能代表三维体也在均匀膨胀，即均匀膨胀气球面同宇宙学原理根本不具备关联性。可见，“膨胀气球面”说法，显然没有理解高维空间形态，是对高维空间的神秘化或曲解，并无任何意义。

欲使宇宙按宇宙学原理膨胀，必须要求膨胀速率$\dot{R}$为内快外慢。但式（8-4）已表明了内慢外快，除非代表暗能量的Λ不是常数，但这显然不符合Λ的常数要求。可见，暗能量的提出，与宇宙学原理同样存在严重冲突。另外，目前计算的暗能量，约占据宇宙68.3%的能量。如此大的膨胀能量，基本不可能使宇宙物质结团形成星系（标准宇宙模型理论并未考虑这种情况）。

再看，当场方程加入Λ后，席氏外部解的度规还将再增加一个奇异性［1］，这与引力的长程性显然不符。到目前为止，所有对牛顿引力的修改，无不以失败告终[1]。也就是说，广义相对论的宇宙因子项必须为$\Lambda=0$。或者说，在广义相对论中，困扰宇宙学的宇宙常数问题本就不应该存在，暗能量理论自然也就不存在了（有人可能会说，暗能量的加入同牛顿引力场无关。这是因为忽视了Λ的源头，$k\approx0$本身就源自场方程，即源于引力场）。尤其是，对广义相对论是近似理论的证明（见第六章），已宣告了以广义相对论为基础的所有结论，都是不可信的（关于暗能量的所谓观测“证据”，见后文8.4.1节）。

通过以上内容可以看出，建立宇爆学说的基础前提，从一开始便同宇宙学原理产生了不可调和的困难。暗能量的提出，实质上不过是对哈勃定律的一种迎合，而所谓的宇宙常数项$k\approx0$，也不过是为暗能量而做的强制性预留。那些所谓支持宇爆模型的大量证据，皆不过是对观测现象的曲解罢了（关于Ia型超新星的加速退行机理，见后文8.4.1节）。不难想象，这样的理论不产生疑难，才是奇怪的（这非常类似旧狭义相对论的佯谬）。以致有人说，宇爆学说每解决一个问题，就会多出十几个问题。可见，随着科学技术的发展，宇爆模型同早年的托勒密地心说一样，已表现出失败理论所具有的一切特征。其实学术界对此早已表示了怀疑，目前之所以仍被保留，不过是权宜之计，只为人们所普遍关心的宇宙学领域不致出现理论空白。

8.2.2 黎曼几何或场方程的适用性

广义相对论认为，按照宇宙学原理，标准宇宙模型必须是常曲率空间。尤其是所谓的超球面观点，得出R-W度规或式（8-4）的空间曲率k为常数（与上节$k\approx0$，显然有点冲突），并认为宇宙有三种可能的演化结果：闭合宇宙（$k>0$，指宇宙膨胀有限）、开放宇宙（$k<0$，指宇宙膨胀无限）和平直宇宙（$k=0$，宇宙膨胀也属于无限）。这些结果的出发点，就是把几何意义上的四维时空，完全当作物理意义上的四维空间，显然曲解了数学与物理的关系。

再看广义相对论结合式（8-2）的情况。按照广义相对论，引力势决定了空间曲率k。而由式（8-2）可知，密度均匀的宇宙，其引力势同距宇宙中心距离的平方成正比，即越远离宇宙中心，引力势越大，根本不是常曲率空间。这可是经过严密的推理，而得到的极为可信的演算结果。可见，所谓的常曲率，不过是对宇宙学原理产生的一种错觉。如此，则上述三种可能宇宙，自然也就不存在了。

黎曼几何或广义相对论的场方程，并不能适用于变曲率的空间（变曲率空间的数学理论目前还未诞生）。这也是席式解式（6-1）始终保持微分形式，而不能对整个空间进行积分的原因。

从广义相对论的近似性看，黎曼几何空间与物理空间，并不是严格对应的。这说明数学就是数学，只能用于运算，而不能与物理混为一谈。黎曼几何的实质，主要体现在几何意义上的平直空间与弯曲空间的换算功能。其所描述的几何空间，在物质内部属于椭圆几何（$k>0$或$\pi<3.14$），而在物质外部则属于双曲几何（$k<0$或$\pi>3.14$），且曲率k和圆周率π皆非常量。

需注意的是，黎曼空间是用曲面的形式，对物理空间进行的一种数学抽象。其中的k和π仅适用于几何意义的数学图形。而对于真实的三维物理空间来说，体不允许弯曲，更不存在曲率一说。也就是说，实际上的物理空间只有胀缩，对于任一局部空间，其$k=0$和$\pi=3.14$是恒定不变的（参看6.2.2节）。可见，前面任何关于空间弯曲的论述，都仅是对几何图像的描述，属于数学运算的一种辅助，而不是对真实世界的描述。这类同于描述某物理量的变化曲线，绝不能说该物理量是弯曲的。将几何图像看作物理图像，必将引起极大的误解和混乱。

再回头看，没有中心的“膨胀气球面”宇宙，其本质上就是把几何意义当作物理意义的偷换概念（参见6.2.2节）。把数学的几何面，完全当成真实空间的体，这是很荒唐的。我们需要的是三维空间图像，而不是几何球面图像（缺少一个空间维度，多了一个时间维度）。一个没有中心或任一点都是中心的三维宇宙空间，只能是无限的，没有例外。“膨胀气球面”说法，本质上就是无限宇宙观的翻版。

有人可能还会提出疑义：宇宙在较大范围内属于弱场情况，而广义相对论又是弱场近似理论（参见§6.4节），所以利用式（8-4）判断宇宙的胀缩情况，应该不会与实际有太大出入？该疑义的提出，就是先验地认为宇宙属于弱场情况。前面说过，强场与弱场是以引力势大小进行区分的，而不是以引力场强的大小进行区分的（见6.2.3节），宇宙的引力势极大，是不能当成弱场对待的。

现抛开宇爆模型，仅利用式（8-4）重新判断宇宙胀缩情况。根据上节对暗能量的否定以及暗物质的否定（见第二章），可知$\Lambda=0$，则式（8-4）可简化为：

$$\dot{R}^2=\frac{8\pi G\rho R^2}{3}-k>0 \tag{8-5}$$

在广义相对论中，空间曲率是引力势的增函数（黎曼几何只能得到这种粗略关系），结合式（8-2），可知曲率$k=a\phi=bR^2$（a、b为正的任意参量），而π又是k的减函数（在黎曼几何中，曲率越大，π越小），则式（8-5）便会表现出，R越

大，$|\dot{R}|$越小，即越远离宇宙中心膨胀率越小，如此便大致合乎宇宙学原理要求的宇宙胀缩，也符合广义相对论的近似性。当然，这种胀缩并不是什么暗能量的驱动，而是宇宙的环境因素变化所导致的。

由以上可见，符合宇宙学原理的宇宙空间，曲率k不能为零，更不能为常量。认为式（8-4）中$k\approx 0$或常量，是完全违背宇宙学原理的。此也算是广义相对论的近似性与式（8-2）的互检吧。

§8.3　宇宙理论的重建

8.3.1 黑洞宇宙的建立及验证

从前面内容可以看出，宇爆模型已无任何成立的可能。有科学家提出，整个宇宙可能是一个巨型黑洞[4]。主要理由为，可观测质量/可观测体积约等于可观测密度（没看出与黑洞有什么关系？应该用$r=GM/c^2$判断黑洞吧），但没人能说清，这三个物理量的任何一个量到底存在多大的观测误差。不过这也从侧面显示，黑洞宇宙在某些方面可以更好地解释现今宇宙。由于受广义相对论黑洞的奇点论等观念的束缚，该模型也只是停留在猜测层次上，很多观测现象还根本无法解释，所以并不受学术界重视。这与下面将提出的具有严密逻辑推理的黑洞宇宙，有着本质的区别。

由§8.1节可知，黑洞静界隔离了外部物质的直接进入，黑洞内部形成了以静界为边界的独立空间。黑洞形成之初的内部演化是爆炸式的（同宇爆模型早期辐射为主的状态很相似），其中大多物质将进入静界面，只有极少量的稀薄物质，在自身引力作用下进入平衡状态，如同不受外界影响的气体团。

黑洞内部引力场的大小，完全取决于黑洞内部空间所含物质的多少，与静界面上的物质多少毫无关联。随着小质量黑洞向超大或更超大质量黑洞演变，静界面物质也将会不断进入黑洞内部，并与内部物质一起，在自引力作用下发生局部结团现象，并最终形成恒星、星系等天体。

由以上可知，黑洞的内部同我们的宇宙一样，有着完全相同的物质演化环境。因此推断，黑洞的内部就是一个独立的宇宙，我们的宇宙就是一个超大质量黑洞，或许我们的宇宙也处于更大的黑洞之中。也就是说，自然界是平行宇宙和多重宇宙并存的形式。

黑洞宇宙的提出，已不再属于模型假设，而是理论推理的必然。引力场做功是能量的储存过程（见8.1.1节），该能量的释放将伴随着一个新宇宙的诞生，表现出了广义上的物态大循环。由式（8-2）和式（8-1）可知，宇宙中心的引力场为零，是宇宙中唯一的绝对静止系（参见7.2.2节）。

再看宇宙学原理的成因，从宇观尺度看，宇宙中的每个星系或星系群，均可看作具有一定截面的质点。可知，使宇宙物质结团的因素只能来自物质间的引力（所谓暗物质已被否定，见第二章），而膨胀因素或称压力只能是不受引力作用的辐射物质（关于暗能量问题，也已被否定，见§8.2节），如光子和中微子（光子不受引力作用，见6.3.2节。中微子亦如此，见后文第十章）。

以光辐射为例，恒星的发光强度与距离平方成反比，而引力也是与距离平方成反比。光强与引力，对宇宙中任一质点的力作用又正好反向。也就是说，宇宙物质间的排斥作用与吸引作用，有着类同的数学表达形式，只是方向相反罢了。可见，无论引力和光作用的大小如何，宇观尺度下的宇宙物质，总体上将始终保持均匀稳定的收缩或膨胀，从而形成了现今的均匀稳定状态。

以上是说，当恒星的诞生数量大于死亡数量时，因光辐射增强而使宇宙密度减小，多余物质将被推入静界面，但该情况并不会影响静界的大小。相反，当恒星的诞生数小于死亡数时，将使宇宙密度增大，此时静界面上的物质会进入宇宙中，以弥补因密度增大而多出的空间（参考8.1.3节）。

宇宙学原理完全符合式（8-1）和式（8-2）或黑洞宇宙的要求，从而彻底解决了宇宙的大尺度结构问题，或者说宇爆模型所说的平坦性疑问将不复存在。

2000多年前的古罗马人卢克莱修（Lucretius）在所著《物性论》中，描述了一个无限宇宙：你站在宇宙的边缘向外射出一支箭，箭总会继续前进，则宇宙边缘将向外延伸。如此重复不断地站在宇宙的边缘向外射箭，继而得出了宇宙是无限的结论。古人的这个极朴素推理，是现代任何宇宙模型都不能解决的，不能不说是对当今物理学的极大讽刺。而黑洞宇宙的建立，则很好地诠释了这一思想实验。因为黑洞的边缘，就是时间静止的静界，无论你如何射箭，箭最终都将停滞于静界面而不再继续前进，所以无限宇宙的结论不能成立。

对无限宇宙最有力的否定，是奥伯斯佯谬，即，一个静止、均匀、无限的宇宙模型，将会导致黑夜与白天一样亮，但实际上的夜空却是黑的。后来的Neumann-Zeeliger疑难与此类似，是说无限宇宙将会造成宇宙中任一点引力场强无穷大[1]，而宇宙中的实际引力场强很弱。这两者显然都是从科学角度否定了无限宇宙论，但却都不能给出合理的有限宇宙。

式（8-1）表明，黑洞内部的引力场强与密度和矢径成正比，其大小是有限的，越靠近中心，引力越弱。由于宇宙空间非常空旷，物质密度极小，所以引力场强极弱。光和中微子因为不受引力作用，除少量被宇宙物质吸收外，绝大部分将进入静界，而静界又是绝对的黑体，如此便造成了宇宙空间的黑暗。可见，黑洞宇宙理论的建立，彻底解决了Neumann-Zeeliger疑难和奥伯斯佯谬以及卢克莱修的无限宇宙问题。

由以上可知，早前关于无限宇宙和有限宇宙的论述，皆可通过黑洞宇宙得到完美的统一。黑洞宇宙的提出，说明宇宙只是整个自然界中的某个体。最外层黑洞宇宙的外面，应是无限的空间，即自然界的空间是无限的。

宇爆模型或标准宇宙模型，本质上是以物质为界限的宇宙。其并没有说明，物质之外的空间是否仍属于宇宙范围。可见，宇爆模型是在不清楚宇宙定义情况下建立的，或者说是去除了无物质空间的宇宙模型，属于物质宇宙模型。目前的其他宇宙模型，也基本属于这种不完备模型。2000多年前卢克莱修宇宙思想实验，才是完整的宇宙观。

8.3.2 重新审核哈勃频移的实质

哈勃频移的实质，是任何宇宙理论首先必须解决的问题。按目前的物理理论，能够引起光波频移的原因，无外乎以下三种情况。

1.运动频移（也称多普勒频移）：由光源与观测者的相对运动引起，其波长与速度的关系为：$\lambda_0/\lambda=\left(1+|v|\cos\theta/c\right)/\sqrt{1-v^2/c^2}$，其中$\lambda_0$为观测波长，$\lambda$为光源波长，$v$为相对速度，$\theta$为$v$与远离方向的夹角。光源与观测者远离时为红移，靠近时为蓝移。宇爆学说中的宇宙膨胀红移，就是指这种运动频移。

2.引力频移（严格说，应称为引力势频移）：由光源与观测者所处位置的引力势不同而引起。波长与引力势的精确关系为$\lambda_0/\lambda\approx\left(c^2-\phi\right)/\left(c^2-\phi_0\right)$，$\phi_0$为观测者位置的引力势，$\phi$为光源位置的引力势［参考式（6-16）］。广义相对论中的关系式为$\lambda_0/\lambda\approx\left(c^2+\phi_0\right)/\left(c^2+\phi\right)$，其仅适用于弱场近似条件，根本不能用于强场中的光源（参看6.4.3节）。

3.路程频移：路程频移是指光在宇宙中传播时，由于宇宙尘埃对光能量的吸收，而导致的光波红移[7][8]。由于尘埃对光子部分能量的吸收，会改变光子的传播方向，所以这种红移不属于哈勃频移。

目前认为，相较于运动频移，引力频移很小，可以忽略，并据此先验地断定，哈勃频移主要为运动频移。均匀宇宙的引力场一定是均匀的或零，标准宇宙模型是常曲率空间，就是这种观念的体现（见8.2.2节）。这种将宇宙总物质所形成的引力场效应，完全排除在外的观点，显然是直觉战胜理性所造成的必然结果。由于绝大多数星系呈红移现象，如果将频移完全看作由运动引起，实质上就是将银河系置于宇宙中心这个特殊位置，这是典型的“地心说”翻版。

根据§8.2节对宇爆模型的否定，尤其是对代表暗能量的宇宙常数Λ的否定

（见 8.2.2 节），可知宇宙中并不存在使星系或星系群总体上产生退行的机制，当然也就不存在退行引起的运动红移，尤其是近光速退行的红移。

从黑洞宇宙理论的建立过程看，宇观尺度下的各星系，总体上相当于平衡状态下的质点，而由此构成的均匀物质内部，其引力场不可能均匀。由式（8-2）可知，物质内部空间的引力势，与矢径平方及密度成正比，即无论物质的密度如何小，只要尺度足够大，完全可以形成光速级引力势，并由此而产生大的红移量。

根据宇宙学原理，各星系群间必定是脱离引力束缚的。从统计意义上说，宇宙整体是处于稳定状态的，即宇宙天体各向运动的概率相等。这非常类似常温下的气体分子运动分布规律，只是造成宇宙天体各向运动的成因，主要来自恒星发出的不受引力作用的光辐射，而不再是气体的分子间碰撞。

由于恒星的诞生和死亡，在整个宇宙中是随机的，这便形成了对宇宙物质的扰动，从而造成宇宙局部平衡的破坏，并在引力作用下结团而形成加速度。相对于天体的巨大质量，这个加速度虽然极其微弱，但随着宇宙漫长演化时间的积累，其形成的速度也不可忽略。也就是说，宇宙中的各局部区域，天体不但存在绕星系的旋转运动（见后文 8.4.2 节），还存在一定的平动，现代宇宙学中称为本动。从本动的形成机理看，宇宙中任意局部的平均本动速度大小，应远低于光速（可比照气体分子的速率分布规律）。

由以上可知，哈勃频移是由引力频移与运动频移共同构成的。为叙述方便，将宇宙总物质所形成的引力场，称为宇宙学引力场，其所产生的频移，称为宇宙学引力频移（在宇爆模型中被描述为，由宇宙膨胀速度或称哈勃流或称哈勃速度所引起的频移）。由天体自身引力场所引起的频移，称为天体引力频移。

8.3.3 在观测上区分运动频移与引力频移

本动速度，在天文学中有着重要的地位。受宇爆模型影响，对本动速度的测量几乎没有什么好的方法，所以很难准确确定出天体的本动速度。目前公布的一些天体哈勃速度，除辅以一些独立方法外，主要是围绕哈勃定律得到的[9]。而对哈勃定律的否定，必然会影响之前确定的本动速度和哈勃速度，对实际有着较大的偏差。

目前普遍认为，引力频移与运动频移，在观测上不能被区分开。这是一种未经严格科学推理的武断观点，不能成为定论。由式（6-16）可知，引力频移取决于引力势差，是与速度平方有关的量，而与速度的方向无关。从运动频移公式看，运动频移与速度的大小和方向皆有关（由 θ 决定）。由于地球不断地自转和公转，即观测仪器的速度方向不断变化，这就为在观测上区分引力频移与速度频移，提供了理论基础。

宇爆模型所说的由哈勃速度所引起的频移，其实就是黑洞宇宙的引力频移，这将使得对本动速度的准确测量成为可能。其原理为：当地球上观测者处于不同的轨道位置时（主要指地球的自转和公转），将与被测天体形成不同的相对速度，如此便可形成不同的频移量。而此时的引力频移，基本不随运动发生变化（忽略与被测天体距离的变化）。由于总频移为运动频移与引力频移之和，再结合波长与速度的关系，可得总频移为

$$z = z_u + z_G = \frac{1 + \frac{\left|\vec{V} - \vec{u}\right|}{c}\cos\theta}{\sqrt{1 - \frac{\left(\vec{V} - \vec{u}\right)^2}{c^2}}} - 1 + z_G \tag{8-6}$$

式（8-6）中，z_u为总的运动频移，z_G为总的引力频移（含宇宙学引力频移和天体引力频移）。$\left(\vec{V} - \vec{u}\right)$为被测星系本动速度$V$与观测者速度$u$（含地球自转及绕太阳和银河系公转的速度）的矢量差，即被测天体与观测者的相对速度（$\vec{V}$和$\vec{u}$皆为相对银心速度）。θ为$\left(\vec{V} - \vec{u}\right)$与被测天体远离方向的夹角。由于$\vec{u}$可通过其所在轨道位置求得，可知式（8-6）中共含有z_G、$\vec{V}$、θ三个未知量。如此，只要在三个不同的轨道位置，测出三个不同的频移值z（关键是仪器的测量精度）及速度$\vec{u}$，便可通过式（8-6）列出三元方程组，从而求解出被测天体的本动速度$\vec{V}$和总引力频移z_G及θ。其中θ或$\vec{V}$的获取，将彻底颠覆之前认为的，频移只能表现本动速度在视向上的分量［相当于式（8-6）中的$\left|\vec{V} - \vec{u}\right|\cos\theta$值］这一观念。更关键的是，式（8-6）可对宇宙学频移到底是运动频移还是引力频移，做出准确的检验，从而对宇爆模型的正确与否给出明确的答案。

由以上可知，本动速度$\vec{V}$，是指被测天体的总运动效应，则对于星系，$\vec{V}$可分为转动和平动两部分。由于星系的自转较容易测定[9]，所以星系的平动也就确定了。这里需要强调的是，如果被测星系与银河系的盘面平行且旋向相同，则基本无须考虑太阳系绕银心的运动。而当旋向相反时，则需减去2倍太阳系的运动。也就是说，被测星系本动的测定，还要考虑星系的姿态，即与银河系盘面的夹角和旋向。

目前对星系平动的确定，只是简单地将频移所对应的速度，减去太阳绕银河系的速度，完全忽略了被测星系自转对频移的影响。如仙女座M31星系被确定为以100~140km/s的速度靠近银河系，大致就是总频移速度（300km/s）–太阳速度（240km/s）+膨胀速度（54km/s）的结果（总频移速度为刨除地球公转和自转影响后的频移量，其对应的速度v=zc）。这也从另一方面表现出，目前的宇宙观测数据

存在许多揣测因素，是很粗糙的。当然这与之前理论的不完善有着直接关系。

8.3.4　宇宙学引力频移与天体引力频移的识别

总引力频移z_G为宇宙学引力频移z_{Gu}和天体引力频移z_{Gh}之和，即$z_G=z_{Gu}+z_{Gh}$。对于天体引力频移，观测者的引力势主要由地球、太阳和银盘等的引力场组成，其中银盘和太阳的引力势大小相对于地球引力势可忽略。根据式（6-16），则被测天体引力频移为

$$z_{Gh}\approx\frac{\Delta\phi}{c^2}=\frac{\phi_0-\phi}{c^2}=\frac{G}{c^2}\left(\frac{M}{r}-\frac{M_0}{r_0}\right) \tag{8-7}$$

式（8-7）中，M、r分别为被测天体的质量和发光半径，M_0、r_0分别为地球的质量和半径。可知，当被测天体质量很大且尺度很小时（如类星体），天体引力频移也可以产生大红移量，而非目前所认为的，引力频移总是小到可以忽略的程度。

对于普通星系的天体引力频移，其大尺度（远大于星系尺度）下的引力势大小，并不取决于其中某恒星的质量，而是取决于整个星系的质量。也就是说，裸恒星与星系中恒星，在具有相同质量和距离时，不可能形成相同的频移量。根据式（8-7），质量与银河系相当的星系，因引力势差极小，天体引力频移可以被忽略。但是，当被测天体与银河系的质量和体积（指发光半径）相差较大时，天体引力频移便不可以忽略了。

以有着巨大质量的类星体为例，其巨大的红移，因为曾被完全当成运动频移（至今仍有争议），而认为其只存在于遥远的宇宙深空。这是不符合宇宙学原理要求的，该现象也长期困扰着天文学家。由于星系核的辐射，完全符合类星体的基本特征[10]，所以类星体应是中心有着巨大质量黑洞的活动星系核，该观点已得到学术界普遍接受。那么，靠近星系核中心黑洞的小发光半径处，必有着极大的引力势而形成大红移量。由于类星体的红移量不再代表距离，则类星体有着巨大光度的说法，自然就不存在了。至此，类星体的许多疑难，便得到了很好解决。

由以上可知，天体引力频移是可以通过一些观测数据进行确定的，再结合总引力频移的确定［$z_G=z-z_u$，见式（8-6）］，则宇宙学引力频移便也可以确定了（$z_{Gu}=z_G-z_{Gh}$）。

8.3.5　银河系在宇宙中的位置

宇宙学引力频移（后仍称简宇宙学频移）确定后，再对银河系在宇宙中的位置进行推导。将每个星系都看作质点，根据黑洞宇宙结构，便可做出示意图8-2。其中O为宇宙中心，r_0为银河系至宇宙中心的距离，ϕ_0为银河系所在位置的宇宙

学引力势，ϕ和r分别为任意星系所处位置的宇宙学引力势和至宇宙中心的距离，D为银河系至任意星系的距离。

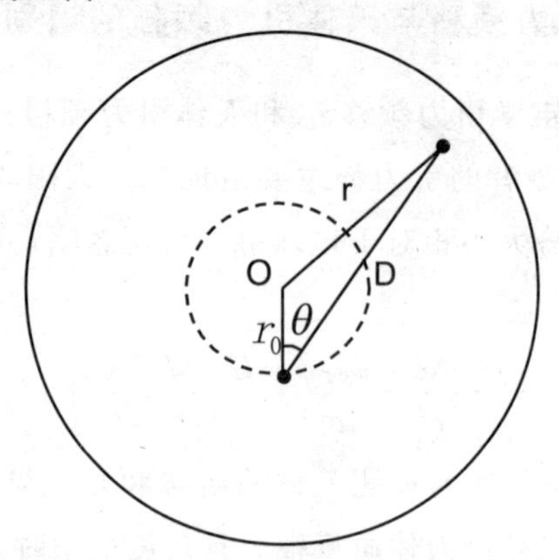

图 8-2 银河系在宇宙中的位置示意图

将式（8-2）代入式（6-16），得宇宙学频移为

$$z_{Gu}=\frac{\phi_0-\phi}{c^2-\phi_0}=\frac{2\pi G\rho}{3\left(c^2-\phi_0\right)}\left(r^2-r_0^2\right) \tag{8-8}$$

由余弦定理可知，如图 8-2 所示，$r^2=D^2+r_0^2-2Dr_0\cos\theta$，将其代入式（8-8），并考虑到$\phi_0 c^2$，则宇宙学频移$z_{Gu}$与被测星系距离$D$的关系为

$$z_{Gu}\approx\frac{2\pi G\rho}{3c^2}\left(D^2-2Dr_0\cos\theta\right) \tag{8-9}$$

由式（8-9）可知，对于图 8-2 中虚圆内的星系，将形成宇宙学引力蓝移（$z_{Gu}<0$），而虚圆外的星系则为宇宙学红移（$z_{Gu}>0$）。仙女星系的蓝移量最大，为-0.001，而其他很多星系的红移量则比这大得多。由于本动速度不会形成大的频移量（见 8.3.2 节），因此推断，银河系应处于相对较靠近宇宙中心的位置。如此，便解释了为什么宇宙中的星系大多数为红移，而蓝移星系则极少。

以银河系或地球为天球中心，则式（8-9）中的θ，可根据球坐标得到球心角公式[11]：$\cos\theta=\cos\delta\cos\delta_0\cos\left(\alpha-\alpha_0\right)+\sin\delta\sin\delta_0$，其中$\delta$、$\delta_0$分别为被测星系、宇宙中心的赤纬，$\alpha$、$\alpha_0$分别为被测星系、宇宙中心的赤经。可知，式（8-9）中共有ρ、r_0、δ_0、α_0四个未知数，其他皆为可测量或已知量，即只要能准确获取四个星系的准确距离D及宇宙学频移量z_{Gu}，便可通过式（8-9）列出四元方程，从而求解出目前天文学亟须得到的，银河系至宇宙中心距离、方位及宇宙密度。之后，式（8-9）便可作为宇宙学频移与距离的关系式，从而极大降低天文探测难度。

宇爆模型的哈勃常数H_0，从最初的 500 到现今的 50-100，一直不能准确确定。在近代，有关红移与距离的关系一直在不断讨论，并认为有三种可能[9]：1. 到处都满足线性关系。2. 到处都是二次型的。3. 近距离是二次型的，到了远处变为线性的（没有佐证）。这表明，H_0的常数性，即使在宇爆学说被广泛接受的情况下，仍存在较大争议。关于许多文献所说的，哈勃定律与观测符合得很好，不排除人为主观因素的干扰。

由式（8-9）知，红移与距离并不是哈勃定律所描述的线性关系。在近距离范围（D与r_0为同一级别），红移与距离的关系可近似为二次型。而当$D >> r_0$时，红移与距离的关系既非二次型也非线性。如此，便较好地解释了哈勃常数H_0的不确定性。

8.3.6　宇宙各重要参数的粗略计算

由8.3.3节可知，目前对星系参数的测定还很粗糙，计算结果很不确定。这就会使得通过式（8-9）计算出的银河系位置等宇宙基本参数，出现较大偏差，所以本节内容仅作为对宇宙的粗略了解。待日后取得更精确的测量结果后［利用式（8-6）和式（8-7）］，才可得到更为精确的宇宙参数。

现筛选5个本动较小（宇宙中有少数单独存在的星系，但笔者获取天文资料的渠道很有限，对繁多天体的分布和测量细节也不熟悉，所以只是挑选些自认为受其他天体引力影响较小的星系）、距离的测定较准确、各属于不同星系群或星系团的非本星系群星系（只为说明计算方法，所以样本选得少些），见表8-1。

表8-1　选取的五个星系

梅西耶星表编号	赤经	赤纬	星座	频移/km/s	距离/万光年
M74	01h 36.7m	+15°47′	双鱼座	657	3200
M83	13h37m	-29°52′	长蛇座	513	1500
M104	12h40m	-11°37′	室女座	1024	2930
M106	12h19m	+47°18′	猎犬座	537	2300
M108	11h11.5m	+55°40′	大熊座	772	4500

再从表8-1中每次任取4个星系为一组，共$C_5^4=5$组（主要是对最后结果进行平均）。然后根据式（8-9）列出5组四元一次方程组，编程进行求解，结果见表2。

表8-2　计算出的宇宙参数

五组星系	宇宙中心赤经3.3 × 10^{-23}kgm^{-3}	宇宙中心赤纬3.3 × 10^{-23}kgm^{-3}	宇宙密度3.3 × 10^{-23}kgm^{-3}3.3 × 10^{-23}kgm^{-3}	银河系至宇宙中心距离3.3 × 10^{-23}kgm^{-3}/万光年
M74 M83 M104 M106	06h 39.8m	-1°54.7′	3.3 × 10^{-23}kgm^{-3}	3308
M74 M83 M104 M108	06h50.8m	+47°11.8′	3.3 × 10^{-23}kgm^{-3}	1858

续表

五组星系	宇宙中心赤经 $3.3\times10^{-23}kgm^{-3}$	宇宙中心赤纬 $3.3\times10^{-23}kgm^{-3}$	宇宙密度 $3.3\times10^{-23}kgm^{-3}$ $3.3\times10^{-23}kgm^{-3}$	银河系至宇宙中心距离 $3.3\times10^{-23}kgm^{-3}$/万光年
M83 M104 M106 M108	03h12m	0°48.2′	$3.3\times10^{-23}kgm^{-3}$	18017
M74 M104 M106 M108	07h0.3m	-2°57.5′	$3.3\times10^{-23}kgm^{-3}$	9151
M74 M83 M106 M108	07h7.6m	-8°32.′	3,3 × $10^{-23}kgm^{-3}$	11285

由于表8-1中的任一组观测数据（主要指宇宙学频移量），哪怕存在很小偏差，都会对方程的解结果产生较大影响，甚至未知数的求解顺序不同，也会影响到最终结果。由表8-2可看出，每组的计算结果相差较大（如果采用目前计算出的退行速度频移位，其结果相差更大，甚至密度或距离出现负值）。这说明目前给出的频移量（距离主要是依据光度测定的，偏差应该不会太大），与实际有着很大的偏离，这完全符合前面关于频移内容的分析。而假如观测数据准确，即使黑洞宇宙理论存在错误，数学方程的解也不会出现大的波动，这是由多元方程性质决定的。

表8-2的结果，只能使我们对宇宙有个大致印象。不过，其给出的宇宙中心，确实落在两个宇宙中极为稀少且有着较大蓝移的星系之间，M31（00：42.7，+41：16.2，-301±1 km / s，254万光年）和M90（12：35.7，+12：33，-235±4 km / s，6000万光年），基本符合图8-2对虚圆内星系频移的要求。目前认为，M90很可能是被室女座星系团的惊人质量，送上了奇异的轨道。不过，对于室女座星系团，其中1200多个星系皆高速远离，唯独M90高速接近，这很难有说服力。

表8-2给出的宇宙密度，还算较为趋近常量。因其涵盖了宇宙中一切具有引力质量的物质，所以可信度还是较高的（宇爆模型理论对宇宙平均密度的估算值约$3.3\times10^{-23}kgm^{-3}$）。

现取表8-2的平均宇宙密度$3.3\times10^{-23}kgm^{-3}$，来计算宇宙的大小。式（8-2）结合式（8-3），可得：$2\pi G\rho r^2/3\leqslant c^2/2$（当静界面的物质密度与宇宙物质密度相同时，取等号），则宇宙半径为

$$r\leqslant c\sqrt{\frac{3}{4\pi G\rho}}\approx 2.998\times10^{8}\times\sqrt{\frac{3}{4\times3.14\times6.67\times10^{-11}\times3.3\times10^{-23}}}$$

$$\approx 3.122\times10^{24}\mathrm{m} \qquad (8\text{-}10)$$

将r换算为光年（1光年$=9.46\times10^{15}$m），得宇宙半径小于3.3亿光年（注意：此为标准尺度。即使展开为平直尺度，也只有极微增加）。这同印象中的半径为

465亿光年的宇爆模型结论，相差100多倍，着实令人吃惊。

宇爆模型的宇宙大小，是广义相对论与哈勃定律结合后（标准宇宙模型）得出的结论，但主要依赖的还是哈勃定律。简单点说就是，由哈勃定律计算出宇宙边缘天体距我们137亿光年，再加上137亿年时间的宇宙膨胀距离，而确定出宇宙半径为465亿光年。不过，对宇爆模型的否定，无疑使得这一结果不再成立，这在实验观测上也可给予证实。因为如果按哈勃定律，z8_GND_5296星系距离地球约300亿光年（90亿秒差距），再加上宇宙膨胀距离，则宇宙大小将会再增加一个量级。

再看由式（8-10）折合成的3.3亿光年结果。目前可以大致确定的最远天体距离，是利用光度法测量的，但这仅适用于1亿光年以内的天体。而1亿光年以外的天体距离测量，主要是利用哈勃定律，这显然属于宇爆模型的假设范围，再加上对引力频移忽略，其结果显然不足为信。从表8-11中M104的红移值和距离可看出，红移值大，距离不一定远。也就是说，在目前技术条件下，只要宇宙半径超过1亿光年，都属于合理范围，即宇宙半径在3.3亿光年范围是合理的（其偏差主要取决于表8-1的数据精度，目前还不能确定）。

取表8-2中银河系至宇宙中心的平均距离，约0.87亿光年，大致为半径3.3亿光年宇宙的1/5处。这完全可以解释通，蓝移星系少且蓝移量较小的宇宙现状。

在人们的普遍印象中，引力势大的地方，引力场强也一定强，这完全是一种错觉。由式（8-1）和式（8-2）可得到宇宙学的引力场强与引力势关系为$g_i = 4\pi G\rho r/3 = 2\phi/r$。由式（8-3）可知，宇宙边缘的引力势为$c^2/2$。宇宙半径取式（8-10）最大值（3.3亿光年），则

$$g_i = \frac{2\phi}{r} = \frac{c^2}{r} = \frac{\left(2.998\times10^8\right)^2}{3.122\times10^{24}} \approx 2.879\times10^{-8}\,\mathrm{ms^{-2}} \tag{8-11}$$

由式（8-11）可知，宇宙边缘虽然有着光速级引力势，但其引力场强却极微弱。由式（8-1）还可求得，银河系位置的宇宙学引力场强为$10^{-12}\,\mathrm{ms^{-2}}$级别。而银河系对太阳系位置的引力场强约$10^{-8}\,\mathrm{ms^{-2}}$，太阳对地球位置的引力场强约$10^{-3}\,\mathrm{ms^{-2}}$。这些同地球表面的场强$9.8\,\mathrm{ms^{-2}}$相比，皆可忽略。

宇宙中质量为$10^{10}\odot$的超大质量黑洞，其静界的引力场强也仅为$10^3\,\mathrm{ms^{-2}}$级别，与太阳表面相当，约为地球表面引力场强的100倍。也就是说，广义相对论中所说的强场和弱场，并不是指引力场强的大小，而是指引力势绝对值的大小（为照顾现有习惯，后文中关于引力场的强场和弱场，仍以引力势绝对值的大小进行区分）。

喜欢科幻的朋友可能会问，如果未来人类研究出近光速飞船，能否载人去宇宙外旅行？答案：这得看造化。因为穿越静界必须等待其周围物质对静界的破坏，

弄不好就会永远留在静界面上。如果是去宇宙边缘旅行，则当你乘坐近光速飞船从静界返回时，你原来居住的星系甚至已不存在了。

§8.4 其他重大宇宙疑难的解决

8.4.1 暗能量的所谓“证据”

宇爆模型的建立，源于将哈勃频移解释为运动频移。宇爆模型的一大支柱，便是暗能量观测“证据”的出现，为宇爆模型奠定了几乎不可动摇的地位。可见，欲否定暗能量，不仅要在理论上给予否定，更要对所谓的暗能量观测“证据”进行更为科学合理的重新诠释。

前面已在理论上对暗能量假设及宇宙常数Λ给予了坚决否定（见8.2.1节），但1998年对超新星的观测，发现其光度比预计中更暗，说明超新星在做加速退行运动。由此得出，整个宇宙正在加速膨胀的结论[12]，并将其当作暗能量存在的“无可辩驳”证据。

超新星是恒星演化末期的一种剧烈爆炸，是宇宙中较为普遍的现象。其短时间内爆发的光度变化，能够被观测所识别，说明其退行加速度或受力是极其巨大的。但将其归结为现代最精密仪器都感觉不到的暗能量作用，显然太过牵强。一些否定暗能量存在的观测结果[13]，也说明了膨胀能量对宇宙的影响很小。尤其是按宇爆模型说法，普通物质密度降低，而暗能量密度增大［12］，这不但违背Λ的常数性，更是对能量守恒定律的公然背叛。因为在整个宇宙中，普通物质的质量或能量是不变的，那么暗能量的密度增大，必使宇宙总能量增大。可见，将超新星的加速退行归结为是暗能量推动宇宙加速膨胀，显然毫无道理。尤其是把超新星退行，联想为其他所有天体也同样在退行，显然极不严谨。

下面由黑洞宇宙的引力场分布规律，分析超新星加速退行的机理。对于远离地球和宇宙中心的超新星两端（面向和背向地球端），如图8-3所示，由式（8-2）（$r<R$）可知，其引力势关系为$\phi_1>\phi_2$（注意引力势的负号）。结合式（6-16），则超新星两端的时间关系为

$$\frac{dt_2}{dt_1}=\frac{\lambda_2}{\lambda_1}=\frac{1-\frac{\phi_1}{c^2}}{1-\frac{\phi_2}{c^2}}<1 \qquad (8\text{-}12)$$

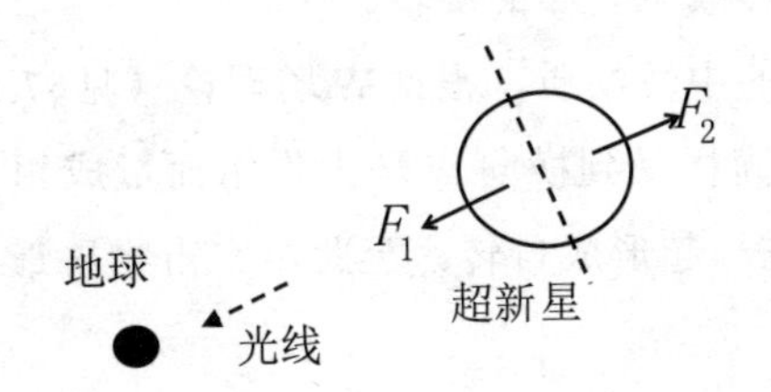

图 8-3 超新星爆发时的受

自然界的最基本定律——动量守恒定律，在任何情况下都是成立的。那么，在超新星爆发过程中，其两端物质的动量增量为：$\Delta p_1=\Delta p_2=p\Delta$。再结合式(8-12)，可得超新星受到的合力为

$$F=F_2-F_1=\frac{\Delta p_2}{dt_2}-\frac{\Delta p_1}{dt_1}=\Delta p\cdot\frac{dt_1-dt_2}{dt_1dt_2}>0 \tag{8-13}$$

式（8-13）表明，超新星将受到远离地球方向的、不为零的力F的作用，且爆发能量越大（由Δp体现），力F越大。可以认为，这才是超新星加速退行的真正原因（注意：不要错认为超新星会按F的反方向加速）。

由于超新星所辐射的能量相当于普通恒星一生辐射的能量，则对于普通恒星，其形成的光辐射力F可忽略。也就是说，超新星的加速退行，根本无须暗能量的帮助，其更代表不了宇宙所有星系也随之退行。可见，所谓的暗能量“证据”，完全是对观测现象的曲解，更不是对宇爆模型的实验支持。至此，无论是理论还是实验，皆对暗能量给予了坚决否定。

8.4.2 物质的结团自转及演化规律

宇宙中的最初旋转动力是宇宙学面临的一个古老话题，也是宇宙万物所有运动之初的第一推动力如何形成的问题，牛顿曾将其戏谑为“上帝踢了一脚”。

宇爆模型认为，星系形成的种子，源于背景温度的涨落。但引起涨落的干扰源，却无法解决，因为宇爆模型属于单重宇宙。至于旋转问题，宇爆模型更是无从解决。黑洞宇宙为多重宇宙论，黑洞形成之初的外部物质，便可对其内部的引力场产生干扰，从而使宇宙局部物质在引力作用下产生结团现象。

对于原初旋转动力的产生，可先从原子的形成开始理解。当电子落向质子时，电子将受到质子磁矩的作用而形成横向的洛伦兹力作用，即在横向上附加了一个力，所以电子与质子不会直接相撞。随着温度的降低（对于黑洞宇宙，就是内部物质不断进入静界而变得稀薄），最终使电子绕质子做圆周运动而形成原子。此也可以根据新狭义相对论进行理解，即两粒子同向运动时，产生尺缩效应，反向运动时将产生尺胀效应（参见3.2.3节）。物质的结团是反向运动，即在横向上附加

一个尺胀运动，而最终形成绕质心的旋转。

对于具有引力质量的中性物质，根据W场理论（见§7.1节），当两质点在引力作用下加速接近时，将同样受到横向W场力作用而形成相互绕转（与原子的形成机理相同），最终结合在一起形成自转。至此，宇宙物质最初的结团自转，便得到了完美解决。

现代天文观测表明，所有星体都向着星系中心旋进[14]，这也是现代天文学面临的困惑。其实，按圆周运动定律，当向心力等于离心力时，将做恒定的匀速圆周运动。对于公转星体，其向心力由引力F_g及来自星系中心辐射形成的力$F^`$共同提供。辐射力$F^` = (1+S/c)E/c$，其中S为波印廷矢量（正入射面积），E为辐射强度。由于$F^`$与F_g反向，则公转星体的轨道方程应为：

$$F_g - F^` = mv^2/r \tag{8-14}$$

对于一般星体，其受到的辐射力远小于引力，即式（8-14）中的$F^`$一般可忽略。受机械能守恒定律的制约，即使考虑到惯性质量大于引力质量，公转星体也不可能向高轨道转移，而只能以减小线速来达到向心力与离心力的平衡。式（6-12）也表明，相对论效应将导致引力场中的质点加速度小于引力场强，所以公转星体的离心力不会大于引力。

对于比表面积（表面积/质量）很大的公转物质，如宇宙尘埃等，则式（8-14）中的$F^`$不可忽略，其甚至会大于F_g。这表明，对于同一轨道上的普通星体和尘埃，普通星体的切向线速一定大于尘埃微粒的切向线速。由于尘埃受辐射作用而充斥空间，所以普通星体的公转动能将会不断被尘埃吸收，而向低轨道旋进。

下面再从引力场的角度，分析星体的旋进情况。由势-速关系式（6-10）可知，引力势与速度具有当量关系，引力场做功使无穷远星体落至某点所形成的速度，就是引力场在该处所具有的速度效应，称为做功势速。由于初始捕获星体时的引力场处于弱场状态，则由式（6-12）可知，做功势速$v \approx \sqrt{-2\phi}$。而根据匀速圆周运动定律，圆周运动轨道$v_s = \sqrt{-\phi}$，称为稳定势速。可见，当一星体落向旋转的引力中心时，将受到W场力的作用而做曲线运动（参见§7.1节）。此时，只有当星体的动能小于其所在位置的引力势能时（动能被星系尘埃吸收一部分），才能被引力中心捕获，并以椭圆轨道公转。而当星体动能等于其所在位置的1/2引力势能时，星体可在该位置的圆周轨道上稳定公转。

当无穷远处星体向着引力中心落至静界时，做功势速为$c = \sqrt{-\phi}$［见式（6-15）］，此时与稳定势速$v_s = \sqrt{-\phi}$形式相同，即星体由无穷远到达中心黑洞静界的过程中，在无任何能量损耗情况下，仍可被中心黑洞稳定束缚住。由此可见，在星系间尘埃对各轨道星体动能吸收均等的情况下，做功势速与稳定势速的平方差

$f(v)=v^2-v_s^2$，或者说做功动能与稳定动能的差值，便决定了星体向引力中心的旋进速度。也就是说，$f(v)$越小，旋进速度越快；$f(v)$越大，旋进速度越慢。

图8-4为无穷远静止星体落向引力中心黑洞时，做功势速（实线）和稳定势速（虚线）随引力势的变化曲线［见式（6-1）］。横坐标为星体运行速度，纵坐标为引力势，其中A点引力势（0.61c）为$f(v)$的最大值（推导过程见后文），B点为做功势速与稳定势速的等值点［通过$v^2=(\gamma-1)c^2$求得］。

对于一般旋涡星系，如图8-4所示，原点O（为无穷远处）至A点的区间，星体的旋进速度会逐渐减慢，从而造成众多星体在靠近A轨道的过程中，形成不断地堆积、碰撞及碎散并向两极扩散。如此，便形成了中心厚、周围薄的旋涡星系形状。频繁地碰撞将形成密度均匀的高温区，这也是星系的最致密区域，成为有着非热致连续辐射特征的星系核球。由于核球内极频繁的高能碰撞，会产生大量高能辐射并可生成新粒子（见后文10.5.2节），所以核球将会覆盖从A点向外的较大区域。

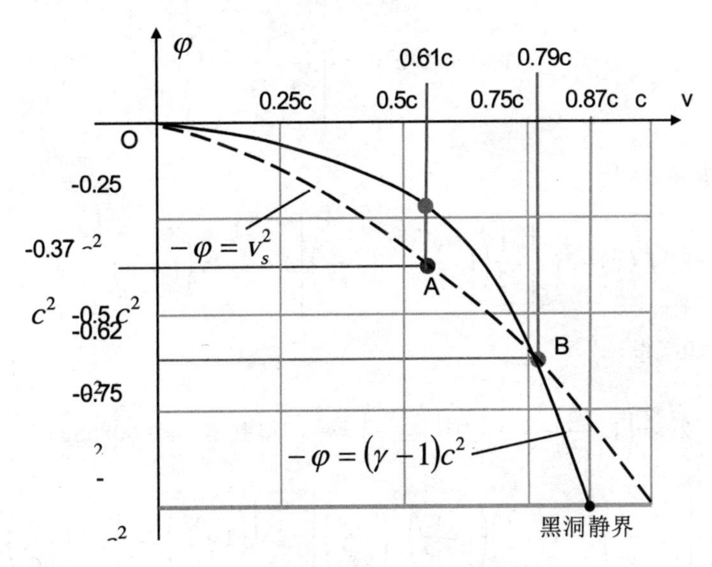

图8-4 做功势速和稳定势速的变化曲线

在A至B区域，物质的旋进速度开始加快。B点至静界区域的物质，将不存在稳定线度或稳定轨道，即进入该区域的物质即使没有能量损失也将加速落向静界。也就是说，星系核球内部（A点）至静界之间，物质密度是逐渐降低的。

现再看星系核球中的物质运行规律，这是星体残骸的激烈碰撞区（该区域也是新物质的生产区，见后文第十章），各种微粒都处于近光速条件下，且碰撞引起的光辐射（也包含引力波辐射）有着巨大的红移量。那些速度小于v_A（图8-4中A点的速度0.6c）的微粒，其轨道将不断降低直至落入中心黑洞的静界。而对于速

度大于 v_A 的微粒，将受W场作用形成远离引力中心的绕转，并趋向于星系盘面（参见7.1.4节），成为星系尘埃。只有当 v_A 沿星系轴（磁极或W场极）向外运动时，微粒将沿轴向远离或直接飞出星系，形成星系喷流。如此，便很好地解释了星系喷流的成因。

由式（8-1）～（8-3），容易导出黑洞静界或引力半径 r 处的引力场强 $g_i = c^2/r$ 或 $g_i = c^4/GM$，即黑洞越大，其外部核球中的粒子受到的引力越小，则其喷流越为壮观。类星体中心的黑洞（$>10^8\odot$）比一般星系中心的黑洞大（银河系中心的黑洞约为 $10^6\odot$），其喷流最为壮观。

到此为止，除正反物质的不对称问题外（将在第十章探讨），其他所有已知的重大宇宙疑难，皆得到了完美解决。

求解 $f(v)=v^2-v_s^2$（做功势速与稳定势速的差值）的极大值

由稳定势速 $v_s^2=-\phi$，结合 $-\phi=(\gamma-1)c^2$［式（6-10）］，可得 $v_s^2=(\gamma-1)c^2$，则

$$f(v)=v^2-(\gamma-1)c^2=v^2-\left(\frac{1}{\sqrt{1-\frac{v^2}{c^2}}}-1\right)c^2$$

对 $f(v)$ 求导，则

$$f'(v)=2v-\left[-\frac{1}{2}\left(1-\frac{v^2}{c^2}\right)^{-\frac{3}{2}}\cdot\left(-\frac{2v}{c^2}\right)\right]c^2=2v-v\left(1-\frac{v^2}{c^2}\right)^{-\frac{3}{2}}$$

令 $f'(v)=0$，得：

$$2v-v\left(1-\frac{v^2}{c^2}\right)^{-\frac{3}{2}}=0，则\left(1-\frac{v^2}{c^2}\right)^3=\frac{1}{4}，得驻点 v\approx 0.6083c。$$

$$f''(v)=2-\left[\left(1-\frac{v^2}{c^2}\right)^{-\frac{3}{2}}+v\left(-\frac{3}{2}\right)\left(1-\frac{v^2}{c^2}\right)^{-\frac{5}{2}}\left(-\frac{2v}{c^2}\right)\right]=2-\left[\left(1-\frac{v^2}{c^2}\right)^{-\frac{3}{2}}-\frac{3v^2}{c^2}\left(1-\frac{v^2}{c^2}\right)^{-\frac{5}{2}}\right]$$

得 $f''(0.6083c)\approx -3.5244<0$，所以 $f(0.6083c)$ 为极大值。

本章小结

目前对宇宙学的研究，一直以来都秉承着先建立模型假设，再进行论证的过程。从历史上看，从古代的天圆地方说，到地心说，再到现代大爆炸宇宙模型，就是不断失败的过程。黑洞宇宙理论，完全摒弃了模型式的研究方式，而是以更为严谨的新角度为切入点，直接推导出了宇宙结构。其不但消除了目前宇宙学几乎无法处理的古今宇宙疑难，且基本符合现代所有实验观测，这是模型宇宙无法

比拟的。新黑洞宇宙理论的建立，为人们呈现出了一个简洁易懂的宇宙图像，彻底掀去了传统宇宙学的神秘面纱，应验了“自然界的规律是简洁的”预言。主要内容为：

1. 首先叙述了引力场做功与电场做功的不同，电场做功完全遵守动能与势能的等量转化关系，而引力场做功则不存在势能的减少，即没有动能与势能间的相互转化。也就是说，引力场做功后，其引力势能不发生任何变化，是能量的存储或累积过程。通过对极端天体演化的分析判断，一旦条件具备，引力做功所存储的能量，将会自动重新释放出来，而无须外界能量的介入，这也是能量守恒定律的体现。

2. 物质内外引力场分布规律的确立［见式（8-1）和式（8-2）］，是本章的核心内容，也是对牛顿引力理论的发扬光大（牛顿引力理论，只涉及外引力场，而不涉及内引力场，属于质点间的作用关系），这为天体的形成及演化提供了更为坚实的基础。新黑洞理论便建立在此基础上，并结合现代天文观测事实，彻底否定了广义相对论下的黑洞理论。新黑洞理论简洁易懂，且不再神秘。

3. 通过对黑洞内部演化的推理分析，得出黑洞内部与我们的宇宙，有着完全相同的引力场或物质分布环境。据此推断，每一个黑洞的内部，就是个独立的宇宙。我们是处于一个超大质量的黑洞之中，自然界是平行宇宙和多重宇宙并存的形式。黑洞内部的演化，是引力做功所存储能量的释放，是新宇宙诞生的开始。

4. 深入分析了大爆炸宇宙模型，指出标准宇宙模型中，存在相当多的自相矛盾，给宇宙带来了诸多无法解决的困难，如宇宙常数、平坦性疑难、宇宙结构、暗能量等，这些问题在新黑洞宇宙理论中，皆将不复存在。

5. 对哈勃频移的产生机理进行了重新诠释，指出哈勃频移是以引力频移为主，运动频移为辅，并给出了在观测上区分引力频移与运动频移的方程［见式（8-6）］，彻底颠覆了目前普遍认为的引力频移与运动频移不可区分的观点。引力频移又分为宇宙学引力频移和天体引力频移两种，也给出了天体引力频移的计算方程［见式（8-7）］，否定了早前认为的所有天体引力频移都可忽略的观点。

6. 根据物质内部引力势的分布规律［见式（8-2）］，准确给出了宇宙学频移量与距离的准确关系［见式（8-9）］，为确定银河系在宇宙中的位置创造了条件，并对哈勃定律给予了坚决否定。受宇爆模型影响，目前宇宙学频移量的确定，存在较大误差，从而导致宇宙参量计算结果出现了更大偏差，所以只能对现今宇宙做出大致描述。

7. 在理论上对暗能量给予了否定，对所谓的暗能量观测“证据”，进行了更为合理的重新诠释。超新星的退行，是由其自身剧烈爆炸引起［见式（8-13）］，根本不能代表宇宙其他天体也同样退行，进而否定了所谓的暗能量观测“证据”。

8.相对论的修正，为彻底解决牛顿的宇宙第一推动力问题提供了理论基础，也为星系的形成、自转及演化提供了理论支持。同时指出绕星系中心公转的天体轨道是不断旋进的，并成功描述了星系的演化规律。

参考文献

[1]刘辽,赵峥.广义相对论[M].北京:高等教育出版社,2004: 125, 231-273, 273-321, 206, 318, 327, 151, 3-4, 2-3.

[2]岳友岭,徐峰,来小禹.夸克物质与夸克星[J].天文学进展,2008,26(3):220.

[3]文德华,刘良钢.在脉冲星的观测证据中寻找夸克解禁态[J].中山大学学报(自然科学版), 2006, 45(5): 26-30.

[4](法)约翰-皮尔·卢米涅.黑洞[M].卢炬甫,译.长沙:湖南科学技术出版社, 2001:105, 261-264.

[5]奥云.最大黑洞和最小黑洞[J].大科技(科学之谜),2008,8:15.

[6]俞允强.广义相对论引论[M].北京:北京大学出版社,1997: 83-86, 106, 159.

[7]方杰.星系红移的理论分析[J/OL].[2007-11-12].中国科技论文在线www.paper.edu.cn

[8]郑怡嘉.光在稀薄电离气体中传播时的红移效应[J/OL].[2005-12-12].中国科技论文在线www.paper.edu.cn

[9]何香涛.观测宇宙学[M].2版.北京:北京师范大学出版社,2007:37, 154, 35.

[10]黄克谅.类星体与活动星系核[M].北京:中国科学技术出版社,2005:1-8.

[11]彭康青,李迎祥.球坐标距离公式、球心角公式及其应用[J].甘肃高师学报, 2007, 12(2):83-83.

[12]奚定平,何晓微,曾丽萍,爱因斯坦宇宙常数和宇宙中暗能量[J].大学物理,2005,24(10):35-38.

[13]树华.新实验结果挑战暗能量的存在[J].物理,2004,33(5):315.

[14]罗正大.不可视觉物质——暗能量和量子外力[M].成都:四川科学技术出版社,2005:80.

第九章　宏观与微观的统一

现代的微观理论或称量子力学，是以普朗克能量子假设和波函数为基础，以数学演算为主，并在实验的不断校正帮扶下而建立的。只谈对各种实验现象的解释，不顾各种解释的逻辑冲突，甚至无视自然法则，是现代微观理论的典型特征。这使得现代微观理论成为无人敢说能看懂的理论。相对论的修正及牛顿引力理论的回归，将使物理学家们一直以来梦寐以求的惯性本源问题，得到彻底解决，并由此开启了微观理论的崭新篇章。微观异于宏观的各种诡异表现，皆为基本物理定律支配下的必然结果。

§9.1　惯性的形成机理

9.1.1　电荷的惯性——自感

惯性概念自提出之日起，其本源问题就一直困扰着每一代物理学家，这是物理学的重大谜团。无论是宏观宇宙，还是微观世界，直至日常生活，惯性都起着不可回避的核心作用。至今对惯性本源的探讨仍仅停留在哲学层面上，如马赫原理。引力理论的完善，为在科学层面上解决惯性本源问题，提供坚实的理论基础，这对物理学健康发展具有极其重要的意义。本章便是以此为突破口，揭示光子结构及光速不变原理的成因，并借此向微观领域深入。

时变电流产生时变磁场，时变磁场产生时变电场。通以时变电流的线圈，在线圈中将产生时变磁场，根据楞次定律，时变磁场产生的自感电动势总是反抗线圈中的电流改变。通以时变电流的直导线，产生围绕导线的时变磁场，时变磁场产生的自感电动势，将同样阻碍直导线中电流的变化，这就是直导线电感的产生机理。

直导线电流，源于导体中自由电荷的定向移动，而直导线电感，就是各定向移动电荷所表现出的集体效应，所以单电荷也具有电感。目前推导出的直导线电感公式为$L \approx \mu l(\ln 2l/r_m - 1)/2\pi$，其中$l$为导线长度，$r_m = e^{-1/4}r$，$r$为导线半径。可见，除几何尺度外，$L$还与导线材料的磁导率$\mu$有关。将$\mu$换成真空磁导率$\mu_0$，$L$便成为裸电荷的电感。

当电荷加速度恒定时，电荷产生的磁感应强度将呈线性增加（磁感应强度与速度成正比，速度增量与加速度成正比）。根据电磁感应定律，线性增加的磁场，将产生恒定的自感电场。自感电场将反抗电荷的加速运动，如图9-1所示，这就是单电荷电感的成因。

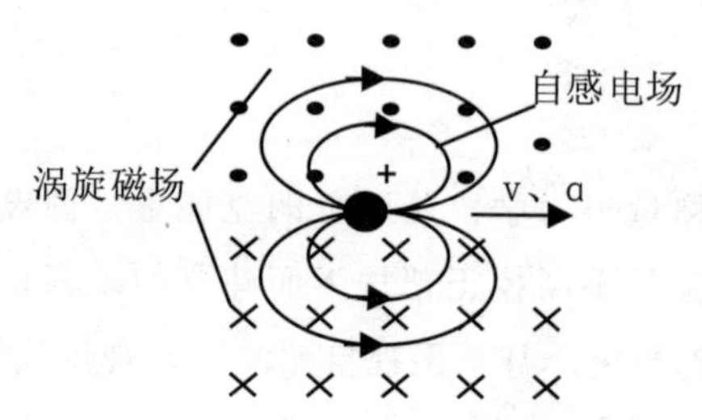

图9-1. 电荷惯性的形成机理

当使电荷加速的外力或外电场取消时，电荷加速度为零，则电荷恒速或称电流恒定，则磁场恒定，则自感电场为零，电荷保持既有速度不变。至此，运动电荷表现出了惯性所具有的一切特征。磁场的形成离不开电荷的运动，磁场能量就是电荷运动的结果[1]。在不考虑电荷质量情况下，电荷的动能表现为其所产生的磁场能量。

将通电导线绕成线圈，则每个运动电荷的自感电场，还会阻碍邻近匝中的电荷运动，所以阻力会大大增加，这便是线圈电感远大于直导线电感的原因。

一般认为，惯性是质量特有的属性，而由以上分析可知，纯电荷也具有惯性，电荷的电感，就是电荷惯性的体现。

对于自由电荷数为n且长度为l的直导线，电流大小取决于电荷的漂移速度（电荷定向移动的平均速度）。电流的变化，就是电荷加减速过程的表现，即电流增量完全取决于直导线l中自由电荷的平均加速度。根据电流定义$i = q/t$，得自感电动势为

$$\varepsilon = -L\frac{\Delta i}{\Delta t} = -L\frac{1}{\Delta t}\left(\frac{nq}{\Delta t}\right) = -L\frac{nq}{(\Delta t)^2} = -L\frac{nq}{2l}a \tag{9-1}$$

式（9-1）中，Δt相当于电荷从静止开始以加速度a通过导线l所需的时间，即位移-加速度公式$l = a\Delta t^2/2$。将式（9-1）代入场强-电势关系式$E = -\partial V/\partial l$（负号表示电势由高到低，无运算意义），得导体内自感电场强度为（∂l可看作直导线

长度）

$$E=\frac{\varepsilon}{l}=-\frac{L}{2l^2}nqa \tag{9-2}$$

由式（9-2）可得，导体中单个电荷受到的自感电场力为

$$f=Eq/n=-\frac{L}{2l^2}q^2a \tag{9-3}$$

式（9-3）便是电荷受到的与加速度反向的力。根据作用-反作用力定律（新相对论已重新肯定了该定律，见4.4.2节），外力$F=-f$，则外力F平均对每个电荷的做功为

$$W=Fl=\frac{L}{2l^2}q^2al=\frac{L}{2l}q^2a \tag{9-4}$$

将$l=a\Delta t^2/2$代入式（9-4），得$W=L\left(q/\Delta t\right)^2=LI^2$。由图9-1可知，外力对电荷做功，不仅产生磁场能量，还会产生自感电场能量。根据电磁感应定律和能量守恒定律，磁场能量和电场能量应各占1/2，即磁场能量为$LI^2/2$，这与普通物理学中的磁场能量公式，完全吻合。

当式（9-3）中的l为一个电荷尺度时，可设$k=L/2l^2$（单位：享利/米²），根据作用-反作用力定律$F=-f$，得电荷在外力作用下的运动规律为

$$F=kq^2a \tag{9-5}$$

对比牛顿第二定律，可知式（9-5）中的kq^2为电荷惯性（同牛顿第二定律的质量惯性与质量成正比有所不同）。在经典电磁理论中，电荷惯性完全表现为自感，所以即使不使用电荷惯性概念，也可做到精确计算，这就是通常情况下无须考虑电荷惯性的原因。但对于单电荷而言，对自感的精确计算极为复杂，而式（9-5）则很好地解决了这个问题。

一般认为变压器原理为，初级线圈输入的电能转化为磁场能，磁场能再转化为次级线圈的电场能，这是不严谨的。由图9-1可知，外力做功，不但会产生涡旋磁场，还会产生涡旋电场，两者之和才是外力所做的总功。变压器初级线圈的电流增加时，不但铁芯中的磁场能增加，同时次级线圈中的电场能也在增加（即使次级为断路状态）。只有初级线圈电流下降时，才有磁场能向电场能的转化。目前的教材中，把外电场或外力做功看作全部转化为磁场能$W_m=LI^2/2$，这其实是把自感电场能当作磁场能，而没有考虑到感应磁场与自感电场是同时存在的。

9.1.2　质量的引力惯性与运动惯性

引力质量的恒定性和W场的提出（见第六、七章），说明引力场与W场的相互感应规律，与电磁感应定律完全类同。W场的存在，表明质量惯性与电荷惯性

有着类同的成因。

设作用在物体上的恒力F，使物体产生加速度a（参考图9-1），则物体周围将产生变化的W场，变化的W场将感应出反抗物体运动的涡旋自感引力场g_i。如果$F>g_i m_0$，则加速度增大，W场强变化率增大，g_i增强。反之，则g_i减小。最终使物体在自感引力场中的受力F_i与外力F相等，即：

$$F_i=F=g_i m_0 \tag{9-6}$$

比较式（9-6）与牛顿第二定律$F=\gamma m_0 a$［见式（4-23）］，可知初速度远小于光速的物体（$\gamma\approx1$），加速度与自感引力场强g_i近似相等。也就是说，自感引力场或自感电场是物质具有加速度的根本原因。当$F=0$时，速度恒定，则感应出W场强恒定，则$g_i=0$，$F_i=0$，物体保持匀速直线运动状态，牛顿第一定律在理论上得以肯定。可见，在经典理论框架下，惯性或惯性力的产生，源于自感引力场。如此便在理论上彻底否定了，马赫原理关于惯性效应来自宇宙物质做相对加速的作用。其实马赫原理不但早已被实验或观测所否定，理论上也是行不通的[2]。至此，牛顿水桶实验得以彻底解决。

通过对旧狭义相对论中的纵向质量与横向质量不等结论的否定，并肯定了纵向质量与横向质量恒等（见4.2.1节和4.3.2节），可知质点在高速运动情况下，$F=ma=\gamma m_0 a$，即当外力F恒定时，运动物体的加速度将随着速度的增大而减小。可见，运动物体动质量的增加，也是惯性的增加。因为运动质量并不受引力场作用（见6.3.2节），所以动质量的惯性不同于引力惯性。也就是说，普通物质的惯性，是由引力惯性和运动惯性两部分构成的。

因为自感引力场的形成源于引力质量，而引力质量又等于静质量且恒定，所以物质的引力惯性是恒定的。将γ按级数展开可知，运动惯性（只在近光速级别时才能明显体现）是动能的一种表现，是速度的函数。运动物体的尺缩和质量增加效应，将使运动物体的能量密度增大。根据能量不能突变原理，即使是引力质量为零的物质，在形成动质量的运动过程中，也将会消耗一定的时间。当其尺缩达到最小极限时，方可一直维持匀速不变。这便是运动惯性的成因，也是一切实体物质应具有的基本属性。

§9.2 电磁波理论的重构及光速不变原理

9.2.1 传统电磁波理论遭遇的困难

光是人类了解最多，但也是最让人迷惑的物质。一般的实物粒子，都能以不同的速度运动，即存在加速度。而光子却无加速过程，这也是光子与实物粒子在运动特征上的最显著差异。

普朗克能量子公式表明，光子具有动质量，这已为光压实验所证实。但由于光不受引力作用（见6.3.2节），所以不存在引力惯性。再者，光子静质量为零（实验测量$<10^{-54}$kg），所以光子的惯性几乎完全源于动质量。可见，光是研究物质运动惯性的最合适物质。这就需要知道光子的具体结构和具体激发过程，此也将为揭示令人不解的光速不变原理成因，提供了很好的切入点。

麦克斯韦方程组预言了电磁波的存在，并推断电磁波就是光。光的电磁本性和波粒二象性，目前似乎已无异议。但波粒二象性只是光属性的两种表现形式，对于波性与粒子性在本质上是如何统一的，目前还是个谜，以致关于光本质的争论至今也没能画上句号[3][4]。

描述波的最初数学形式，是通过对机械波的分析，推导出机械波波动方程，为

$$\frac{\partial^2 y}{\partial x^2}-\frac{1}{v^2}\frac{\partial^2 y}{\partial t^2}=0 \tag{9-7}$$

式（9-7）描述了所有以速度v沿x轴方向传播的平面波特征，但仅凭该方程，基本上不能逆向表达出机械波的形成过程及动、势能的相互转换机理（参见第一章）。可见，机械波的形成机理，必需由经典力学进行描述，数学方程是不能表现物理机制的。

由麦克斯韦方程组得到的电磁波波动方程，其电波与磁波是各自独立导出的，其中的电波方程为（磁波方程与此类同，只需将电场改为磁场，略）

$$\nabla^2 E-\frac{1}{c^2}\frac{\partial^2 E}{\partial t^2}=\mu\sigma\frac{\partial E}{\partial t} \tag{9-8}$$

式（9-8）中，等号左边为辐射出的电波，等号右边为波源，其中μ为磁导率，σ为自由电荷的体密度，$\partial E/\partial t$为波源的外电场变化率。对比式（9-7）可知，电波可脱离波源而独立存在并传播。

为了最简化式（9-8）的解，设电磁波沿z轴传播，并设电场或磁场只是坐标z和时间t的函数，即在垂直于z轴的某平面里，同一时刻的电场或磁场都相同，称为平面电磁波（有关电磁波其他方面的计算或推理，几乎皆源于这种平面电磁波），则式（9-8）变为

$$\frac{\partial^2 E}{\partial z^2}-\frac{1}{c^2}\frac{\partial^2 E}{\partial t^2}=\mu\sigma\frac{\partial E}{\partial t} \tag{9-9}$$

当$\sigma=0$或$\partial E/\partial t=0$时，式（9-9）便与机械波方程式（9-7）具有了相同的数学形式，即式（9-9）等号左边成为脱离波源而传播的电波（磁波与此相同），且以光速传播，并由此断定光就是电磁波。可见，电磁波是由电波与磁波共同构成的，

且电波与磁波同步，它们各自独立且又不可分割。

同机械波波动方程式（9-7）不能表达机械波形成机理一样，电磁波的波动方程式（9-8）或式（9-9），也同样不能揭示电磁波的具体结构和生成机理，而仅能表明电磁波的存在，及电磁波中电磁场的某些特征。

目前对电磁波的形成及结构描述，主要是以电磁感应原理为基础，对电磁波的激发过程进行论述。主流公认的观点主要有以下三种模式，且三种模式互相交织：

1、电磁场相互感应生成论：根据电磁感应定律，电磁波为时变电磁场在空间相互感应而传播[5]，此也被称作电磁场涟漪。

质疑：若该说法成立，那么式（9-9）中的波源中只要存在 $\partial E/\partial t$，即使 $\sigma=0$，也仍会不断地产生电磁波，这明显不符合式（9-9）或实际中产生电磁波的要求。再说，电波与磁波同步且相互独立，已经表明电磁波根本不是电场与磁场的相互感应。其他问题还有很多，不再赘述。可见，电磁场相互感应说，是人为机械套用电磁感应定律的结果。可以认为，通过电磁感应而形成的电磁场传播，属于电磁场的扩散，根本不是电磁波。

2、电场扰动论[1]：认为电荷只要有加速度，就存在对自身电场的扰动，就会辐射电磁波（本质上也是1中的电磁相互感应生成论）。

质疑：由这一说法得出的“电荷将受到辐射阻尼力作用”结论，将与已被实验证实的电偶极子辐射（与速度及加速度垂直），产生直接矛盾。之后，由辐射功率的拉莫尔公式导出的辐射阻尼力，不但理论上行不通，与实际观测值也远远不能符合[6]。若按该逻辑，匀速运动电荷相对于静止系，也会形成电场的变化，但绝不会产生电磁波。

3、偶极子辐射论[7]：这是目前最被认可的观点，是指电性相反的两电荷反相位围绕平衡位置做上下振动，并带动电场线形成闭合的线，即涡旋电场。被依次辐射出去的一系列涡旋电场，便构成了电波。在垂直于偶极子轴的某一方向上，每个周期辐射出一对旋向相反的涡旋电场。而磁波，就是由这些辐射出去的涡旋电场感应而产生（仍离不开电磁相互感应生成论）。

质疑：电偶极子的振动能否带动电场线闭合，并无任何理论依据。再说，偶极子论将会使得在传播方向上与偶极子等距的半圆上，只能存在一个闭合电场线。假如在该半圆上任一点存在良导体，则由于导体对电场能量的吸收，将会直接导致该半圆上其他位置的电磁波强度近乎零，但实际上这种现象并不存在。该说法更不能解释，电子在环形加速器中的同步辐射现象。再说，由电场感应出的磁场，也同样会引起磁场相位的滞后，而与式（9-9）不符。

由以上可以看出，上述三种模式的电磁波都离不开电磁感应原理，都不能同时满足电波和磁波的方程要求（主要是电场与磁场的同步问题），也不能做到互相兼容（同一事物不可能存在两种及以上的实质），但却都同时出现在于同一本教材或专著中，可知在无线通信如此发达今天，对电磁波的认识仍极为模糊。尤其是，上述电磁波理论还会得出电场或磁场与波源距离成反比的结论[5]，这别说是成千上万千米的通信距离了，就是几十米的通信距离也很难保障，从而与实际发生了严重冲突。

式（9-8）是电磁波的提出源头，其已经直接明确电波与磁波有着各自的独立性，且相位同步，即电磁波不是由电磁感应引起，但目前理论却执拗地用电磁感应原理去刻画电磁波，显然极不理性。但是，若一味地遵循电磁波方程，又会产生电磁波传播的“零点困难”，即在电场与磁场同步情况下，电场与磁场同时为零之后，又是如何产生的电场和磁场，使电磁波继续传播下去（这或许是后人始终坚持用电磁感应原理，去刻画电磁波的理由吧）。这看似与机械波零点困难（见第一章）的形成类似，但实质上却有着根本性的不同，一个是演算过程存在错误，一个是不知道电磁波结构。可见，目前的电磁波理论，不但存在重大缺陷，而且还非常混乱，这还只是没把光学部分包括在内的情况。

那么电磁波或光波中的电磁场，是以什么样的具体形式构成的光子？它的激发或产生的具体机理又是什么？尤其是光的粒子性如何体现？如何才能完全符合式（9-8）？这些都是传统电磁波理论所不能解释的。这种场物质（电磁场）与实体物质（光子）的转换问题若得不到解决，将直接影响物理理论的健康发展。

9.2.2　传统电磁辐射理论的重新审核

由式（9-8）可知，波源激发电磁波的条件之一是 $\partial E/\partial t \neq 0$，但如果波源中无自由电荷（$\sigma=0$），则波源也不能激发出电磁波，即仅凭电场的时变并不能产生电磁波，所以波源激发电磁波的条件之二为 $\sigma \neq 0$。由于波源中自由电荷的运动规律完全依赖 $\partial E/\partial t$，所以说电磁波的形成，是源于自由电荷在时变电场作用下的加减速运动。

对于波源中的自由电荷，其运动规律随外电场同步变化。设单位体积内，波源中的自由电荷数为 n，则电荷密度 $\sigma=nq$，质量密度 $\rho=nm$。结合式（9-5）可知，对于具有质量的每个电荷，应有 $Eq=\left(kq^2+m\right)a$，则式（9-8）等号右边可整理为

$$\mu\sigma\frac{\partial E}{\partial t}=\mu nq\frac{\partial}{\partial t}\left[\frac{\left(kq^2+m\right)a}{q}\right]\approx\mu\left(knq^2+nm\right)\frac{\partial a}{\partial t}=\mu\left(\sigma kq+\rho\right)\frac{\partial a}{\partial t}\tag{9-10}$$

由式（9-10）可知，波源中自由电荷加速度的变化率，才是激发电磁波的充

要条件。加速度恒定的电荷，不能辐射出电磁波，这与质点的加速度恒定时，不会形成机械波的道理类同。式（9-10）彻底否定了，目前关于匀加速电荷可激发电磁波的观点，并同时否定了，电磁波是电场扰动造成的电磁场相互感应的结果。可见，电磁感应与电磁波，本质上是两种不同的电磁事件。

一般天线构成的电磁波发射装置，其物理机制为，在高频电场作用下，天线中的自由电荷产生振动，加速度随时间不断发生变化，从而不断辐射电磁波。

对于圆周运动的电荷，其加速度变化率为v^3/r^2（v为线速，r为半径，推导过程见后文），所以圆周运动的电荷同样会产生电磁辐射，即同步辐射。现代高能同步加速器的加速部分，基本上采用分段直线加速装置[8]。这是因为，电荷的加速度近似恒定（只在匀速与加速的交替时刻有变化），则由式（9-10）可知，直线加速装置的辐射最小，这完全符合实验结果。

匀速圆周运动的加速度变化率推导：

如图9-2所示，设一质点在半径为r的圆周上匀速率运动，其在A、B两点的加速度分别为a_A、a_B，从A点运动到B点经过的时间为Δt，则加速度变化率为

$$\frac{da}{dt}=\lim_{\Delta t\to 0}\frac{a_B-a_A}{\Delta t}=\lim_{\Delta t\to 0}\frac{\Delta a}{\Delta t} \tag{9-11}$$

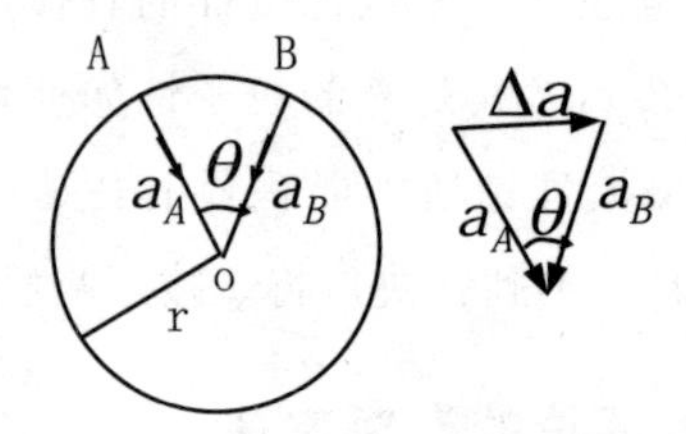

图9-2 匀速圆周运动的加速度变化率

由图9-2可知，a_A、a_B、Δa组成的三角形，与ΔABO为相似等腰三角形，令$a=a_A=a_B$，则$\Delta a/a=\overline{AB}/r$，即$\Delta a=a\overline{AB}/r$。当$\Delta t\to 0$时，$\overline{AB}=\overset{\frown}{AB}$，即$\Delta a=a\overset{\frown}{AB}/r$，将其代入式（9-11），并结合$a=v^2/r$，得匀速圆周运动的加速度变化率为

$$\frac{da}{dt}=\lim_{\Delta t\to 0}\frac{a\overset{\frown}{AB}}{r\Delta t}=\frac{av}{r}=\frac{v^3}{r^2} \tag{9-12}$$

9.2.3 光子结构成分的揭示

光是电磁波（见9.2.1节），电磁波结构，就是光波结构，电磁波的最小单元，就是光子。如式（9-2）可知，当电荷匀加速运动时，将产生反抗电荷运动的恒定自感电场，见图9-1所示。当撤去使电荷加速的外力时，根据惯性定律，电荷立刻

以既有速度匀速运行，即自感电场不会对本电荷（产生自感电场的电荷）产生任何形式的做功。根据场的独立性原理和能量守恒定律，则自感电场不会自行消失。那么唯一的可能就是，自感电场将脱离本电荷，而成为独立存在的涡旋电场。这个独立的涡旋电场，只能是光子。可见，电磁辐射必须是量子化的，光子诞生之前，就是环形涡旋电场。

由于电场不受引力作用，所以光子也不受引力作用，这完全符合6.3.2节对实验的分析。

当辐射源外加时谐电场（正弦电场）时，则波源中自由电荷的运动规律为谐振动。由谐振动方程$y=A\cos\omega t$，得电荷加速度为：

$$a=\frac{\partial^2 y}{\partial t^2}=-A\omega^2\cos\omega t \tag{9-13}$$

由于光子为闭合电场，则其能量就是自感电场的电势能，而电势能与场强成正比，场强又与电荷加速度成正比［（见式（9-2）］，所以电荷辐射出的光子能量与电荷加速度成正比，即$E=k|a|$。

由于谐振动电荷的加速度随相位不断变化，则电荷在不同相位处辐射的光子能量也不同。图9-3为电磁波或光波结构图，①为波源内自由电荷随时变电场的振动图像。②为与①相对应的电磁波结构，其中每个圆圈代表一个光子，圆圈线越粗，表示光子能量越大。③为原子由高能级跃迁到低能级时（只加速一次），辐射的单色光结构。

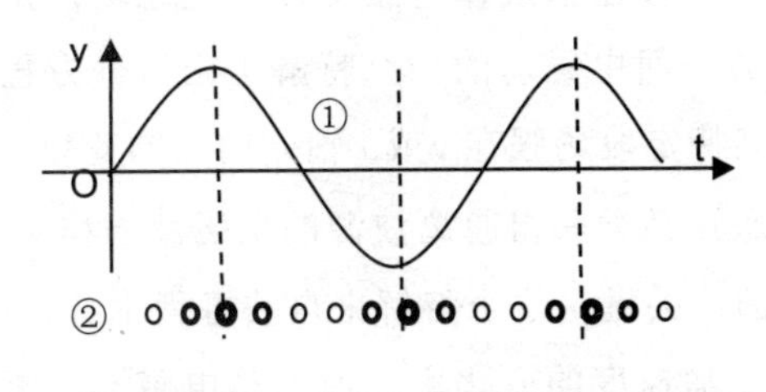

图9-3. 电磁波或光波结构示意图

由图9-3可看出，电磁波与光波的本质相同，但也有所区别。电磁波是不同能量的光子，按照外电场变化规律重复排列，而普通单色光的各个光子能量是相同的（关于光的波性，将在§9.4节和§9.5节揭示），其大小取决于核外电子跃迁轨道的能量差。

下面推导光子能量与频率的关系，即普朗克能量子公式，用以对上述结论进行检验。谐振动电荷的加速度不断变化，将不断辐射光子（见9.2.2节），则由$E=k|a|$和式（9-13）可知，谐振动电荷每同期辐射的能量为

$$E=4\int_0^{\frac{T}{4}}k|a|dt=4\int_0^{\frac{T}{4}}kA\omega^2\cos(\omega t)dt=4kA\omega \tag{9-14}$$

由于普通光来自核外电子由高轨道向低轨道的跃迁，只有一次加速，所以只辐射一个光子，相当于谐振动电荷1/4周期辐射的能量。根据能量守恒定律及式(9-14)，得单个光子的能量为

$$\varepsilon=\frac{1}{4}E=kA\omega \tag{9-15}$$

角频率与频率的关系为$\omega=2\pi\nu$，设$h=2\pi kA$，则由式（9-15）可得$\varepsilon=h\nu$，即辐射出的光子能量完全符合普朗克能量子公式。

下面再对图9-3所示的电磁波结构，是否符合电磁波方程式（9-8）的解，进行检验。

电磁波方程解的主要目的，是获取电磁波的速度及电磁场强的变化规律。为得到电磁波的二阶微分方程的解（具体推算过程，请参考相关专著），目前的方法为，首先要把电磁波的电场E或磁场H，设定为式（9-9）形式的平面电磁场（在垂直于传播方向z轴的某一平面上，同一时刻的矢量E或H都相同），即把电场和磁场在z轴上的分量视为了零。但在电磁波方程的原始形式$\nabla^2 E-\varepsilon_0\mu_0\partial^2 E/\partial t^2=0$中，电场或磁场在$z$轴上的分量并不为零。可见，平面电磁波是丢失了部分内容的电磁波，其根本不能揭示电磁波的完整形态（对电磁波的速度解，不产生影响）。

对于传统电磁波，其按正弦规律连续变化的电磁场，是应用麦克斯韦方程组的复数形式，而得到的平面电磁场的一个特解。由微分方程特解的意义可知，特解只能揭示电磁波的某特定段场强在y或x轴方向上的变化。欲描述整个电磁波的电磁场变化规律或形态，必须获得脱离波源的电磁波方程$\nabla^2 E-\varepsilon_0\mu_0\partial^2 E/\partial t^2=0$的通解，但这是极为困难的。关键是这个特解来自波方程本身，而波源中$\partial E/\partial t$或$\partial a/\partial t$的物理意义，是电场或加速度的变化率，而不是电磁波的电场频率。这使得电磁波的构成或形态，与波源电场的波形和频率毫无关联。可见，将整个电磁波的形态认定为就是特解形态，不但无法解释电磁波中的电磁场以何种方式存在，还会造成电磁波不能表达波源信息的窘境。

再看新的电磁波结构，如图9-3中①②的对应关系，则上面说的特解只能是表示，单个光子的电场在y或x轴方向上的电场分量变化规律，属于旋转矢量与谐振动的关系。可见，图9-3所示的电磁波结构（与9.2.1节3的偶极子辐射论，有点相似之处），与原初电磁波方程的电场无任何冲突（电场与磁场的同步见下一节）。

由以上可知，自感电场才是电磁波或光的本源。电荷加速度的变化，才是激发电磁波的基本前提条件，这完全符合式（9-8）和式（9-10）的要求。

传统电磁波的电磁场，是连续变化并贯穿始终的，这与未能完全明晰微分方程解的物理意义，有着直接关系。再就是，传统电磁波理论始终不能舍弃电磁场相互感应论，这便与电磁波方程的解发生了冲突。

微分方程的解不仅仅决定于微分方程的形式，还依赖于解的初始条件。初始条件不同，同一微积分方程解法不同，结果也不相同[9]。前面已多次提到，对数学的过于偏执，已给现代物理学带来了诸多麻烦，而用微分方程揭示物理机制，更是难上加难。对繁杂的物理规律进行高度概括总结，需要使用数学来完成，如麦式方程的建立。但麦式方程虽能预见电磁波的存在，却不能完整揭示电磁波的生成机理，这是应引起物理学界注意的最现实问题。

9.2.4　电磁波或光子的激发动力

由上节光子的组份可知，光子既无引力质量，也无电荷。根据引力惯性的形成机理（见9.1.2节），光子运动不会产生阻碍其运动的自感引力场或自感电场，所以光子自形成开始直至光速，只受运动惯性影响，所以不存在通常意义的加速过程。至于光子的出射方向，完全取决于辐射初始时，光子所受到的启动力方向。

根据点电荷电场的空间分布和平板电容的边缘效应等，可以认为，同向电场线间，可视为存在相互排斥效应。以此类推，涡旋电场应同样存在这种效应（磁场线间也与此类似）。根据光子不受电场的作用，可知开放电场与闭合电场无相互作用。

由图9-1可知，穿过电荷的每条自感电场线，均大致同向。由于各同向电场线间的相互排斥作用，其将沿加速度法平面（垂直于加速度的平面）均匀散开。

偶极子天线的工作原理，就是在外电场作用下，天线中各自由电子所产生的自感电场线，受邻近自由电子自感电场线的排斥作用，使得每个自由电子的自感电场线，不再是围绕电子均匀散开，而是叠加聚集在某一平面上，形成单个环形电场。对于天线总体来说，各环形电场将以天线为轴（自由电子的加速度方向）均匀散开。

因为自感电场源于变化的磁场，所以从微观上看，图9-1中穿过电荷的自感电场线，其局部微观图像应如图9-4所示，即自感电场线并不是直接穿过电荷，而是绕过电荷。

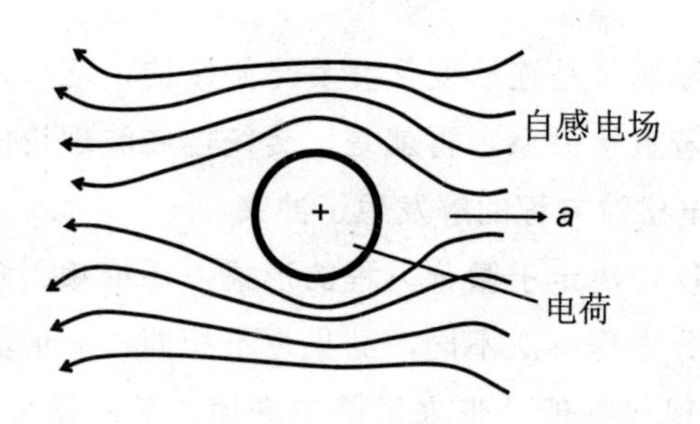

图 9-4. 自感电场穿过电荷的微观图像

当电荷加速度发生变化时，自感电场受惯性影响（开放电场无惯性，但闭合电场有惯性，见下节“光子的运动惯性”），其将与电荷发生错位或剥离，则每个环形自感电场在其间的斥力作用下，沿过电荷的加速度法平面，向周围辐射，每个环形电场就是一个光子。可知，波源的∂E/∂t或∂a/∂t，必须大于某一阀值时，才会产生辐射。由于斥力方向为沿环形电场径向，可知光子为径向运行姿态。电荷的原有速度，将使光子的运行方向偏离过电荷的加速度法平面，而形成一定的辐射范围，即电磁波的辐射角。由此可见，电磁波的激发，就是场物质蜕变为实体物质的过程。

同步辐射是近光速电子在磁场中做曲线运动时，沿轨道切线方向产生的光或称电磁波。因其是在电子同步加速器上首次观察到，所以称为同步辐射。其一系列优异特性，已成为继激光诞生以来又一革命性的重要光源。由于电子速度极大，环形自感电场的惯性作用大于各环形电场间的排斥作用，而叠加聚集在弧形轨道所在平面上，并在惯性作用下沿轨道切线方向辐射出高度偏振光（新电磁波理论光偏振方向，是指平行于环形电场所在平面，而不再是传统的横波振动，见后文9.3.1节、9.3.4节）。各电荷环形电场间的排斥作用及切线转角，则形成极窄的锥形辐射角。

在电子感应加速器或超导线圈中，被加速电子也是圆周运动，但并不会产生同步辐射[10]。因为该情况下，电荷受到的自感电场力（就是离心力），为沿轨道矢径向外，而电荷的向心力，则完全是由弧形电场提供。也就是说，加速电场始终存在一个与自感电场反向的分量。如此，自感电场将被弧形电场所抵消，所以不能形成电磁辐射。同样，绕核电子之所以不产生电磁辐射，也是因为原子核电场抵消了电子的自感电场。同理，星系的绕转运动，也不会辐射引力波。[1974年，乔·泰勒（Joe Taylor）发现一脉冲双星的轨道周期，每年减少70微秒，由此认定这是辐射引力波能量造成的，并获得1993年诺贝尔奖。参考绕转天体向引力中心旋进的机理，见8.4.2节，该结论是存疑的]。

9.2.5　光子的运动惯性与光速不变

根据新狭义相对论，尺缩效应在于整个三维空间（见第三章）。光子在辐射前，是与电荷连接在一起的自感电场，有着较大尺度，具有电场势能。辐射后，自感电场由于运动而产生尺缩。由7.1.1节可知，电场的尺缩将转变为磁场，或者说，环形电场的尺缩，可视为环形位移电流（类似于麦式假设的位移电流），所以将产生偶极子形式的磁场。也就是说，光子的电场和磁场是非时变的，这便是电磁波的电场与磁场始终保持同步的原因。所谓的电磁场波动，不过是单个光子的电磁场在速度法平面上投影的振动（参考9.2.3节）。可见，由麦式方程组推导出的磁波与电波，虽然数学形式完全相同，但物理形态并不相同。光子更像个小磁体，是具有磁矩的粒子（实验检验见后文9.3.2节）。至此，光子结构以及电磁波“零点困难”等问题，皆得到了圆满解决。

磁场能量是动能的体现（见9.1.1节），光子的动能或动质量，完全源于涡旋电场的运动，是电场势能转化为磁场能的过程。静止光子因仅具有电场势能，所以质量为零（见4.1.2节）。光波的引力频移，也是对光子静质量为零的支持（见6.3.2节）。如此，光子从静止至光速无须外力做功，便得到了理论上的完美诠释。这既是对光子静质量为零的验证，反过来也是对势能不可以等效为质量的验证。

如果说某物质无任何惯性，则根据惯性的形成机理，则物质稍受扰动，便可运动至无穷远处，既无加速过程，也不消耗时间。但根据能量不能突变原理，光子的电场势能在向磁场能的转化过程中，必然要消耗一定的时间。可见，光子的运动，将占用一定时间，这是光子或闭合电场的运动惯性体现。

由于光子为一环形电场，则光子运动形成的尺缩，将存在一个最小极限尺度（最小圆环），这应是自然界中最小粒子的尺度。由于光子最小极限尺度的存在，所以光子速度不能无限大，而维持某一确定大小。

根据相对性原理，任一惯性系中的原长和原时，都是相同的。根据光的独立传播性，则无论光子产于哪个惯性系，其相对于任一惯性系中的观察者而言，光子运行所耗费的时间和所经过的空间尺度都是相同的，这便是光速不变原理的成因。也就是说，只有运动惯性而无引力惯性及电荷惯性的物质，其速度必为常数或光速。

§9.3 新电磁波理论的实验检验

9.3.1 关于光子的概念补充

爱因斯坦光量子假说提出后，光的粒子性迅速得到了再次承认（第一次为牛顿的光粒子说，后被光波动说否定）。为统一光所表现出的波性与粒子性，传统电磁波理论，将电磁波的每个波包看作粒子（量子理论的一大假设），权作对波粒二象性统一的完成。但粒子的独立性与波包间的依存性，根本不能相融。这种破坏理论规则的猜测，为后来正确认识微观世界制造了极大障碍。截至目前，仍有太多的光学现象不能被传统电磁波理论所解释，光学几乎成了独立于电磁波理论之外的另一门学科。

为使新电磁波理论（见9.2.2~9.2.5节）更加坚实，按惯例须得到各种不同类型的实验检验。因此，除前面的论证过程外，再玩举些重要光学实验，以期对新电磁波理论进行更为全面的检验，并为揭示微观世界规律打下坚实基础。

由于新电磁波理论颠覆了传统电磁波理论所描述的电磁场形态，一些传统概念的内涵，已发生了较大变化。为了继续沿用光学中已广泛流行的概念，也为了叙述的方便，下面对有关概念的内涵，进行必要的补充和说明。

传统电磁波理论是建立在纯数学解的基础上，把平面电磁波的电场和磁场，当作电磁波或光的全部，且电场与磁场有着完全相同的波形态，电矢量、磁矢量及光传播方向三者相互垂直。这种将电磁场的波动与机械波进行强制对照，而完全忽视电磁场赖以存在的条件的做法，是很令人费解的。

新电磁波理论，使电磁场与粒子性得到了很好的统一。光子产生于电场（见9.2.3节），这种可形成实体粒子的场，称为物质场。光子磁场产生于电场的尺缩，是运动的标识，称为运动场。闭合物质场的运动可以产生质量或惯性，运动场不能离开物质场而单独存在，这相当于哲学上的物质与运动关系（物质是运动的载体，运动是物质的属性）。

图9-5为光子结构简图，光子的实际电矢量，就是光子的环形电场矢量，称为真电矢量，其环平面称为光子面，垂直环平面中心的直线称为光子轴，普通光子为径向运行姿态（光子沿光子面的径向或垂直于光子轴运行）。真电矢量的旋转矢量在运动法平面上的投影（参考9.2.3节），即真电矢量的分量，称为电矢量，用双向箭头表示，这便与传统光学中的电矢量具有了相同含义。由于光子的磁场是向空间扩散的，不宜再用投影分量表示，所以将光子的磁矢量，定义为光子轴上的磁场方向，用单箭头表示。可见，光子的电场、磁场及传播方向，三者仍为垂

直关系。

由图9-5可以看出，所谓的平面电磁波，不过是在运动的法平面上，单个光子的电磁场分量变化规律，或者说是单光子电磁场在运动法平面上的投影图像而已。这种缺失内容的电磁波，并不能代表电磁波的波性（关于光的波性形成，见后文9.4.3节）。光偏振也不代表光或电磁波的横波性，光偏振就是指光子面，光偏振方向仍可由电矢量确定（由于光偏振概念早已深入人心，所以新电磁波理论仍继续沿用这一概念，只是其内容已发生了重大改变）。

9.3.2 光子磁矩的检验

由于传统电磁波理论无法说明光子磁矩，所以在现有文献中，对实验中已表现出的光子磁矩现象，采取了回避做法。而图9-5中所示的光子结构，明确表明了光子是具有磁矩的粒子，这也是早前几乎未被提及的光子属性。

检验光子磁矩的实验装置[11]，是在光的单缝衍射实验装置基础上，在单缝间建立起垂直于单缝的磁场，如图9-6所示。断开电磁铁电源开关，屏幕上显示正常的衍射条纹。接通开关后，衍射条纹将以中央明条纹为中心，向两侧扩展。磁场越强及光栏片越厚（厚度大小要保证能显现出正常的衍射条纹），条纹扩展程度越大。而在单缝间加有电场时，则对衍射条纹无影响。

新电磁波理论可以很容易解释上述实验现象：由光源发出的激光，正反向磁矩的光子数相同，则光子在缝间磁场作用下，必使得衍射条纹将向两侧扩展（关于衍射或干涉图样的形成机理，见后文9.5.1节）。由于磁场越强，光子受到的磁力越大；光栏片越厚，光子受磁场的作用时间越长；所以条纹的扩展程度越大。而在加有电场时，因光子的电矢量为双向，所以不对衍射条纹产生影响。可见，新电磁波理论下的图9-5光子结构图，完全符合实验结果。

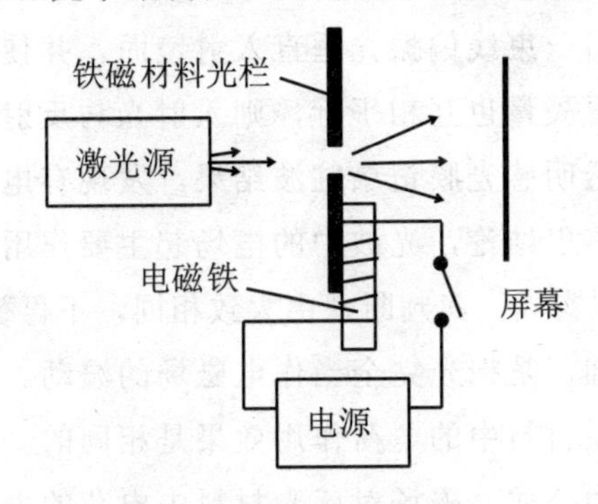

图9-6 光子磁矩的检验

再谈谈光子的反射和吸收，这也是光子磁场与反射物或吸收物中电荷的作用结果。当光子与质子作用时，由于质子质量远大于光子质量，则质子基本不吸收光子能量。根据楞次定律，质子将对光子产生反作用力，而使光子反射。当光子与电子作用时，如果光子磁场可使电子获得一定速度，则电子通过磁场而消耗光子的能量或被吸收。当然，光子被吸收或反射，也可看作碰撞引起的光子速度突降，使光子尺度变大形成电场势能而被电子吸收，这是动能反向转化为电场势能的过程。这两种解释，并无本质上的区别。

再看反射光和折射光的偏振现象。实验表明，反射光的电矢量多为垂直于入射面（入射光线与过入射点的法线所构成的平面），而折射光的电矢量多为平行于入射面。对于这一常见的光学现象，传统电磁波理论是无能为力的，但这却完全符合新电磁波理论。由于光子是径向运行姿态，则当入射光子的电矢量垂直入射面时，则磁矢量为平行入射面，则媒质界面内的电荷（构成原子的正负电荷），将与靠近光子某磁极处的磁场发生作用。由于该情况下的磁场最强，则光子受电荷的反作用力也最大（楞次定律），光子易被反射。而当入射光子的电矢量平行入射面时，磁矢量为垂直入射面，则媒质界面内的电荷将与光子磁场的最弱处（光子面所在平面）发生作用，反作用力最小，光子易进入媒质而被折射。

不同方向具有不同光学性质的一些晶体，会产生双折射效应。传统电磁波理论也无法解释折射光为何会分解成两束。而利用图9-5，则此种现象可得到很好的解释，即双折射晶体对不同磁矢量方向的光子，有不同的作用效果，这就是o光和e光的形成机理。

9.3.3 维纳（Otto Wiener）实验

目前的光学研究，光矢量（指电矢量和磁矢量）几乎已完全被电矢量所替代，磁矢量已达到被忽略的地步。众多实验研究认为，引起感光或生理等作用的主要原因，是光的电矢量，其中最具影响的是维纳于1890年进行的实验[12]。

维纳实验原理为，用一束线偏振光垂直入射镜面，并使入射光与反射光的电矢量互相平行，此时的磁矢量也互相平行，则入射光与反射光将形成驻波。用极薄（小于1/20波长）的透明感光膜记录驻波结果。发现有电场方向的条纹，而无磁场方向的条纹。由此得出结论，光波中的电场起主要作用，而磁场的作用则可以忽略。至于其他同类型实验，其判断理由大致相同，不再赘述。

维纳实验的理论基础，是把光完全当作电磁场的波动。但根据电磁理论，光的电场和磁场，对感光膜材料中的电荷作用效果是相同的。因为电矢量与磁矢量相互垂直，根据洛伦兹力公式，磁场对感光材料中电荷的力作用，也是与电矢量平行的。可见，有电场方向的条纹而无磁场方向的条纹，是很正常的现象，根本不能否定磁场的作用。

另外还有原子物理的估算结论，试图为维纳实验的传统分析提供佐证。也就是说，由于物体中电子的速度远小于光速，根据全洛伦兹力公式$f=q(E+vB)=e(E+vE/c)$（这虽然是错误形式，见4.3.2节，但对结论无影响），电子受到的磁场力要远小于电场力，所以可忽略磁矢量的作用[12]。该说法的关键，是将电子相对光的速度，看作相对观察系的速度，即认为光的电磁场不存在运动成份，光的电磁场在光传递过程中是就地生成的（即使是这样，就地生成的磁场仍会感应出电场而作用于电子。再往深说，电磁场不断地相互感应，只会向整个空间传播，这将使得光在理论上不能存在）。这显然与光压实验中输出持续光压的结果相冲突（波压应是周期性的，其平均压力为零），更不能与光的粒子性相容。如果将光子的磁场看作光速运动，则物体中电子相对光子磁场的速度也近似等于光速，则全洛伦兹力公式中的$v\approx c$，则磁场与电场的作用完全等价。

由上述可知，传统的分析根本不能区分，感光膜条纹是电场还是磁场引起。现用新电磁波理论重新分析维纳实验，根据图9-5所示的光子结构，除磁矢量为单向外，其电矢量的定义同传统电磁波的电矢量并无实质上的不同，所以用电矢量确定光偏振方向的传统做法，仍适用于新电磁波理论，只是光偏振已不再代表光或电磁波的横波性，而是代表光子面的切向。这就要求早前对实验的分析判断，必须重新进行思考。

偏振光的相邻光子间，在磁矩的作用下，磁矢量反平行是最稳定的组合，或者说，普通偏振光是由磁矢量交替反向的光子构成，这完全符合光子磁矩实验结果（见9.3.2节）。这说明，维纳实验的入射光与垂直反射光，将形成光子面相对平行的状态。由于光子电场为非扩散型闭合场，所以感光膜上电子不受光子电场的作用，即感光材料被感光与光子电场无关。由于光子磁场为扩散型闭合场，则入射光子与反射光子在正反磁矩交替作用下，形成“驻波”。感光膜上电子受到的洛伦兹力，与电矢量平行，即电矢量方向的感光材料被感光，这便是感光膜显示与电矢量平行条纹的真正原因。

由以上可见，对于维纳实验，新电磁波理论认为，感光膜条纹的产生，是通过磁场做功而消耗电场能的结果。如果用传统电磁波理论分析，感光膜条纹的产生，也应是电场和磁场同时做功，且电场与磁场的做功大小相同。新旧理论分析结果，皆是感光膜条纹为电矢量方向。可知，早前对维纳实验的分析逻辑，就是错误的。维纳实验根本不能确定，光电场的作用强大到可忽略磁场的地步。结合9.3.2节可知，光子的磁场，才是光子与外界发生作用的主要因素。至此，“引起感光或生理等作用的主要原因，是光的电矢量”这一论断，被彻底颠覆。

9.3.4 微波偏振实验与偏振光

偏振在光学中有着极其重要的地位，也是最能体现光属性的内容。传统电磁波理论认为，光的波性与机械波类同，光波就是电磁场的波动。光的电场、磁场、运动方向三者相互垂直，这便是光为横波的理论依据（其中光偏振方向是指电磁波中电场的振动方向）。下面将会看到，新电磁波理论的光偏振内容，虽然发生了重大改变（见9.3.1节），但却更合乎早前关于光偏振的实验。

一、微波偏振实验

微波的频率或波长接近可见光，与可见光有着明显的共性，也会发生反射、折射、散射、绕射、干涉等现象，而灵敏度却比光检测器高出许多，所以非常适合作为从电磁波至可见光的过渡。

微波偏振实验原理为，在微波发射机T和微波接收机R之间，放置一个由平行金属线制成的金属栅，如图9-7所示。微波的电矢量方向，可由微波发射装置的原理得知。转动金属栅，使栅线垂直于电矢量，则接收机收到最强信号。而当栅线与电矢量平行时，接收机完全收不到信号。

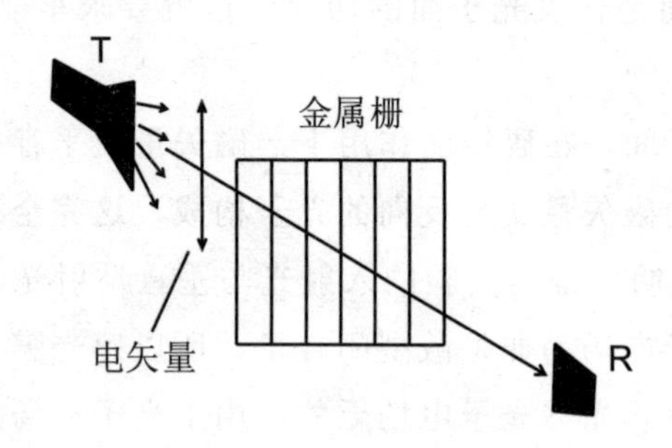

图9-7 微波偏振实验原理

目前的解释为，当电矢量平行栅线时，电矢量将在导线中激起电流，而被金属栅吸收并转变为焦耳热（实际上还存在微波反射），所以微波不能通过金属栅。而当电矢量与栅线垂直时，电矢量因不能在导线中激起电流，所以可无耗损地通过金属栅[13]。这种分析显然极为幼稚，因为金属栅线皆是联通的，即无论电矢量与栅线是否平行，都应在导线中激起电流，而阻止微波通过。再说，若从微波的总效应看，当微波到达金属栅的瞬时，电矢量皆为同一方向，且同一波源的微波相位相同，这相当于金属栅处于静电场中，所以电矢量不可能激起电流。可见，传统电磁波理论根本不能解释微波的偏振机理（传统电磁波理论的磁场作用是被忽略的）。

再看新电磁波理论的解释，微波就是光速运行的光子群。当光子到达金属栅时，如果电矢量E平行栅线，如图9-8a所示，则由于光子磁场是向空间扩散的，则光子磁场将切割栅线而产生电流，光子被吸收。如果说有两个磁矢量反向的光子，几乎同时到达金属栅，则感应电流便不能形成或不做功（电流做功是指导体中的电子与光子作用后，电子速度存在增量），但感应电动势却存在。根据楞次定律，感应电动势会形成反作用力，而将光子或微波反射掉。当电矢量E垂直栅线时，如图9-8b所示，由于光子磁场在金属栅两端横金属线处的强度极弱（偶极子场B与至中心距离的立方成反比），所以可近似为不做功，则光子可通过金属栅。如此，微波的偏振实验便得到很好的解释。可见，微波能否通过金属栅，起决定作用的是磁矢量，而非电矢量。

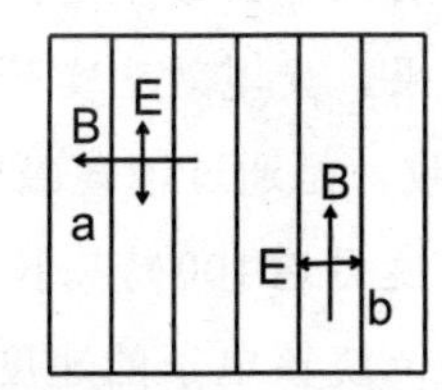

图9-8 微波经过金属栅

二、光偏振与横波性无关

光就是电磁波，所以普通光偏振与微波偏振完全一样，只是普通光的能量更大、频率更高、波长更短，这就需要使用导电栅线更密的线栅偏振片，观察光偏振现象。由于微波的偏振方向与栅线垂直时方可通过，所以线栅偏振片的偏振化方向设定为与栅线垂直。也就是说，透过线栅偏振片的线偏振光，其电矢量或称光偏振方向与栅线是垂直关系。

再回顾机械波，机械波是媒质中质点振动的传递。当质点的振动方向与波传播方向平行时，称为纵波。当质点的振动方向与波传播方向垂直时，称为横波。对于纵波，狭缝始终不能阻碍振动的传递，所以纵波在任何情况下都可以通过狭缝。而对于横波，当狭缝与振动方向平行时，狭缝同样不会阻碍振动的传递，所以该情况下的横波仍可通过狭缝。但当狭缝与横波的振动方向垂直，且波振幅大于狭缝宽度时，则狭缝将会阻碍振动传递，所以该情况下的横波不能通过狭缝，这也是区分纵波与横波的标志。

由以上可知，光偏振方向与栅线垂直时，光可通过偏振片，而横波则为振动方向与狭缝平行时，波可通过狭缝，两者的情况正好相反。一般文献为了说明光是横波，常用机械波的横波性，对光是横波进行论证说明，但对光的电矢量方向及振幅却直接回避了，这使得初学者对电磁波的认识产生了很大误解（需引起注意）。而若将光偏振方向定义为磁矢量方向，却又违背了传统上认为的电矢量起主导作用结论。可见，光波与机械波并不具备可比性。

再看微波是否通过金属栅的分析，无论新旧理论，都只是强调电矢量或磁矢量的作用，丝毫未提及波性的作用。也就是说，光能否通过栅线，是光子的面结构及其电磁场属性的一种体现，与横波性没有丝毫的关联。可以看出，传统电磁波理论或光学，给出的电磁波或光是横波的结论，本身就面临着极大的尴尬（物质波与机械波虽然在许多方面表现类同，但本质上是两种不同的事物。见后文§9.4节）。

从新电磁波理论的光子结构模型看（图9-5），光子的磁场是向空间扩散的，所以不能体现光的粒子性。光的粒子性，完全由光的电场或真电矢量决定。电矢量不过是真电矢量的分量罢了，所以电矢量不可能完全体现出光的属性，这也是平面电磁波缺失光内容的必然结果。光电效应实验，更是直接否定了光或电磁波与机械波具有类同性。光子被吸收，是通过消耗磁场能量而消耗电场能量。

目前世界最强的人工磁场强度可达100特斯拉，但这远小于微观世界的磁场强度。以绕核运行的氢原子来说，绕核电子的速度达2.2×10^6m/s，其在电子经典半径（远大于电子的实际半径）处的磁感应强度可达上万特斯拉。可见，微观粒子的磁场，远大于人工磁场。

由于光速极快，外加的人工磁场很难改变光子的姿态，这也是人工磁场很难直接使自然光偏振的原因。人工磁场对光子的作用，只能在光子与某物质发生作用或碰撞，而导致光速瞬变时，才能表现出光子的磁矩性质，如磁光效应等。

9.3.5 光子角动量的否定

9.3.5.1 光子角动量的理论分析

光子角动量概念，源于将洛伦兹力公式代入麦式方程组，而得到的涡旋场动量表达式，进而得到光的自旋角动量（SAM）和轨道角动量（OAM）表达式（两者的本质区别不大，只是旋转速度存在较大差异）。在量子理论中，自旋是由粒子的内禀角动量，光子是自旋为1的粒子，因此认为光子具有自旋角动量。

目前学术界公认的圆偏振光物理图像为，电矢量绕光传播方向均匀左或右转动，其矢量末端轨迹在波矢法平面（垂直于光传播方向的平面）上的投影呈圆形或椭圆形。

现对上述理论做深入剖析，从麦式方程组和洛伦兹力公式的物理意义看，由两者共同得到动量或角动量表达式，只能表明涡旋电磁场可以携带动量或角动量，即涡旋电磁场具有质量或惯性，这完全符合前文对光子的论述。而由麦式方程组独立得到的电磁波方程，只是表明涡旋电磁场可以构成电磁波或光，但这并不代表电磁波或光一定具有角动量。数学方程的物理意义，绝对不可以随意扩展。

实验表明，大于2倍电子质量的光子，可产生自旋相反的电子对。根据自旋数守恒定律，可知光子无自旋角动量。如此，便直接否定了量子理论关于光子具有自旋的结论。可见，虽然目前的量子理论是建立在实验基础上，但除实验结果外，量子理论对逻辑性的无视，以及太多的诡异性，已表现出了量子理论就是对各种实验的不断曲解，是最不可信的理论。

对于圆偏振光是光矢量的左右转动，这种表面上看似完美的物理图像，其实根本没有考虑到电矢量或磁矢量的旋转，所感生的电磁场是携带能量的，这必使得圆偏振光会不断消耗能量而至消失。可见，椭圆偏振光是电矢量绕转的说法，根本不能为电磁理论所支持，所以不能成立，即圆偏振光不可以有任何形式的角动量存在。

新电磁波理论的光子模型，如图9-5所示，同样不支持光子角动量的存在。假如光子受到某扰动力矩作用而产生转动时，则必会感应出新的电场和磁场。根据楞次定律，光子必产生反抗的相对转动。这表明，光子仅可以在外力矩作用下发生偏转，但当外力矩撤除后，光子仍将维持在非旋转姿态，如光子偏振方向的改变。也就是说，光子在任何情况下，都不允许有旋转或自旋的存在。

9.3.5.2 光子的角动量实验

1909年，Poynting首次提出在圆偏振光场中存在角动量，并随后被Beth的光致物体旋转实验“证实”[14]。实验原理为：用细丝水平悬挂一个半波片，当左旋圆偏振光通过半波片后，将变为右旋圆偏振光。设左旋圆偏振光的每个光子携带有+ħ的自旋角动量，则它通过半波片后，光子的自旋角动量变为-ħ，这意味着半波片从一个光子那里得到了2ħ的角动量。再由光束强度可算得在单位时间里传给该波片的角动量，即施加在半波片上的扭力矩，使半波片在光的作用下发生了旋转。至此，光子具有角动量，得到了学术界的普遍认可。后来的光镊在三维空间中悬浮微小粒子，也是这个道理[15]。

现重新分析Beth实验，通过半波片后的圆偏振光使半波片转动，是作用反作用定律的体现，是半波片与圆偏振光交换角动量的结果，它们的合角动量增量仍然为零。半波片转动力矩的产生，是由半波片的微观结构和圆偏振光的物理姿态共同决定的，根本代表不了圆偏振光具有角动量。这就好比，水流冲击涡轮旋转的同时，水流的冲量转换成了涡轮的角动量，而不是水流具有角动量。

后来有人用黑色薄片代替半波片，黑色薄片并无旋转。根据角动量和角能量守恒定律，可以断定，射入波片前后的圆偏振光，不存在角动量。也就是说，Beth实验的实质，与现今学术界公认观点正相反，是对光子无角动量的实验证实，或说Beth实验只是以另一种方式，证明了光子具有质量或惯性。这与新电磁波理论下的光子结构完全符合。另外，用光子角动量不为零的观点解释塞曼效应，还将会出现矛盾情况[16]。至此，圆偏振光是光矢量不断旋转的观念，被彻底否定。可见，光子具有自旋角动量和轨道角动量，无疑是对理论和实验的双重曲解。

9.3.5.3 椭圆偏振光的物理图像

由图9-5可知，电矢量只是光子电场的分量，是对光子电场规律的部分表达。由光子磁矩实验知（见9.3.2节），对于一般的线偏振光，正反向磁矢量的光子数相同。也就是说，组成线偏振光的各光子，其磁矢量为交替反向（符合菲涅耳关于线偏振光是左右旋圆偏振光合成的数学模型）。而构成椭圆偏振光的基本单元，则是由两个光矢量相互垂直，且两者间距或光程差恒定的光子对构成（光子波长和波粒二象性的实质见下节）。由此得出的数学表达式，为椭圆方程形式（这也是椭圆偏振光名称的由来），但这仅是对合矢量末端轨迹为椭圆形的数学抽象，客观上的光矢量是不允许旋转的（见9.3.5.1节）。

椭圆偏振光的左右旋方向，可由光子对的两磁矢量关系确定。右手拇指指向光源，其余四指依次握向相位超前、相位滞后的磁矢量，此为右旋椭圆偏振光（此方法需要标出磁矢量）。反之，则为左旋椭圆偏振光。如此，椭圆偏振光的旋向判断，便可不必仅依赖1/4波片进行。至此，在完全符合现有实验和理论的基础上，椭圆偏振光的物理图像得到了完美解决。

椭圆偏振光无角动量结论，仍符合经典电磁理论及传统光学的振动合成运算，但与量子理论的光子自旋角动量仍存在冲突。其实量子理论的自旋，也只是个说不清的概念，在自旋的物理意义（见后文第十章）明确之前，不宜作为依据。

§9.4 量子力学与相对论及经典理论的统一

9.4.1 重新认识波粒二象性

波粒二象性，是运动微观粒子所表现出的两种对立特性。根据波的原始定义，机械波是质点振动能量的传递，是质点围绕平衡位置的往复运动，即质点本身不产生位移。也就是说，波是由相位有序排列的众多振动质点组成，是质点群的集体效应，即单个质点不能构成波，波也不具有实体性。可见，目前学术界认为的，波粒二象性是微观粒子自身的固有属性，但这在物理上有着不可调和的矛盾。目前的量子理论，就是建立在这种不可调和矛盾的基础之上，成为宏观理论与微观理论的分水岭。

现对粒子的波性，进行重新分析。图9-9为一个以速度u做匀速运动的谐振子运行轨迹，ox 轴为谐振子的平衡位置。设 Q 点的时刻为 t_0，P 点的时刻为 t，则当振子从 Q 点运动到 P 点时，其所经历的时间为 x/u，则 $t_0=t-x/u$。此时 P 点在 y 轴标上的振动位移，与另一个各种参数皆完全相同的、且一直停留在原点 o 处的谐振子振动位移，必是相等的。根据谐振动方程，P 点的振动位移为

$$y=A\cos\omega t_0=A\cos\omega\left(t-\frac{x}{u}\right) \tag{9-16}$$

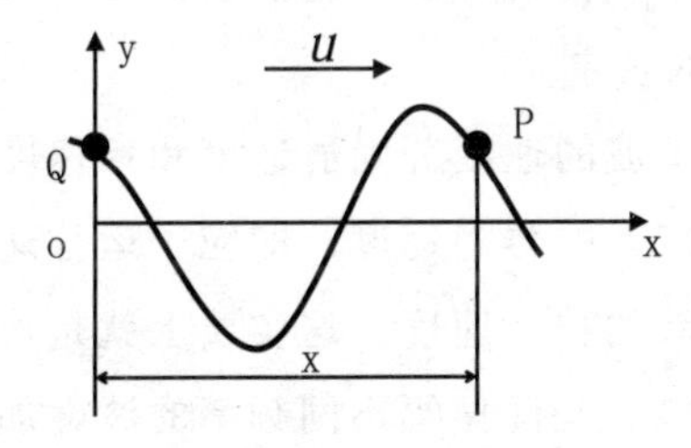

图 9-9 匀速运动的谐振子轨迹

式（9-16）便是匀速运动谐振子的轨迹方程，其与简谐波的波动方程式（1-2），完全相同，即匀速运动谐振子的方程，就是波动方程（后文统一称为波动方程）。从物理上看，匀速运动的谐振子，完全相当于质点振动的传递，即相当于波。

根据机械振动理论，多个同频同方向谐振动的合成，其振动方程形式不变。根据相对性原理，则匀速运动的振子群，同样满足振动方程形式的不变性，即满足波动方程。也就是说，运动振子群同波一样，具有干涉、衍射等波所具有的一切性质。可见，波动方程既可以是对波的表述，也可以是对运动振子的表述（还没发现存在第三种情况）。

量子力学的最基本方程——薛定谔方程，源于波函数，波函数又源于波动方程，所以说薛定谔方程既可以是对波的描述，也可以是对运动振子的描述。由于波粒二象性在物理上具有不可调和性，所以说薛定谔方程只能是对运动振子的描述。也就是说，所谓的物质波，实质上就是运动振子，且不会产生辐射（见后文 9.4.5 节），即波粒二象性中的“波”，是运动振子群性质的表现，而不是波性质的表现。

回顾量子力学，所谓叠加态（既是波又是粒子）衍生出的“波坍塌”（不观察时是波，观察时是粒子）、“概率波”（粒子只能以概率形式出现在空间某点）等许多根本无法理喻的观念，在将“波动”改为“运动振子”后，这一切的不可理喻或称量子力学疑难，皆将不复存在，微观物理学将彻底告别“薛定谔猫”（处于又死又活状态的猫）。

9.4.2 物质波是运动振子的验证

9.4.2.1 群速度和相速度的重新审核

量子理论虽然承认物质波与机械波的不同，但在理论的叙述和推理上，却始终遵守着物质波就是机械波的观念。当量子理论用波粒二象性诠释光本质时，便出现了波坍塌困惑，即概率波如何在观测瞬间使波变成粒子？其实这已经构成了对“物质波就是机械波”的否定。

目前，量子理论将物质波的速度分为群速度和相速度。群速度指脉冲波包络上某特性点（如幅值最大点）的传播速度，即粒子运行速度。相速度则是波的某固定相位点传播速度，即波的传播速度。这实质上就是说，物理上粒子是不存在的，粒子的本质就是个波包，是同振幅不同频率的波叠加，如此便形成了群速度和相速度的不同（可参考相关论著）。该种观点，是对粒子的独立性、波传播的连续性、波能量需要载体等基本物理理念的无视。尤其是之后诞生的弦论，更是认为弦是波能量的载体，而弦又是个说不清的纯意识产物。这种将意识产物不断强制为物理实在的做法，必将深陷于哲学上的不可知论。

将$\lambda=h/mu$和$\varepsilon=h\nu$代入机械波的波速公式$V_p=\lambda\nu$，并结合$\varepsilon=mc^2$，得$V_p=c^2/u$（$c>>u$），得$V_p>c$，即除光波和引力波外，所有物质波的相速度皆是超光速的。目前理论的解释是，相速度V_p既不表征信号速度，也不表征能量的传播速度，而是相位传播速度，所以$V_p>c$与相对论的光速限制无冲突（其实旧相对论的观点，也限制这种超光速）。

其实上述解释完全是诡辩，因为波的本身就是能量传递的一种形式，相位的传播同样会携带能量，其过程中当然也含有信息的传播，所以V_p不允许超光速。这表明，相速度V_p不可能存在。物质波与机械波是两种不同的事物，将它们各自的数学表达式强制联立而得到的结果，显然不能成立，这其实也是一种数学滥用。

从新电磁波理论看，光子虽然是接近点状的实体粒子，但其环形电场的尺度是不可以为零的，即仍存在电场势能。所以说，光子的静质量虽然为零（势能无质量，见4.1.2节），但静能量并不为零。光子动能可表示为mc^2，完全是由光子的磁场来体现（见9.1.1节），即mc^2中不包含电势能。将mc^2看作光子总能量，是指光子电势能小到可以忽略。对于普朗克能量子$\varepsilon=h\nu$，无论是将其看作光子的总能量，还是看作仅含有光子的动能，都不会对结果产生明显影响。但是，当将$\varepsilon=h\nu$用于普通粒子时，如果再不对其到底是总能还是动能进行定性，便会对结果产生极大的影响。其实，在薛定谔方程的推导过程中，已经明确了$\varepsilon=h\nu$仅包含动能[5]，而薛定谔方程又是经过众多实验检验的。由此断定，$\varepsilon=h\nu$仅包含有动能。

从相速度 V_p 超光速的推导过程看，明显是将 $\varepsilon=h\nu$ 当成粒子总能量（$\varepsilon=mc^2$），但这只能适用于光速物质。对于普通粒子，必须将 $\varepsilon=h\nu$ 仅看作动能，否则便会与薛定谔方程发生冲突。这也再次肯定了，物质波的相速度 V_p 不可以存在。以相速度 V_p 为基础的一切推理，自然也不能成立。

对相速度 V_p 的否定，完全符合物质波是运动振子的结论（见9.4.1节），因为振子本身就是对相速度 V_p 的否定。由此还可看出，机械波的波速公式 $V_p=\lambda\nu$ 不能用于物质波（其能适用于光波，也算是一种巧合）。

9.4.2.2 物质波的频率－波长－速度

由于运动振子不存在波长，所以德布罗意公式中的波长 λ，并不是通常意义的机械波波长，而是对运动振子波形轨迹的一种形象表述，或者说是表征振动相位的中介参量。

将 $\varepsilon=h\nu$ 确定为动能后，根据式（4-10），则 $h\nu=(m-m_0)c^2$，再结合德布罗意公式 $\lambda=h/mu$，可得

$$\lambda\nu=\frac{(m-m_0)c^2}{mu}=\frac{c^2}{u}\left(1-\frac{1}{\gamma}\right) \tag{9-17}$$

式（9-17）便是在考虑相对论效应情况下，物质波的群速度、波长和频率三者的精确关系，即u与 $\lambda\nu$ 的关系。表明了只有光速的物质波，才符合机械波的波速关系式 $V_p=c=\lambda\nu$。

为了更好地理解德布罗意波长的物理意义，设 $u<<c$，并将式（9-17）中的 $1/\gamma$ 按级数展开，可得 $\lambda\nu\approx\frac{c^2}{u}\left[1-\left(1-\frac{1}{2}\cdot\frac{u^2}{c^2}\right)\right]=\frac{u}{2}$，即 $\lambda\approx\frac{T}{2}u$（$T$ 为周期）。可见，在远低于光速时，德布罗意波长为粒子经半个振动周期所走过的路程，或者说是粒子的波形运行轨迹波长的一半。只有在接近光速时，德布罗意波长才接近一个振动周期所走过的位移。

9.4.2.3 普朗克假设与德布罗意假设是互为因果关系

德布罗意根据普朗克光量子假设，得 $\varepsilon=h\nu=mc^2$，再结合 $c=\lambda\nu$，得光子动量 $p=mc=h\nu/c=h/\lambda$。德布罗意认为，这个表述光子动量的关系式，可适用于任意普通粒子，并因此提出假设：$p=mu=h/\lambda$。这便是德布罗意波的由来。

其实，对于普通粒子，以 $\varepsilon=h\nu$ 和 $p=h/\lambda$ 这两个假设中的任何一个为前提进行严格推导，都直接构成了对另一假设的否定，但后来的实验却皆对这两个假设给予了肯定。到目前为止，$\varepsilon=h\nu$ 和 $p=h/\lambda$ 一直被看作两个没有必然逻辑关联的各自独立假设。可见，量子力学的两个基本公式，在量子力学建立之初就存在着逻辑上的不和谐，给理论埋下了不自洽隐患。微观世界与宏观世界受不同物理规律支

配的观点，之所以能被学术界普遍接受，这也重要原因之一。

将物质波看作运动振子后，对式（9-17）进行反推，便可使普朗克假设与德布罗意假设得到统一。将德布罗意公式$\lambda=h/mu$与式（9-17）结合，可得

$$m=\frac{h}{\lambda u}=\frac{h\nu}{c^2\left(1-\frac{1}{\gamma}\right)} \tag{9-18}$$

将式（9-18）代入任意粒子的动能$\varepsilon=\left(m-m_0\right)c^2=\left(1-1/\gamma\right)mc^2$中，便可得到普朗克能量子公式（反之，由德布罗意假设也可得到普朗克能量子假设）：

$$\varepsilon=\left(1-\frac{1}{\gamma}\right)c^2\cdot\frac{h\nu}{c^2\left(1-\frac{1}{\gamma}\right)}=h\nu \tag{9-19}$$

这也再次证明，普朗克公式$\varepsilon=h\nu$，仅包含有动能。对于目前文献中的物质波（光波除外），只谈波长不谈频率的现象，将被彻底改变。

9.4.2.4 相对论性的薛定谔方程

在薛定谔方程的推导过程中，动量与动能关系采用的是低速近似关系$p^2=2mE_k$，所以薛定谔方程不能适用于近光速粒子。由式（4-10）可知，相对论性动能$E_k=\left(\gamma-1\right)m_0c^2$，再结合相对论性动量$p=\gamma m_0u$，可得相对论性动量与动能的准确关系式为

$$p=\left(\frac{E_k}{c^2}+m_0\right)u \tag{9-20}$$

在薛定谔方程的推导过程中，如果动量与动能关系采用式（9-20），便可成为真正的相对论性薛定谔方程（读者可自行推导）。

再回头看传统理论的结果，传统理论是将总能量与动量的关系式$E^2=E_0^2+P^2c^2$代入波函数（用总能量替换动能，是典型的概念模糊），得到克莱因—戈登方程式，其所含有的对“时间的二阶微商”，是不能被量子论的波动方程式所允许的[18]。这在一定程度上表明，式$E^2=E_0^2+P^2c^2$，并没什么意义。而若采用式（9-20），便不再存在“时间的二阶微商”。后来著名的狄拉克方程（也被称为相对论形式的薛定谔方程），也是以$E^2=E_0^2+P^2c^2$为基础得到的。虽说其能够满足洛伦兹协变性，但其所表达的物理意义，已与薛定谔方程发生了偏差。也就是说，狄拉克方程所取得的一些成就，可能只是一种近似结果或巧合。这从量子力学中出现的许多诡异概念，如自旋（既是自转又不同于宏观的自转）等，便可看出端倪。

由于目前的量子力学，是以低速近似下的薛定谔方程为基础而展开的，所以其所描述的许多微观物理规律，在非极端情况下仍然有效，但其所表达的物理意义已与实际发生了偏离，所以必须重新进行诠释。相对论性动量与动能准确关

系式（9-20）的确立，使得量子力学的基础与新相对论及经典理论，初步得到了统一，且不存在任何冲突和不可思议，微观世界仍完全受宏观物理规律的支配。

9.4.3　物质波的形成

到目前为止，物质波就是运动振子的观点，在理论和实验方面均得到了肯定。下面再来分析运动粒子产生振动的原因。

新狭义相对论已经表明，尺缩效应与力相关（见3.2.3节），运动粒子在尺缩方向上将形成加速运动。将一中性粒子粗略抽象化为两个质量相等的质点系，如图9-10所示。其中，$d`$为质点系静止时两质点间距；$F`$为质点系静止时两质点引力的平衡力，该平衡力在运动过程中始终保持不变（参考4.5.2节）；d为运动质点系尺缩后的两质点间距；F为尺缩后两质点间的引力，f为W场力［见式（7-5）］。当质点系以速度u运行，且一质点（大黑圆点）尺缩至图示位置时（下部质点的尺缩变化，可不予考虑），各个力的大小分别为

$$F` = G\frac{m_0^2}{d`^2} = G\frac{m_0^2}{\gamma^2 d^2},\ f = \frac{Gm_0^2u^2}{(d+x)^2c^2},\ F = \frac{Gm_0^2}{(d+x)^2} \tag{9-21}$$

此时，质点受到的合力$\Delta F = F - f - F`$，将式（9-21）代入，得

$$\Delta F = \frac{Gm_0^2}{(d+x)^2} - \frac{Gm_0^2u^2}{(d+x)^2c^2} - \frac{Gm_0^2}{\gamma^2d^2} = -\frac{Gm_0^2}{\gamma^2}\frac{2d+x}{d^2(d+x)^2}x \tag{9-22}$$

式（9-22）中负号，表示合力ΔF与x的增大方向始终相反。比较弹簧振子的受力$F = -kx$，可知质点将围绕平衡位置而形成振动。

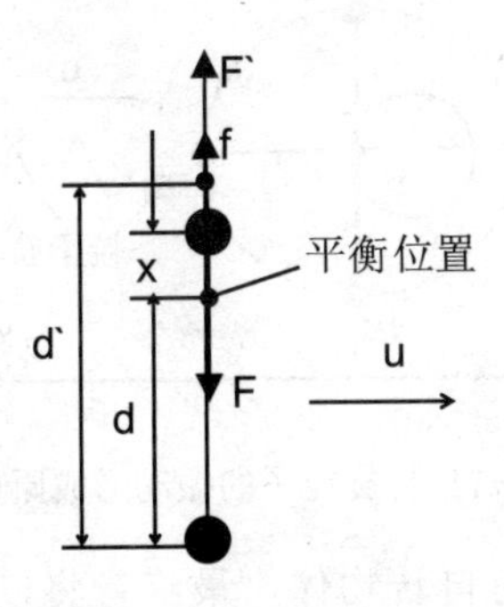

图9-10　物质波的形成原理

由式（9-22）和质-速关系式$m = \gamma m_0$，可得质点加速度为

$$a = \frac{\Delta F}{m} = -\frac{Gm}{\gamma^4}\frac{2d+x}{d^2(d+x)^2}x \tag{9-23}$$

设$\omega^2 = Gm(2d+x)/\gamma^4d^2(d+x)^2$，则$a = -\omega^2x$。但由于m及x不是常量，则$\omega$不是常数。由此可知，物质波在近光速时，是个较复杂的振动形式，而非简谐振动。

当粒子速度u<<c时，则x<<d，则$\gamma^4 \approx 1$，$d+x \approx d$。得$\omega^2 \approx 2Gm/d^3$（注意：其中的d，是抽象出的尺度，仅具备常量性质，不具备测量和计算意义），则ω近似为常数，则式（9-23）改写为振动微分方程形式，为

$$\frac{d^2x}{dt^2}+\omega^2 x \approx 0 \tag{9-24}$$

解式（9-24），便可得到谐振动方程$x=A\cos\left(\omega t+\phi\right)$。也就是说，物质波在远低于光速时，为简谐振动。由$\omega^2 \approx 2Gm/d^3$可知，其频率$\nu \sim \sqrt{m}$，这与机械振子频率$\nu \sim 1/\sqrt{m}$正相反。也就是说，对于物质波，粒子的质量越大频率越高，符合光子等粒子的能量或质量越大频率越高的普朗克假设结果。

图9-10只是粒子的最简单抽象模型，由于尺缩效应存在于整个空间，所以任何粒子流皆可看作由无数个上述粒子振动模型的合成。可知，对于无自旋粒子的运行（微观粒子的自旋，就是宏观上的自转，其重新论证过程见后文第十章），将形成围绕质心的体积胀缩振动（质心不存在振动）。

对于具有自旋的粒子，可将其抽象化为绕质心P自旋的四个质点，并设粒子静止时，$m_1=m_2=m_3=m_4$，如图9-11所示。当粒子沿不平行于自旋轴方向以速度u平动时（图示为垂直于自旋轴方向运动），设自旋线速为v，则m_1速率将大于m_3速率，根据质-速关系式，则$m_1>m_3$，可知运动粒子的质心将向上偏离静止时的几何中心。

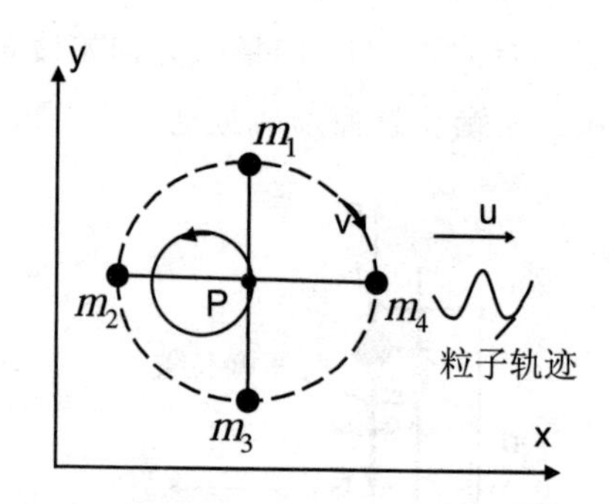

图9-11 自旋粒子的振动形成原理

由于处于自由状态的任何自转物体，最终皆将以质心为旋转轴，可知粒子速度的每次变化或加速，其自旋轴位置也将会不断随质心的变动而变动。由于自旋轴的变动，滞后于m_1和m_3的质量变化，如此便会形成短暂的偏心自旋。

当粒子由静止加速至u时瞬间，$m_1>m_3$，重心将上移形成偏心自旋，则粒子在惯性离心力作用下，整体产生向上的加速运动，如图9-11所示。向上加速运动又带动了m_2速度的增大及m_4速度的减小，使得$m_2>m_4$，此时的偏心自旋又使得粒子沿与u相反方向附加一个加速运动。这又使m_3增大m_1减小，使粒子向下加速

运动，然后又使m_4增大m_2减小，电子沿u方向加速。如此循环，粒子质心便形成了圆形运动轨迹，如图9-11中实线圆。将实线圆运动与速度u叠加，便是粒子的真实运行轨迹，如图9-11中的波浪线，即具有自旋的运动粒子将以机械振子的形式运动，即质心在空间做周期性的位置变动，而形成物质波。

由以上论述可知，具有自旋的粒子运动，为体积胀缩与机械振子式共存的振动。而对于无自旋的粒子，则只有体积的胀缩振动，但这并不影响物质波的干涉或衍射。光子是面结构粒子，且不存在自旋（见9.3.5节），则光子的振动在光子面上，即电矢量方向总是涵盖振动方向，这便是光偏振的物理实质。

光子的振动，其自身的磁通量并不发生变化，根据法拉第电磁感应定律，则不存在感应电磁场，即不存在能量损耗，所以光子是稳定粒子。对于振子式的振动，则是由质心的周期性变动导致，是惯性力使然，相当于匀速运动的效果，所以不会形成闭合自感场而产生电磁波，如电子。也就是说，物质波的振动不会产生辐射。

9.4.4　绕核电子的驻波轨道

玻尔的氢原子理论是以三个假设为基础建立的，其中一条假设为，只有电子绕核的角动量等于$h/2\pi$整数倍的轨道，才是稳定的，并得到了实验的验证。按照德布罗意假设，此稳定轨道，就是由电子波构成的驻波所形成的圆周轨道，如图9-12左图所示。这看似很好解释了“波就是粒子，粒子就是波”的论断，实则是不但将电子看作波，甚至将轨道这种非物质性概念也看作波。这不但否定了实体物质的粒子性，也与波定义（波需要在媒质中传播）发生了严重冲突，并因此将波推向了神秘地位。可见，目前的量子理论，从始至终也没能很好地解释这一现象。那么，物质波是运动振子的观点，能否完美解释“驻波轨道”现象，将是对前文内容的又一重大考验。

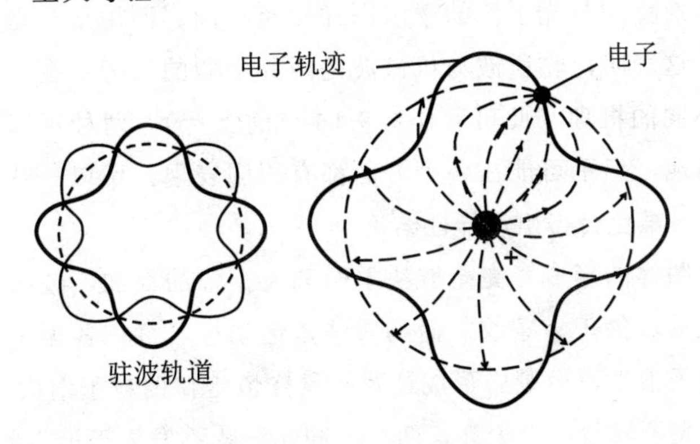

图9-12　绕核电子驻波轨道的形成

对于氢原子，由核发出的所有电场线，皆将受到核外电子的影响，如图9-12右图所示。这必使得核的所有电场线，皆将随着核外电子的物质波，而产生同步振动，即绕核电子将使核电场线产生环绕核的振动传播，形成沿闭合路径传播的电场波动（注意：这不是麦式方程导出的电磁波）。

如果每传播一周的电场波动，不能始终保持在相同的相位状态，则每经过一周期，核电场便将对核外电子做一次功，电子轨道便处于不稳定状态。只有当电场波动的传播，能周期性地保持等相位，即沿闭合路径传播，便达到了电场的能量守恒，从而使电子轨道处于稳定状态并进而保持了原子的稳定性。

由以上可知，所谓的驻波轨道，并不是传播方向相反的两列同频同相波叠加形成的机械驻波，而是沿单一方向传播的电场波动，周期性保持等相位的结果。因为绕核的电子物质波与电场波始终为同步状态，从而形成了看似机械驻波的轨道形态。至此，绕核电子的驻波轨道问题，便得到了完美解决。这不但符合波是能量传播的观念，也是对电场物质性的肯定。

§9.5　物质波的干涉

9.5.1　单粒子的自干涉机理

目前，对于物质波的衍射和干涉诠释，基本停留在机械波理论的基础上。随着各种新实验不断推出，机械波理论已无法对物质波的各种实验现象给出令人满意的解释，且有些解释已完全背离了最基本的科学原理，甚至是超越了玄学，如一个粒子同时穿过两个狭缝等。这表明，物理学已经遭遇了严重危机。可见，揭示物质波或单粒子干涉机理，对微观物理学的健康发展有着极其重要的意义。

由单光子（也可以是电子等粒子）双缝实验可知，当打在光屏上的光子数量足够多时，图样的叠加与光子流的干涉图样完全相同。而用水波做类似实验，则没有这种结果。这表明，物质波与机械波是两种不同的物理实在，而不同的物理实在必定有着不同的机理（此可看作对9.4.1节的支持）。两种不同事物可以在某些方面有相同表现，但不可能在各个方面都有相同表现，所以一味地用机械波理论去诠释物质波，难免会得出诡异性结论。

机械波干涉图样的形成，完全取决于两列波振幅的叠加，波振幅的加强和抵消，便形成了机械波的干涉条纹。而物质波是运动振子群，各振子的叠加，无论如何也不能使粒子消失，否则必形成违背能量守恒定律的粒子消失[17]。这便是狄拉克断言“每个光子只与自身干涉，两个不同光子决不发生干涉”的原因。

目前的文献或教材，将多个振动的合成当作客观存在的单一振动，并得出了各种复杂的合运动轨迹[5]。事实上，各个分振动始终各自独立存在。多个振动的合成轨迹，不过是种数学抽象，或者说是对总体振动规律的概括，而不是客观存在的单一轨迹。这好比两相对行驶汽车轨迹的数学合成，它们的总位移可以为零，但不能认为两汽车轨迹相互抵消而不存在了。也就是说，将波的叠加方程用于物质波时，虽然方程的数学形式相同，但其所表达的物理意义是不同的。

由谐振动理论知，振动位移的绝对值越大，振子的振动速度越小，则振子在该处的概率也越大，即振子在振动位移等于振幅处的概率最大，在平衡位置时的概率最小。对于同频、同方向的两个振动合成，其振动方程形式不变。当它们同相位时，合振幅为两分振幅之和，表示两个振子总是互相靠近；当它们为反相位时，合振幅为零，表示两个振子总是互相远离，而不能认为振子消失了。物理上的振子各自独立，其合振动方程不过是对总体振动效果的数学抽象，各个分振动既不可能消失，也不可能真的变成一个振动。对于同频、同相、同方向的振子群振动合成，从振动的能量$E=kA^2/2$角度看：当$A=0$时，E为零，表示没有振子存在；当$A\neq 0$时，A的物理意义表示的是振子数量。$E=kA^2/2$就是物质波的统计解释中，“粒子在某处出现的概率与该处波振幅的平方成正比”的物理基础。

机械波是振动的传递，物质波是振子的运动。从两者的物理图像看，机械波相当于对运动振子轨迹的记录。可知，当两者分别遇到同样的障碍物后，波的传递方向与振子运动方向的改变是相同的，两者有着相同的方程叠加规律，只是合振幅的物理意义不同。波振幅是客观存在，各列分振幅的叠加必须在同一时空点进行。而物质波的合振幅是非客观存在的数学抽象，表示的是振子数量，所以各个分振子的振幅叠加不需要在同一时空点进行。如此，波恩提出的概率波观点，便得到了很好诠释。这便是机械波与运动振子具有相同衍射图样的原因，只是两者的物理机制不同而已。波的衍射条纹取决于波振幅的大小差别，而物质波的衍射条纹则取决于粒子的分布，粒子聚集的地方为明纹，粒子少的地方为暗纹。

对于物质波的狭缝衍射，惠更斯原理所说的缝上每个点都是波源，对于物质波则是指缝上每个点都会不断出现一个运动振子，衍射图样的形成是运动振子与狭缝作用的结果。由光偏振原理可知（见9.3.1节、9.3.4节），光子是通过磁场与光栅材料中的电荷发生电磁作用，那么当光子通过狭缝时，同样发生这种电磁作用，只是狭缝宽度一般约为光栅间隙的几倍。

相干光源的每个光子到达狭缝时，都应具有相同的振动相位，但与狭缝边缘的距离却不尽相同，再加上构成狭缝的原子中，绕核电子位置的周期性，这些因素都会造成狭缝对各光子的不同作用效果。由此可知，同相位的振动光子与狭缝作用，将呈周期性变化，从而造成一部分光子被反射，一部分光子通过狭缝，如此便形成了符合波函数分布的衍射图像。如此，不确定性原理的成因，便得到了很好的诠释，而不再神秘。

对于光子与双缝或多缝的作用，由于光子磁场是向空间扩散的，则光子通过狭缝时，会随着缝数的不同，而呈现出不同的作用效果，所以单、双缝及多缝的干涉图样也会有所不同，即两个单缝条纹的简单叠加，不等于双缝条纹。至此，狄拉克所说的单光子自身干涉机理，便得以揭示，“一个粒子同时通过两条狭缝”的结论也不攻自破。光子流通过单缝和双缝所形成的图样，有着完全相同的机理。这同样适用于电子及其他中性粒子，因为这些粒子同样存在磁矩及振动，当然还包含开放形式的电场或引力场的作用。

不同偏振方向的光子，与狭缝的作用效果也会不同：偏振方向与狭缝平行的线偏振光，受到的作用最强（图9-8），则相干性最优；偏振方向与狭缝垂直的线偏振光，主要为光子与狭缝边缘的近似弹性碰撞，其相干性要差一些（衍射角很小时，区别不明显）；自然光的相干性介于两者之间；这些都已为实验所证实。狭缝越宽，则与狭缝边缘发生作用的光子数越少，则相干性也越差，直至干涉图样消失。

再看，当同振幅反相位的两列机械波分别经过双缝后，两列波叠加后的振幅将始终为零，即两列波的振幅在过双缝后便相互抵消而不复存在，所以不会产生干涉图样。而反相位的两列同种物质波通过双缝后，振子仍照样存在，只是经由某缝产生的衍射明纹（或暗纹）正好落在另一缝产生的衍射暗纹（或明纹）处，而呈现出无条纹的亮区。可见，机械波与物质波的干涉图样消失机制是不同的。

对于两条偏振正交的同相位单色光，根据相互垂直谐振动的合成，其合振动轨迹为一斜直线，所以这样的两束光不能发生干涉。1816年，阿喇果（Arago）与菲涅耳合作，完成了几个与偏振光干涉有关的基本实验。这些实验表明，两条偏振正交的同相位单色光，不能观察到干涉图样。

由以上可见，物质波实质上只有衍射，所谓的物质波干涉图像，就是单粒子衍射图像的叠加。单缝与双缝的干涉图像差别，是由粒子与两者狭缝的作用效果不同引起的。将物质波定性为运动振子后，便可合理地诠释微观世界的运动规律（后文将会看到，量子理论中的所有不可思议现象，几乎皆能得到完美诠释）。至此，经典理论与微观理论得到了完美统一。

狄拉克断言“每个光子只与自身干涉，两个不同光子决不发生干涉”，是根据能量守恒定律做出的。该断言正确性极为明显，但后人却不顾能量守恒定律的约束，仍继续坚持用波干涉理论诠释物质波的干涉，进而不得不得出“一个光子必须同时通过两条狭缝”的荒谬结论。这是量子力学的最大败笔之一，也是量子力学因背叛基本物理规律而不断产生诡异性的根本原因之一。这种情况在其后续理论中，极为常见。

9.5.2 量子双缝擦除实验的重新探讨

纠缠是量子力学的最著名预言，是说两个纠缠粒子无论相距多远，一个粒子的姿态发生改变，另一个粒子的姿态也即刻发生相应改变。这与旧相对论的光速限制观点，似乎发生了严重冲突，被爱因斯坦称为“幽灵般的超距作用”。本书中已指出（见4.4.3节），狭义相对论所说的光速限制，仅能适用于实体物质范围。通过场发生力作用的物质双方，是即时的或超距的，从而在理论上使纠缠成为可能。至于引力势的光速限制（见6.4.3节、8.1.3节），是建立在理论和实验基础上的结果，其既不属于实体物质的运动，也不属于场的运动，而是引力场的内禀运动属性。

量子双缝擦除实验原理[19]，如图9-13所示。激光源每次发出的单光子，经非线性BBO晶体后，分裂为沿两个方向传播的、偏振方向相互垂直的纠缠光子对。上路径光子由单光子探测器p接收，下路径光子经双缝后，由单光子探测器s扫描接收。只有当两个探测器各分别接收到纠缠光子对的光子时，才称为有效光子，而其他光子则在符合电路（coincidence circuit）中被剔除。实验分为以下四个步骤。

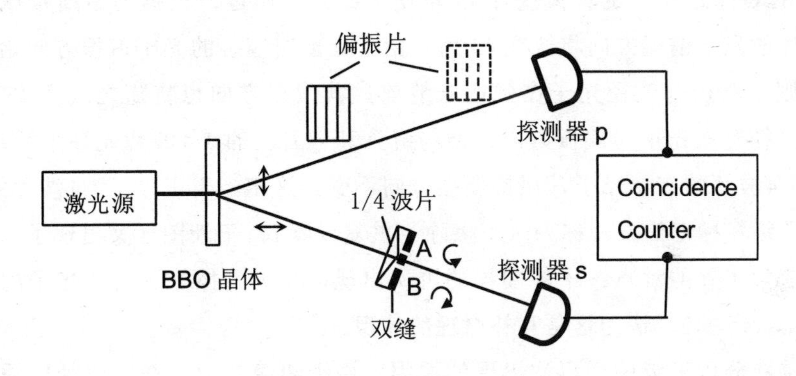

图9-13 量子擦除实验原理

步骤1：激光源间隔发射单光子，其间隔时间必须保证，所发出的光子能够到达两个探测器。经BBO晶体产生的纠缠光子对中，沿下路径传播的光子经双缝干涉后，由探测器s便可扫描出有效光子的干涉图样。这其实就是有效光子经过双缝后，被探测器s扫描到的坐标位置不断叠加的图样。

步骤2：在双缝A和B上各插入一个1/4波片，且同类光轴（分快轴和慢轴）正交，使下路径的有效光子，在经过缝A时变为左旋圆偏振光（左旋光），经过缝B时变为右旋圆偏振光（右旋光）。重复步骤1，则干涉图样消失。

1/4波片的工作原理为：当光偏振方向与1/4波片的光轴成45°角时，如果线偏振光通过1/4波片后变为左旋光，则-45°角时将变为右旋光（相当于偏振光从1/4波片某端穿过后变为左旋光，则从另一端通过后将变为右旋光[20]）。当光偏振方向与1/4波片光轴平行或垂直时，则出射光与入射光的偏振不变。

目前学术界的观点：标记光子路径的行为破坏了干涉图样。这种干涉图样的可视性与路径信息可分辨性（被认为粒子具有意识），不可兼顾的现象，在量子力学中称为互补原理（不确定性原理的扩展）。

现重新分析干涉图样消失的原因：对于经由双缝的左右旋圆偏振光，设相位超前90°的光子为o光，相位滞后90°的光子为e光（参看9.3.5.3节），则左右旋光的偏振关系为：$o_A \perp o_B$，$e_A \perp e_B$，且同类光子始终保持同步振动。这等同于两束光的偏振方向始终垂直，且保持同步，所以不会产生干涉图样（见9.5.1节）。可见，单纯的路径标记，与干涉图样的有无不存在任何关联，也不可能存在关联。可知“粒子具有意识”的观念，是极为荒唐的。科学可以神奇，但不可以离奇。

新旧观点的检验方法：将探测器s识别出的左右旋有效光子，分别提取并制成两幅图样，即分别提取经缝A或缝B的有效光子图样。如果皆为干涉图样（参看9.5.1节），则新观点是正确的。可惜实验文献中[19]，并没有这方面的操作。

步骤3：下路径不变，将偏振片插入上路径，其至BBO的距离，小于下路径双缝至BBO的距离。旋转偏振片45°角使半数光子通过，根据马吕斯定律，则通过偏振片的光子偏振方向将改变45°角。由于处于纠缠态的光子偏振方向始终保持垂直，则下路径有效径光子在到达双缝前，其偏振方向也将随之改变45°角。如此，下路径有效光子的偏振方向，便与缝A和缝B上的1/4波片光轴平行或垂直，则通过1/4波片的有效光子，保持偏振方向不变。这相当于去除了1/4波片的作用，即擦除了路径标记信息，称为量子擦除。重复步骤1，干涉图样又出现了。

目前学术界的观点：干涉图样的再次出现，是因为擦除了有效光子的路径信息。再结合步骤2，认为这是互补原理的体现。

现重新分析干涉图样再次出现的原因：由于纠缠效应，在上路径中插入偏振片与在下路径中插入偏振片，其效果是相同的。由于通过双缝的有效光子偏振方向再次相同，其干涉原理同步骤1。也就是说，路径信息的擦除，实质上是使通过双缝的两路有效光子，偏振方向又保持了平行，这才是干涉图样重新出现的真正原因。这同样与路径的标记与否无关。

上路径偏振片使下路径干涉图样重现，说明上路径有效光子偏振方向的改变，同时改变了下路径有效光子的偏振方向。这无疑证实了，量子纠缠现象是客观存在的。当然，纠缠现象的形成机理，虽然目前理论还不能解释，但不排除是通过场作用形成的。

步骤4：将偏振片至BBO的距离，调整至大于下路径中双缝至BBO的距离，称为延迟擦除，就是让下路径光子先经过双缝，再擦除路径信息。重复步骤1，仍会产生干涉图样。

目前学术界的观点：延迟擦除结果表明，对光子的干扰行为，决定了光子的历史行为，即决定因果关系的时间顺序遭遇了挑战。以此推理，则宇宙历史也可以被现在的操作改变，旧相对论的“祖母悖论”也可成真，如此等等。

如果上述观点成立，那么还将会造成：探测器s接收到的光子信息被计算机存储后，又被外边的偏振片改写了（很显然这是不可能的）。这比一个粒子同时走两条路径的观点更为恐怖，堪称物理学史上遭遇的最严重危机。

现重新分析干涉图样仍然产生的原因：

下路径光子经1/4波片通过双缝后，变成了左右旋光。由于纠缠效应，则上路径光子的偏振方向也将随之改变，之后再经偏振片使通过的50%光子又变成了线偏振光而到达探测器p。而与这些线偏振光纠缠的下路径左右旋光，则也变成了线偏振光，直至到达探测器s。或者说，在上路径中插入偏振片与在下路径中插入偏振片，其效果仍然是相同的。

由于o光与e光的偏振方向互相垂直，所以o光和e光对狭缝的作用效果不同，即圆偏振光通过双缝后直接打在光屏上时，o光和e光不是同一个落点。对于圆偏振光通过偏振片而发生干涉的现象，与此同理（目前教材对这种干涉的分析，将光子间的偏振夹角当成了相位差[5][13]，这是完全错误的）。

来自缝A和缝B的左右旋光子单元，其偏振方向与偏振片栅线的相对关系，如图9-14所示，其中o_A与o_B及e_A与e_B同步且垂直（参看9.3.5.3节），o光与e光的光程差为1/4波长。左右旋光通过偏振片（实线栅）后，将变为线偏振光，但有效光子的径路仍保持不变，而延续双缝的原有干涉信息，即不形成干涉图样。

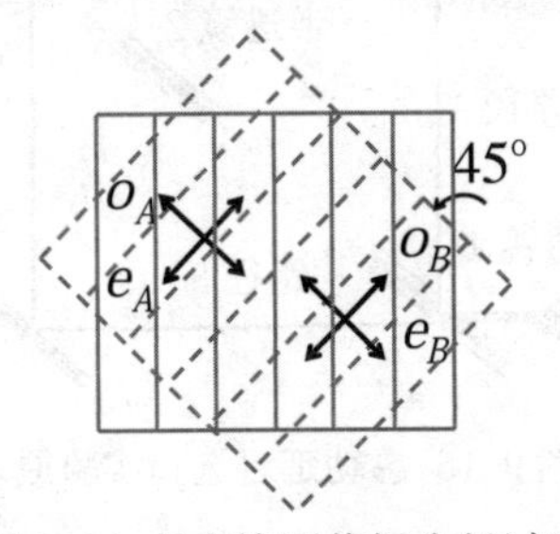

图9-14 左右旋圆偏振光经过光栅

将偏振片旋转45°角（虚线栅）后，则o_A和e_B通过，而e_A和o_B则不能通过（见9.3.4节二）。通过偏振片的o_A和e_B，构成干涉图样明纹，而没有通过偏振片的e_A和o_B，便构成了干涉图样的暗纹，从而形成干涉图样。

由于探测器s不能甄别线偏振光子来自哪条缝，所以无论是否旋转偏振片，都构成了双缝径路信息的擦除。可知，是否擦除路径信息，与干涉图样的产生无丝毫关系。至此，所谓的“延迟擦除”现象，便得到了合理诠释。

新旧观点的检验方法：将偏振片移至下路径并分别置于双缝前后，重复步骤3和步骤4。如果结果与之前的一样，则“现在行为改变历史”的说法，便不攻自破了。

另外再谈谈电子双缝干涉的标识径路实验，因为电子的检测只能在双缝上分别加有线圈，通过电磁感应得知电子通过某一狭缝，这就会对电子的运行产生干扰，而破坏电子的径路或振动状态，使干涉图样消失。对于不影响电子状态的标识径路实验，目前还只是思想实验，如用高速摄像头（只要观察，就会影响电子状态）观察电子到底通过哪个狭缝的思想实验。

9.5.3 惠勒延迟选择实验的重新探讨

惠勒提出的延迟选择实验，源自爱因斯坦曾提出的分光实验，被认为是对“现在行为影响过去”的更具说服力实验，堪称把哥本哈根学派思想推至了极端。

惠勒延迟选择实验原理，如图9-15所示，从激光源间隔发出单个光子（间隔时间要保证光子到达探测器），让其通过一反射和透射概率各占50%半透镜1。然后，在反射和透射后的光子行进路径上，分别放置反射镜A和B，使两条路径反射的光子在C处汇合后，再由探测器A和B探测光子。根据探测器A和B测得的光子，便可确定光子走的是哪条路径。

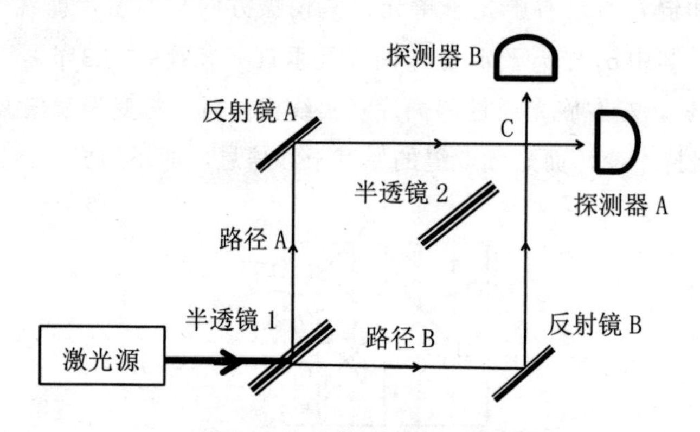

图9-15 惠勒延迟选择实验原理

在C处再放置一个半透镜2，使单光子发生干涉。调整光程差使探测器B看到的干涉光消失，即探测器B不能接收光子，而探测器A则将收到全部的单光子干涉图样信息。

目前学术界的观点：干涉图样的产生，一定是两路光的干涉。由此得出结论，探测器A收到的单光子，一定是同时走了A和B两条路径。也就是说，如不放置半透镜2，光子只能走一条路径；如放置半透镜2，则光子可以同时走两条路径。

在实验过程中，还可以做到在光子已经通过半透镜1后，再决定是否放置半透镜2，此称为延迟选择。该情况下，依然只有探测器A收到光子信号。也就是说，按目前的解释，观察者的行为决定了过去发生的事。

现重新分析干涉图样的产生：

半透镜干涉属于薄膜干涉，可分为两种：①半透镜两面反射的两路光发生干涉，称为反射干涉。②光进入半透镜内经两次反射后再出射的光，与直接穿过半透镜的光发生干涉，称为透射干涉。这与单粒子的双缝干涉有着相同的干涉机理（见9.5.1节），也属于单光子衍射图样的叠加。

实验干涉原理为：探测器A只能收到路径A的透射干涉和路径B的反射干涉，由于两种干涉的光程差相同，则两种干涉的明纹与明纹、暗纹与暗纹叠加，共同构成了探测器A收到的干涉图样。同理，探测器B收到的干涉图样，则是路径B的透射干涉和路径A的反射干涉相叠加的图样。

调整路径A与路径B的光程差，使探测器B看到的干涉光消失，实质上就是使经由路径B的光子全部转变成反射干涉，而路径A的光子则全部转变成了透射干涉。由此可见，无论是否延迟选择，都只能是探测器A收到光子信号。

量子力学在承认物质波不同于机械波的同时，又始终纠结于用机械波干涉理论，去诠释物质波的干涉现象。认为单粒子干涉也必须是两个粒子干涉，这当然会使实验现象变得异常诡异。物质波与机械波不同实质的揭示，使得所谓的“延迟选择”自然就不存在了。

对上述分析进行检验：只需移除任一个反射镜后，探测器A的干涉图样必会照常出现。

因果律是一切物理规律的基础，否定它就意味着人类所建立起的一切科学成果，都将归零。综观“现在行为影响过去”结论的产生，归根结底源于量子力学最基础、且不可调和的“波粒二象性”观念。而将物质波看作运动振子后，单粒子干涉机理自然得到了合理揭示，哥本哈根学派观念将被否定，传统量子力学中的一切不可思议，皆将不复存在。

从本章内容可以看出，光速不变原理，支配着从宇观至宏观再至微观的一切物理规律；而支配光速不变原理的，则是能量不能突变原理（见9.2.5节）；能量不能突变原理，是综合了空间和时间的更基本原理。由此可概括出支配自然界的两个最基本原理：时间流逝的顺序性和能量不能突变原理。

相对论几乎是由爱因斯坦一人独立完成的，其基本原理贯穿了理论的始终，所以只要在源头发现错误，之后的错误便可自然得到纠正。而主要来自哥本哈根学派的量子理论则不同，其最大特点就是，只注重对各种现象的解释，而忽视相互间的逻辑关联。对各种规律的理解，从一开始就充斥着各种不可理喻，尤其是对方程随意赋予物理意义及制造新概念，如一个粒子同时穿过两个狭缝、观察时是粒子不观察时是波、力产生于交换虚粒子、负能量等，将微观领域描述成充满玄念的诡异性世界。其实目前的量子理论，从波粒子二象性开始，就已注定了它的不完备性。量子理论的全面修正，必须从由经典理论导出的波函数开始，但由于其没有完整的逻辑链，纠正的工作量极大（个人能力所及，不能做到一一纠正）。鉴于此，只能直接对比新旧结论，理性地甄别其对错，目的就是为后续理论的继续深入，尤其是粒子物理领域的研究奠定坚实基础。

本章小结

本章以新相对论为基础，并以现有实验成果为准则，在保证全书前后逻辑自洽的情况下，揭示了微观世界运行的规律。微观世界与宏观世界受不同物理规律支配的说法，将不复存在。微观世界同宏观世界一样，皆处于基本物理定律支配之下。主要内容为：

1.惯性的成因

根据电学中的自感现象，提出了电荷也具有惯性，并导出了牛顿第二定律形式的关系式$F=kq^2a$，其中kq^2便是电荷惯性。电荷惯性的形成原理为，加速电荷将产生变化磁场，变化磁场又会产生阻碍电荷运动的自感电场，如图9-1所示。而恒速电荷只能产生恒定磁场，不能产生阻碍电荷运动的电场，所以速度保持不变。在经典电磁理论中，电荷惯性完全由电感体现。

根据引力质量的恒定性及W场的提出，对照电荷惯性的成因，则加速运动物体也一定会受到自生引力场对运动的反抗作用，此称为引力惯性。由不受引力场作用的动质量形成的惯性，称为运动惯性。运动惯性的成因，受能量不能突变原理支配。

2.电磁波方程的深入分析

对目前的电磁辐射理论进行了纠正，指出平面电磁波是丢失了部分内容的电磁波，是单个光子的一个投影图像，不是完整的电磁波形态。并指出，电磁感应与电磁波，本质上是两种不同的电磁现象，切不可将电磁场相互感应的扩散现象当作电磁波。

通过对麦克斯韦的电磁波方程进行深入分析，推导出激发电磁波的基本前提条件，是电荷加速度的变化率，而不再是早前认为的恒定加速度。由此推导出的光子能量，完全符合普朗克能量子公式形式。

3.光子的构成及光速不变

恒加速运动电荷的自感电场是恒定闭合的，电荷加速度的变化，可使之前形成的自感电场脱离电荷束缚，并以闭合电场的形式独立存在，而形成电磁波的离散态，这完全符合由麦克斯韦方程导出的电磁波方程要求。也就是说，每一闭合电场环构成了光子的静态形式，其运动将产生偶极子形式的磁场，这就是光子的组成结构。如此，电磁波传播的“零点困难”将不复存在，电磁波是以粒子形态传播的，而不再是早前认为的电磁场波动。

根据运动惯性的形成机理，光子的运动不会产生阻碍其运行的自感场，即光子只有运动惯性而无引力惯性。只有运动惯性而无引力惯性和电荷惯性的物质，其速度必为常数或光速，则光速不变原理的成因得以揭示。

4.一些重要的光学实验

指出到目前为止，对一些重要光学实验的解释，存在着很大纰漏和矛盾。重新诠释后的光实验，更符合光所表现出的各种现象，从而颠覆了传统上对光的一些认识。其主要内容为：光子具有磁矩并为实验所证实。引起感光或生理等作用的是光子磁矢量，而不是电矢量（维纳实验）。光能否通过光栅，取决于光子相对光栅姿态，是由光子电磁结构决定的（微波偏振实验）。物质波与机械波有着不同的实质，两者通过狭缝的机理也不同。从理论和实验两方面论证了光子无自旋角动量（Beth的光致物体旋转实验），否定了量子力学的光子具有自旋结论。

5.对波粒二象性进行了重新诠释

论证了粒子波粒二象性中的波不是机械波，而是运动振子表现出的现象，机械波与运动振子具有完全相同的数学方程。运动谐振子不但具有波的一切性质，也具有粒子的一切性质，从而彻底解决了波坍塌不确定原理、“薛定谔猫”等困惑。

否定了物质波的所谓相速度及超光速说法，即物质波不存在相速度。推导出了物质波的群速度、波长和频率三者的准确关系式，并将普朗克能量子假设与德布罗意波假设，统一为一个假设，即两者可互为因果。指出德布罗意波长，并不是经典意义上的机械波波长，而是表征振动相位的中介参量。

导出了相对论性动量与动能的准确关系式（可导出相对论性的薛定谔方程），并指出了狄拉克方程的不足。

6.推导出微观粒子的运动，会产生机械振动，从而揭示了物质波的形成机理，并诠释了绕核电子驻波轨道的形成机理。

7.重新论述了单粒子干涉机理，指出物质波干涉图像的形成，是粒子的自身场及不同的振动相位与狭缝的综合作用效果。单粒子与单缝、双缝或多缝的作用效果，略有不同。物质波只有衍射，干涉不过是衍射的叠加。否定了违反能量守恒定律的双粒子干涉说法，以及一个粒子同时通过两条狭缝这种带有玄学性质的解释。

8.重新分析了两个重要的量子纠缠实验：量子擦除实验和延迟实验。从理论和实验两方面论证了量子纠缠现象的存在，并在现有理论基础上，对实验结果进行了完全符合科学逻辑的重新诠释。否定了违背因果律的“未来影响过去”这种非科学结论。

参考文献

[1]张三慧.大学物理学,第三册,电磁学[M]. 北京:清华大学出版社,1991:299-300,330-337

[2]刘辽.广义相对论[M].北京：高等教育出版社,2004:95-96.

[3]曾明生.论光子和电子的传播模式[J]. 内江师范学院学报,2008,2: 20-27.

[4]黄秀清.(2007-11-12) 走向决定性量子力学之一：光子的本性. 中国科技论文在线 http://www.paper.edu.cn

[5]南京工学院等七所工科院校编,马文蔚,柯景凤改编.物理学,下册[M].北京:高等教育出版社,1982:110, 114, 306, 21-32, 188-189.

[6]俞充强.电动力学简明教程[M].北京:北京大学出版社,1999: 200-204.

[7]卢荣章.电磁场与电磁波基础[M].北京:高等教育出版社,1985:178-182.

[8]谢家麟.加速器与科技创新[M]北京：清华大学出版社，北京.149.

[9]陈 睿.平面横电磁波模的初值问题[J].物理学报,2002,12:2514-2518.

[10] Yu Ping, Mei Xiaochun. The Stability Analysis of the Relativity Motion of Charged Particles in Electromagnetic Fields and the Possibility to Establish Synchrocyclotron without Radiation Losses. Applied Physics Research. 2012,2:56.

[11]颜跃.实物场物理学.[M]广州:华南理工大学出版社,1993:5-9.

[12]姚欣，朱建华，郭永康.关于“光矢量用电矢量表示”问题的探讨[J]. 大学物理，2013，32(6)：1-4.

[13] 张三慧.大学物理学,第四册,波动与光学[M]. 北京:清华大学出版社,1991:218-219,235-236.

[14] Beth, R. A. Mechanical detection and measurement of the angular momentum of light. Physical Review,1936,50(2):115-125.

[15]孙玉芬,李银妹,楼立人.光阱中的caco_3晶体微粒的光致旋转[J].中国激光，2005,32(3)：315-318.

[16]田贵花.对光子及其角动量概念的一些评注与探讨[J]. 应用物理，176-180.

[17] 陈光冶.(2014) 光干涉的历史性误解[J]. 应用物理,2014,4:189-194.

[18] (日)野村昭一郎.量子力学入门[M]. 北京:高等教育出版社,1985:225 - 229

[19]Walborn, S . P.; et al.. Double-Slit Quantum Eraser. Phys. Rev. A. 2002, 65(3): 033818.

[20] 曹念文，刘文清. 用λ/4波片产生右旋，左旋圆偏振光[J]. 光电子技术与信息，1998，11(1):8-12.

第十章　粒子结构探析

以量子力学为基础建立的现代粒子模型，使许多结论已远远偏离了正常的科学逻辑范畴。从对宇爆模型的否定前溯，所有以设立模型而引出的理论，几乎无不以失败告终，所谓的粒子模型自然也不会例外。究其原因，许多当时还未被认知的因素，不能包含于模型之中，模型理论只是继续探索的无奈过渡。以严谨推理为主，而重新建立起的粒子物理，从最基本粒子至核子的形成，再到时空的源头，都能够在符合实验的基础上得到合理解释。

§10.1　最基本粒子的产生

10.1.1　确定粒子研究的切入点

目前的粒子物理学，是根据几种普遍规律（如一些对称性）建立起数学模型，以数学演绎为主，再经实验校验并不断猜测改进而建立起的模型理论。

由前面章节可以看出，无论是宏观、宇观和微观，都直接受相对性和光速不变这两个原理的直接支配，且前后逻辑自洽。但是，如果没有众多经无数实践验证的具体物理规律帮助，而仅靠两个原理建立起的数学模型，几乎很难揭示任何一个具体的物理实质。麦克斯韦方程预言的电磁波，同样也不能从数学上给出其产生机理（见第九章）。从人类探索宇宙的最早期，就一直不断设计模型，但时至今日，所有以设计模型为提前的理论，几乎无不随着时代的进步而相继破灭，如地心说、以太说等。同样，以充斥着诡异性及不自洽性的量子力学为基础的粒子模型，最终更难逃脱失败的命运。

数学上的一个力，既可以认为是多个力合成，也可认为是一个力的诸多分量中的一个，但与实际所对应的，到底是多个力的合成还是一个力的分解？仅靠数学是根本不能回答的。麦克斯韦依靠数学预言了电磁波的存在，并预言了电磁波就是光。但一百多年来，虽经后人的不断探索，仍没能将电磁波与光粒子统一起来。也就是说，对于物理问题，可以通过建立正确的数学模型得到准确结果，但不可以揭示物理机制。

在找到粒子研究的突破口之前，选择先建立数学模型以维系研究的进一步进行，应属于无奈之举。面对不可预知的物质结构规律，数学模型给出的结果中，有正确的也有错误的。但由于不能给出物理机制，对很多数学符号仅是猜测性地赋予物理意义，所以很难设计出对应的具体实验进行鉴别，以致产生了许多离奇结论，如各种悖论或称佯谬及一个粒子同时走两条路径等。目前这些观点看似几乎已被认定为是微观领域的“正确”规律，其实不过是物理疑难合法化的说辞，这是现代物理学的悲哀。那种认为数学可解决一切物理问题的理念，不过是“物理学家”们的一种妄想而已。

到目前为止，以逻辑推理并结合数学和实验而建立的经典物理学，仍无疑是最成功的物理理论。从前面章节可以看出，无论是宇宙学还是量子力学，皆是在光速不变原理这一元素加入后，最终统一在了经典物理学的思维框架内。这表明，放弃模型理论而继续沿用经典物理学的创建模式，并寻找到一个新突破点，仍不失为粒子物理学研究的最好选择。

电磁场与光子、光子与电子的相互产生，已明确表明场物质与实体物质间可以相互转化。光子向电子的转化，始终伴随着自旋反向的正反电子对产生，而自旋又严格遵守自然界最基本的定律——角动量守恒定律。因此，从揭示自旋的实质入手，对正反粒子对的形成及粒子结构进行深入探索，显然是个很好的突破口。本章内容便是以此为出发点，对粒子物理进行探索的过程。

由于粒子模型的数学极其复杂，且许多结论已经远远偏离了正常的物理逻辑。若继续沿着旧理论思路进行细致的一一纠证，几乎很难完成，关键是最后也只能得出否定结论而不能进入正轨。所以本章仅就某些新旧结论的合理性，进行简单的对比，以明辨两者的对错。

笔者坚信，在自然界的任何领域，不可能存在超脱基本定律支配的物理规律，更不存在什么诡异性，这从前面章节内容便可看出。“存在就是有理，有理不一定存在，没有理一定不存在”，是自然界的不二法则。

10.1.2　旋性概念的提出

在目前人们已有的观念中，无论是宏观还是微观，自转和自旋仅仅被看作物质的一种运动方式，对物质属性几乎没有任何影响。认为只需建立起空间坐标系，便可对自旋或自转现象进行完整的描述。这或许就是目前的粒子物理学中，仅依靠坐标系的选取，对自旋进行表述的原因。

由于正反粒子总是在符合角动量守恒定律的前提下成对产生，正反粒子又是两种不同的粒子，说明自旋的方向直接关乎着粒子的属性。可知，仅依靠空间坐标系的选取，虽然可获知正反粒子的自旋方向，但却不能满足判定某个粒子正反的要求（需根据经验判定）。欲将自旋与粒子属性联系起来，就必须揭示自旋的实质。也唯有如此，才能对粒子属性的形成有深刻的认识。

一、自旋与自转的概念统一

目前认为，自转是指物体围绕过质心的轴旋转，仅能用于宏观物体，其角动量为$L=mvr$。最初的电子角动量也被认为是由电子自转而产生，但当以电子经典半径进行计算时，电子表面将超光速运动而违反相对论。如果将电子看作无任何尺度的纯点状粒子（$r=0$），则$L=mvr=0$，就会造成微观粒子无法套用宏观自转概念的尴尬局面。鉴于此，便另外定义了自旋概念，用以描述粒子角动量，即自旋不同于宏观物质的自转，而是微观粒子固有的内禀属性。至此，自旋角动量成为没有物理图像对应的、且不清不楚的物理量，并为学术界所普遍接受。

在任何领域，概念都不允许混淆。角动量在物理学中有着明确的定义（$L=mvr$），用同一个定义表述不同事物，显然为物理学所不允许（参看6.1.2节）。对于“电子表面将超光速运动”的说法，其前提是将电子的总电场势能完全看成电子质量的来源。这种观点已经在理论和实验两方面给予坚决否定（见4.1.2节），说明“电子表面将超光速运动”观点是不存在的。如此，“自旋不是宏观自转”的观点，必须重新考虑。

为了保持物理学概念的统一性，现对自旋和自转两个概念，重新进行澄清。从光子结构可以看出（见9.2.5节或图9-3），光子这种最小尺度的粒子，也只能接近点状而不能为零，说明自然界根本不存在纯点状粒子。由此断定，微观粒子的自旋，同宏观物体自转一样，是形成角动量的根本原因。或者说，自旋与自转是两个没有任何差异的物理概念，仅表现形式上，自旋受物质波影响而呈量子化取值，而自转可为任意值。量子力学所说的各种自旋数，也不过是对量子化自旋角动量大小的一种表达形式。至此，自旋这一概念，从“是自转”到“不是自转”，又回到了“是自转”这一正确观点。

二、天体自转产生的新性质

在统一了自旋与自转的概念后（为顺应传统习惯，后文仍使用自旋表述微观，自转表述宏观），再看它们与粒子属性的关系。以中子为例，对正反中子的区分，完全是根据自旋相对自身磁矩的取向关系而定（自旋与N磁极反平行时为中子，正平行时为反中子。质子的自旋与磁矩关系，与中子相反[1]），与空间坐标的选取无任何关联。这就提出个问题，是粒子属性决定了自旋？还是自旋决定了粒子属性？如果是前者（这也是目前的观点），则很难解释正反粒子近乎完美的对称关系。而如果是后者，则根据角动量守恒定律，正反粒子的对称性将是个很自然的事件。这看似简单的因果关系对调，却直接关乎着粒子物理的研究方向。

其实，不只是微观粒子，宏观天体的自转与磁极，也存在着一定的对应性。任意星系中的绝大多数天体，其自转和公转方向多趋于相同，且磁极方向也多趋于相同，即自转与S磁极（如地球北方）趋于正平行，这其实就是自转带给天体的一种特征属性。

关于天体磁场的起源，有种“自转”假说，即天体的磁场源于天体的自转。其依据源于对某些天体的观测，发现其自转速度越大，磁场强度也越大，但并没有提出更深层次的理论依据。后来发现，有些自转慢的天体磁场，却强于自转快的天体磁场，再加上直接的物理实验也表明，快速旋转的物体并不显现磁效应，自转假说因此而被否定。对于其他种类假说，如电池说、化石说、发电机说等，也普遍性地存在漏洞，不再赘述。下面对“自转”假说重新进行剖析。

虽然天体的演化过程大致相同，但也存在着差别（主要指被撞击强度及频次和成分），这就会造成天体的自转与磁效应，并非皆有着确定的对应关系。至于快速旋转物体不具有磁效应的实验，同天体自转形成磁场的过程有很大不同。固体有着固定的晶格，固体的转动很难使其中的原子或磁畴相对晶格发生变动，所以不产生磁效应属于正常现象。而天体的演化更类似于流体，磁性原子或分子的磁矩，在自转的影响下易于规则排列。也就是说，快速旋转物体实验，并不能否定天体自转与磁场的关系。

现对自转产生磁场的机理，做简要说明。由于任何星系中的天体，其自转与公转方向多趋于相同，那么对于构成天体的原子来说，在天体演化过程中，绕核电子也应存在同向旋转的趋势。对于奇核电数或轨道未填满的原子，电子绕核的公转将与天体自转方向趋于相同。如此，在天体的整体上，便形成了与自转反向的电流（电流方向与负电荷运动反向），从而形成天体磁场。对于地球来说，根据右手定则，将产生北S（地球北地磁极的极性为S）南N的磁场，即自转与磁矩反向。据此还可断言，在无强外力（如天体撞击）作用下的地磁极瞬间翻转（目前还在争议中），是不可能发生的。

由上述天体磁场的形成原理可知，如果宇宙中真的存在反物质天体，那么反物质天体的自转，将与磁矩同向，这为反物质天体探索提供了又一种方法。当然，宇宙中存在反物质天体的可能性基本为零（见后文）。此只为说明，宏观天体的自转，影响着天体的某种属性。由此推断，微观粒子的自旋，是决定正反粒子属性的根本原因。

三、旋性概念的定义

对正反中子的判定，必须根据经验并辅以较为复杂的说明。而对于既无电性又无磁矩的中微子，则必须设定其以光速运行（根据李政道、杨振宁提出的二分量理论，中微子必须是静质量为零的光速粒子），才能对其的正反进行判定，且还要为此增加许多新概念，如左右螺旋性、左右手性、左右旋、上下旋等。这对理论的正确理解及后续表述的方便性，将造成很大麻烦或混乱。更尴尬的是，中微子振荡实验已经证实了中微子具有静质量，所以中微子必须低于光速运行，这已成了当今粒子模型的无解疑难，此可认为是对粒子模型的否定。也就是说，目前的粒子物理学，试图仅依赖于坐标系的选取去揭示粒子的本质，根本行不通。

再回到自旋与粒子属性的关系问题，从正反中子的判定可以看出，自旋与磁矩的方向关系，是决定中子正反的关键，但至今却没有一个概念，能够表达这种自旋与粒子自身的相对关系，即粒子属性对自旋的依赖性。这就造成了对正反粒子判定，难以进行描述的尴尬局面。尤其是对于既无电性又无磁矩但却且具有质量和自旋的粒子，如中微子，更是无能为力。W场的提出（见§7.1节），则为明确自旋与粒子属性的相对关系，提供了保障。鉴于此，为了后文推理和叙述的方便性及理论需要，现定义以下几个概念。

运动的电粒子产生磁场，电粒子自旋产生偶极子形式的磁场，则正电荷的自旋与磁矩平行，负电荷的自旋与磁矩反平行。同样，具有引力质量的物质运动，将产生W场，则具有引力质量的中性粒子自旋，将产生偶极子形式的W场，表达此种W场强度大小的物理量，称为W矩（与磁矩类同）。自旋与磁矩或W矩之间的方向关系，称为旋性；自旋与磁矩或W矩平行时，称为顺旋；自旋与磁矩或W矩反平行时，则称为逆旋。可知，质子和反中子的旋性为顺旋，反质子和中子的旋性为逆旋（关于正反引力子，见后文10.1.4节）。如此，对正反粒子的定性，便完全脱离了对空间坐标系的依赖。

由以上概念的定义可以看出，旋性是与空间坐标无关的物理量，并展现出了粒子的一种特定属性。尤其是W矩的提出，将彻底摆脱中微子的自旋与质量相冲突的尴尬局面。

目前的粒子模型，由于缺失对旋性的描述，所以很难揭示粒子的真实面目。尤其是，量子理论的最初始方程，便存在推算错误（见§9.4节）。这也是本书放弃量子理论的先建立模型，后检验模型的探索模式，而采用传统的逻辑推理方式，对粒子世界进行探索的重要原因。后文将会看到，粒子的正反皆源于旋性的不同，如正负电子等。

早前认为的中微子有四种：左旋和右旋的正中微子，左旋和右旋的反中微子。在宇称不守恒发现之后，李政道、杨振宁提出了中微子二分量理论，即中微子只能是左旋的（动量与自旋反向），反中微子只能是右旋的（动量与自旋同向）。这就要求中微子质量必须等于零，否则，如果中微子质量不等于零，则其运动速度必小于光速。那么设想有一个比中微子更快的坐标系，在该坐标中观察，则当中微子迎面而来是左旋的，远离而去时就成右旋了，这显然不能成立。但中微子振荡实验明确表明，中微子确实具有静质量。这就是目前中微子理论面临的困难。

10.1.3　电子与光子的相互转化

光子模型（图9 5）不但经受住了众多实验的检验，且对早前无法解释的光学实验及光学现象，做出了更为全面客观的合理诠释（见9.3.2节）。光子与正负电子的相互转化，虽早已为实验所证实，但却一直不能给出合理的解释，而根据新光子模型，则可很容易揭示正负电子的形成机理。

电荷受到的洛伦兹力可以等效为电场力，其等效电场与磁场的关系为$E=u\times B$（其中u为垂直磁力线运动的正电荷速度）。根据运动的相对性，运动磁场所产生的等效电场为$E=-u\times B$（磁场线速为$-u$）。由此可知，绕光子轴自旋的光子，其磁场的旋转将产生辐射状的等效电场，从而形成电荷，如图10-1所示。从旋性角度看，顺旋光子形成正电荷，逆旋光子形成负电荷，即正负电荷的旋性相反。

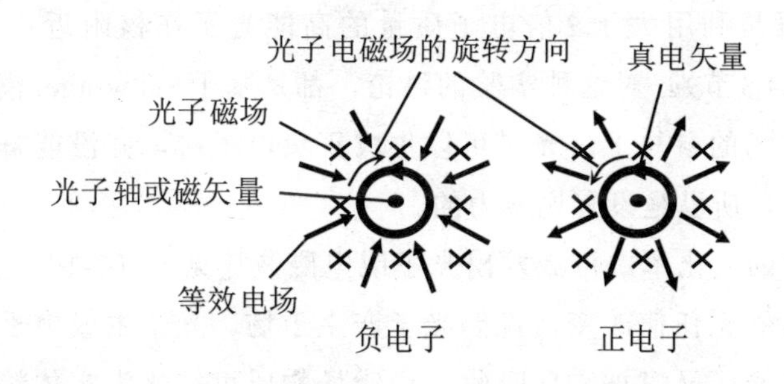

图10—1　正负电子形成原理

由于光子的磁场是向空间扩散的，所以光子做自旋运动时的磁场，必为超光速运动，即光子磁场以等角速度做超光速旋转。这完全符合前文关于磁场的观点[磁场源于电场的尺缩（见7.1.1节），即磁场是运动的标志（见7.2.2节），运动场不能离开物质场而单独存在（见9.3.1节）]。由于闭合电场只能以光速运动（见9.2.5节），则光子自旋时，其真电矢量的线速，应为光速。

根据磁感应强度与距离立方成反比，即$B=k/r^3$（k为常数），再结合线速与角速关系$u=r\omega$（$u>c$），可知旋转光子所形成的等效电场，其分布规律为

$$E=uB=r\omega\frac{k}{r^3}=\frac{k\omega}{r^2} \tag{10-1}$$

式（10-1）表明，旋转光子所形成的电场与点电荷的电场，有着相同的距离平方反比分布规律。由此推断，做自旋运动的特定能量光子，就是正负电子（至

于为什么只有特定能量的光子才能形成电子，后文还将继续探讨）。实测电子半径小于10^{-19}米，可看作对图10-1所示电子结构的支持。可见，正负电子除旋性相反外，其他皆相同。旋性决定了电子的电性，而非目前认为的电性决定旋性。

再看正负电子对湮灭生成一对γ光子的过程，正负电子在电场力作用下相互靠近时，在正负电子的磁矩作用下，将使两者的磁矩反平行，所以两者的自旋平行。如此，当正负电子碰触的瞬时，因自旋线速反向抵消而停止旋转（相当于各种参数皆相同的旋转橡皮球碰撞），形成磁矢量反向的一对γ光子（目前理论不承认光子磁矩，这是与许多实验相冲突的，见§9.3节）。

同样，对于正负电子对撞的逆过程，理论上两个γ光子（0.511MeV）也可生成正负电子对。利用图9-5光子模型解释正负电子对的成因，必须要求两个γ光子发生碰撞的瞬间，磁矢量为同向，如此才能形成旋性相反的正负电子对，即光子的直线动能转变成了旋转角动能。但由于光子是光速运行的近点状粒子（见9.2.5节），极难发生对撞，再加上要求磁矢量必须同向，所以两个γ光子极难生成正负电子对。目前还没有发现光子存在碰撞现象，所以利用光子对撞生产正负电子对，几乎是不可能的。

目前，一般是利用大于2倍电子质量的高能光子在核附近产生正负电子对（原理见后文10.4.3节）。对这种实验的讨论，都是基于Schwinger模型，但也只是肯定了在外电磁场的参与下，光子可以生成正负电子对，并没能解释出电子质量和自旋的起源[2]，所以是没有说服力的。

电荷加速度的变化率，可激发出光子或电磁波［见式（9-10）］，而此时波源中的实体物质，并无任何改变，说明光子产生于场。光子生成电子，正负电子对湮灭生成光子，光子又可被物质吸收，说明场物质可转化为实体粒子，实体粒子也可转化为场物质。光子的光速自旋不但可形成电荷，还能形成与平动完全相等的质量，即电子静质量与光子质量一样，本质上都源于不受引力作用的动质量。至目前为止，没有任何实验表明电子受引力作用，便是对该观点的支持。

10.1.4 引力波与引力子

真空中的电磁波方程，可表示为$\Box f_\mu=0$，其中$\Box=\nabla^2-\frac{1}{c^2}\frac{\partial^2}{\partial t^2}$，称为达朗贝尔算符，$f_\mu$代表电场E或磁场H。弱场近似下的场方程，同样可转化为引力波方程$\Box h_{\mu\nu}=0$，$h_{\mu\nu}$代表引力场，爱因斯坦便是据此预言了引力波的存在。也就是说，目前所说的引力波，只是弱场条件下的近似结论，是不足为凭的。

引力波方程同电磁波方程一样，可表示为平面波的复数形式，平面波的运动速度和波动图像皆可由此复数形式解析出。但平面电磁波是丢失部分内容的电磁波，所以并不能完整揭示电磁波的结构形态（见9.2.3节）。同样，平面引力波也不能完整揭示引力波的结构形态，尤其是这个引力波还是个近似结果。

目前对引力波的理论探索，基本延续着传统电磁波理论的思路。认为电磁波主要为偶极辐射，而引力波最低为四极辐射。电磁波是由电波和磁波共同构成的，而引力波则只有与电波相当的部分。可见，对传统电磁波理论的部分否定（见9.2.1节），同样也可以构成对传统引力波理论的间接否定。尤其是对于建立在广义相对论这种近似理论基础上的引力辐射，其参考价值基本可忽略。

由于新狭义相对论对牛顿引力理论和电磁理论的完美纳入（见§7.1节），可以看出新引力波理论的建立，必须依赖于W场的提出。W场是运动场，其所依赖的物质场就是引力场。引力场与W场的相互转化，完全类同于电磁场间的转化，且完全符合麦克斯韦方程组的转化规律（见7.1.3节）。有关新电磁波理论的推理，完全适用于引力波，即电荷加速度变化，产生电磁波，而具有引力质量粒子的加速度变化，将产生引力波。这就使引力波同电磁波一样，也是由两种场波共同构成（引力场波和W场波），且有着类同的物理结构及辐射机理（参见第九章）。也就是说，每个引力波单元，是由闭合的环形引力场和偶极子形式的W场构成（参见图9-5所示的光子结构，只需将电矢量改为引力矢量，磁矢量改为W场矢量）。同光波不受电场力的作用一样，引力波也不受引力场的作用。至此，相比早前对引力波的认识，已然发生了根本性的改变。

由于导体中的自由电子质量很小，对电磁波的反应较敏感，探测显得较为容易。而对于引力波的探测，则不能照搬电磁波的探测原理，主要原因有三：①通常的引力波单元能量太小。②质量很小的电子不受引力作用，对引力波无反应。③原子核的质量远大于电子，对引力波单元的反应基本为零。也就是说，对引力波的探测，必须另寻思路。

由于引力场具有影响时空效应的特征，则对于引力波的运行方向和法向，所产生的时空效应会有所差别。对于迈克尔逊干涉仪，当两垂直臂中的一臂对准引力波源时，两臂的尺度便会产生不等的尺缩，则两垂直臂中的光束将形成光程差，从而形成干涉条纹的移动。美国的LIGO引力波探测仪，就是一种大型迈克尔逊干涉仪。

由于引力波与电磁波有着完全相同的发射机理及类同结构，所以正反引力子的形成也应与正负电子的形成有着相同机理，即特定能量引力波单元的自旋，将形成正反引力子对。正反引力子的旋性相反，顺旋为正引力子，逆旋为反引力子，如图10-2所示（等效引力场方向的判断可参考7.1.3节）。正引力子产生的引力场可称为正引力场，反引力子产生的引力场则称为反引力场。

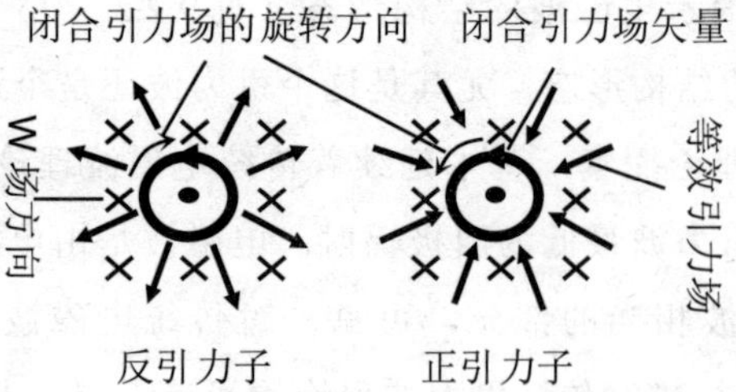

闭合引力场的旋转方向　闭合引力场矢量

W场方向　等效引力场

反引力子　正引力子

图10-2 正反引力子的形成

同电子质量的来源一样，引力子的质量也源于自旋运动。可见，运动是一切质量的源泉。所谓的静质量或称引力质量，完全来自自旋运动所形成的质量。质量与能量是对同一事物的两种不同定义，区别仅仅是量纲的不同。至此，物理学中的惯性质量与引力质量，得到了完美统一。如此，也构成了对式（4-10）物理意义的扩展，即一切质量皆可等效为动能。质量本源的揭示，对粒子物理学的研究具有极其重要的意义（关于在万有引力定律中，为什么引力与质量有着对应关系，见后文10.3.1节）。

最后，再归纳下物质场（只有电场和引力场两种）与实体物质的关系：开放的物质场（充斥空间）←→闭合的物质场（光速粒子）←→旋转的闭合场（普通粒子）。至此，物质场与实体物质得到了高度统一。

目前的粒子标准模型认为，粒子的质量来自希格斯玻色子。其机制是假定宇宙中遍布希格斯场，且能够与某些基本粒子相互作用，并利用自发对称性破缺（为了不与规范场论冲突）使粒子获得质量。标准模型只是给出了希格斯粒子的几个特性，如零自旋、玻色子等，而没有给出质量。其质量是在实验中找出符合希格斯特性的粒子，并假设质量在115~180 GeV。以寻找希格斯为设计目标之一的，世界最大的欧洲强子对撞机（LHC）上，只是因为确认了有这种粒子的存在，便被认定为希格斯粒子。

希格斯粒子之所以名声大，是因为其被媒体冠上了“上帝粒子”的头衔，给人感觉只要找到它，就能解决粒子世界的一切问题。其实它除了那些似是而非的叙述外，量子力学中的疑惑，如四大基本力的统一等，它什么也没有回答。令笔者不解的是，这个比重子质量（1GeV左右）还大上百倍的希格斯粒子或希格斯场，是通过什么机制成为粒子质量的来源？且还能被广泛接受？要知道对撞实验已表明希格斯粒子是重子的组成部分，不可能再成为旧理论预言的所谓暗物质和暗能量了，数值也对不上。有人说，微观世界不能用通常思维理解，但关键是从来也没有人（除非是骗子）说过，用量子力学思维能够理解微观世界。

10.1.5 引力子间的作用关系

电荷间的作用关系为，同性相斥，异性相吸。但对于引力子，目前在物理学中尚属空白（只是猜测性地提及过引力子概念），它们间的相互作用关系，必需进行严谨的推理。为表述清晰，以g代表正引力子，$\bar{g}$代表反引力子。

对于正反引力子的作用关系，可能会给人一种错觉：g与g间为引力，$\bar{g}$与$\bar{g}$间为斥力。那么g与$\bar{g}$间又该如何？从物理学的发展史看，直觉是不可靠的。现根据引力惯性的形成机理（见§9.1节），推导各性引力子间的作用关系。

任何物质的惯性力，都必须与加速度反向，这是惯性定律的直接体现，否则便会与能量守恒定律相冲突。当g加速运动时，将感应出图10-3左图所示的W场和自感引力场。可知g的自感引力场将阻碍质点的加速运动，即g的受力与引力场方向相同。这完全符合g与g之间为引力时，g的受力与引力场方向相同。可见，g与g之间为引力。

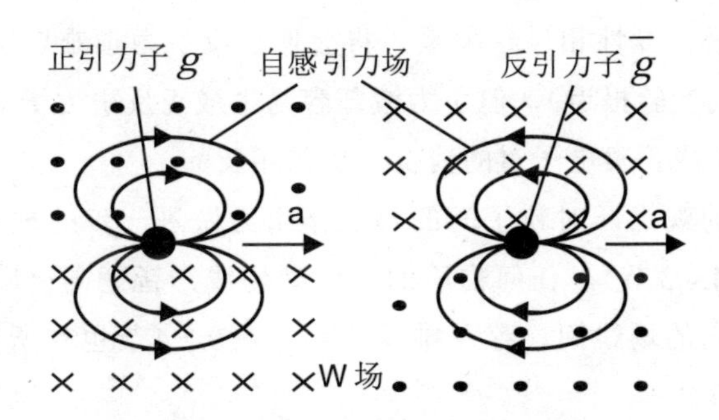

图10-3 正反引力子加速运动的感应场

再看$\bar{g}$加速运动时的情况，如图10-3右图所示，可知$\bar{g}$与g的自感引力场正好反向。由惯性定律可知，$\bar{g}$受力必须与加速度反向，即$\bar{g}$的受力与引力场反向。

如果说$\bar{g}$与$\bar{g}$之间为斥力，则$\bar{g}$受力仍将与引力场同向，从而与惯性定律产生冲突。再说，$\bar{g}$与$\bar{g}$间的斥力关系，还将使宇宙物质完全由g的结团构成，这貌似可以解释宏观正反物质的不对称问题（后文叙），但却破坏了微观世界的正反粒子对称性，这显然与众多实验结果相违背。可见，$\bar{g}$与$\bar{g}$间的作用关系，不允许为斥力关系。

只有当$\bar{g}$与$\bar{g}$间也为引力关系时，才能始终保持$\bar{g}$的受力与引力场反向，从而消除与惯性定律的矛盾，即$\bar{g}$与$\bar{g}$间的作用也必须为引力关系。

按上述思路推理，则g与$\bar{g}$之间必为斥力，这也是一种对称性原理的体现（超越物理各个领域的普遍法则）。

总结以上可知，各性引力子间的作用关系为，同性相吸，异性相斥（同电荷间的作用关系正好相反）。由此可知，同性引力子间的引力做功，不能以消耗引力场为代价，否则将会造成同性引力子间的湮灭反应，这是不允许的。而异性引力子间的排斥关系，则更不能以引力场的抵消为代价。也就是说，正反引力子的引力场会始终存在于空间中，而不可以被引力做功所抵消，即引力场具有不可抵消性（万有引力的本质将在后文10.4.1节中论述）。如此，引力场做功后其引力势能无丝毫变化（见8.1.1节），便得到了很好的诠释。

再看环电流所形成的偶极子磁场，有两个磁极（N和S），磁极间的作用关系为，同性相斥，异性相吸。与之相对应，引力质量环流或旋转物体，同样会形成偶极子形式的W场，其也有两个W极（可用小写n和s表示）。不难得出，W极间的作用关系为（参考7.1.3节，两个环形质量流间的W场力），同性相吸，异性相斥（与磁极间的作用关系也相反）。至此，正反引力子及W场的作用关系，全部得到了解决。

由正负电子湮灭及光子生成电子的机理可知（见10.1.3节），正反引力子及W极间的“同性相吸，异性相斥”关系，将会使正反引力子难以发生湮灭反应（目前还没有这方面的实验报道），但引力波却容易生成正反引力子对。这与正负电子易湮灭，光子难生成正负电子对的情况，也是相反的。

下面再从场的观点，对粒子间的相互作用力做进一步的理解。场是物质的，是力的源泉（见4.4.3节）。任何物质的辐射型场线，皆为向空间均匀散布。此现象可看作同类同向的场线间，存在排斥关系（在9.2.4节也有所论述），则反向场线间应为吸引关系。

需注意的是，开放场是向空间均匀扩散的，场的最小量子化单元是场线，即场的最小单元是线，属于一维物质，不存在粒子性。场线间的作用，是指整条场线，不存在作用点，即不具备力的三要素（大小、方向、作用点）。只有三维实体物质，才具备力的全部要素。可见，力的形成，必须有实体物质参与，即场线间的作用，只是与力有着某些共性，而不可以理解为就是力的作用。

对于同性电荷间，可理解为同向电场线间的排斥关系，使同性电荷产生了排斥力，如图10-4左图所示，左图的左侧为场线的水平分量为排斥关系，形成了电荷间的排斥力，左图的右侧为两电荷场线叠加后的效果。两异性电荷则为反向电场线间的吸引关系，使两异性电荷间产生吸引力。

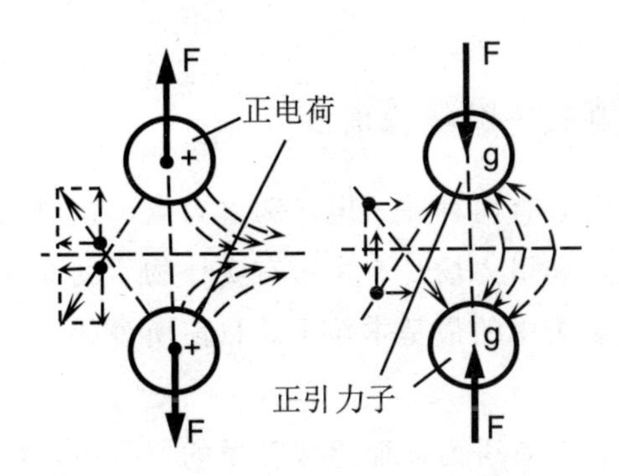

图 10-4. 场线间作用形成的作用力

上述观点同样适用于磁场，即磁场线间的作用关系同样为，同向相斥，反向相吸。按此原理，则对于电磁感应的判断，也将得以简化。如判断磁场中通电导线的受力方向，通常是使用左手定则，而对于运动导线产生电流，则又必需使用右手定则，时间久了很容易造成记忆上的混乱。而利用场线间的作用关系，则只需使用右手螺旋法则（拇指为电流方向，其余四指为电流产生的磁场方向），便可解决全部问题，且不易出错。方法为：对于磁场中通电导线的受力，根据右手螺旋法则，便可知电流磁场与外磁场的方向关系，从而判断出导线的受力方向（此也适合运动电粒子）；对于运动导线切割磁场，因为导线受到的磁力一定与导线运动方向或外力相反，如此便可知道感生电流的磁场方向，再由右手螺旋法则，便可判定出感生电流方向。

对于同性引力子间则可理解为，同向引力场线间的排斥关系，使同性引力子产生了吸引力，而异性引力子间反向引力场线间的吸引关系，则使异性引力子产生排斥力，如图10-4右图所示（各部分说明与左图的电荷相同。两反引力子和异性引力子的场线作用略）。也就是说，引力场线间的作用关系所形成的力，与电场线间的作用关系所形成的力，正好相反。同理，磁场线间的作用所形成的力，与W场线间的作用所形成的力，也正好相反。可见，用场的观念，可更好地表现粒子间的作用力。

上述各性引力子间作用关系，至此还只是理论推理。这个关乎整个宇宙物质形成的结论是否正确，还必须经得起实验的检验。这就需要找到与正反引力子相对应的粒子，以使理论得到及时检验。

由于早前人们对相对论的理解有误，认为任何速度不能超过光速，所以在量子理论中，认为传递电磁力的媒质是虚光子。由此引申出传递引力的媒质为引力子，还将引力波的最小单元定义为引力子。当然，由此也产生了“斥力子”概念，不再赘述。在不清楚引力波和电磁波（见第九章）实质的情况下，冒然定义其性能，是极不可取的。本书采用通常的理解习惯，将产生引力的最小物质单元，定义为引力子。

10.1.6 掀开中微子的神秘面纱

自然界中的物质场只有两种——电场和引力场，从电场或引力场向电子或引力子转化过程看，电场和引力场是产生所有实体物质的原材料。因此说，正负电子和正反引力子，是宇宙中的最基本粒子。目前所说的基本粒子，皆是由这两种最基本粒子构成。

普通物质间都具有万有引力，而组成物质的原子中，电子不受引力作用（见10.1.3节），所以物质间的万有引力完全来自原子核。组成原子核的质子和中子，除对外电性及内部电荷分布不同外，其他几乎完全相同。可知，普通物质的引力质量，皆源于核子，而核子的引力质量，必源于正反引力子数。

核子是复合型粒子，所以在核衰变过程中，不仅存在电性粒子的加速度跳变，产生电磁辐射（γ光子），还应存在引力性粒子的加速度跳变，产生引力波辐射。由于核衰变始终随伴有电性粒子（电子）的产生，根据轻子数守恒定律（也可看做量子化的角动量守恒），则也应伴有引力性粒子（引力子）的产生。由于中微子是既无电性又无磁矩的粒子，因此推断，中微子只能是引力波单元和引力性粒子的其中之一。

另外如果中微子是引力波单元，根据引力波与电磁波的类似性（见10.1.4节），则中微子必是静质量为零的光速粒子，且正反中微子无差别（同光子一样）。而如果中微子为引力性粒子，则中微子必存在静质量，且正反中微子为不同粒子（同正负电子一样）。此可作为实验鉴定中微子类别的理论依据。

由电磁辐射原理可知（见9.2.4节），电磁辐射不会形成反冲作用。从光子静质量为零，且光子从产生至光速无形外力做功，也可得知光辐射无反冲作用（这不同于光反射形成的反冲）。因此，原子核辐射的γ光子，不会形成反冲作用。由于引力波与电磁波有着相同的辐射机理，所以引力波辐射同样也不会产生反冲作用。可见，核衰变产生的粒子必须具有静质量，才会形成反冲作用。此也可作为实验鉴定中微子类别的理论依据。

1952年，美国物理学家艾伦（J. S. Allen）与罗德巴克（G. W. Rodback）合作做^{37}Ar俘获K轨道电子实验（$^{37}Ar+e^{-}\rightarrow {}^{37}Cl+\nu_e$），第一次测得了单能的反冲$^{37}Cl$。同一年，戴维斯（R. Davis）重做该类实验（$^{7}Be+e^{-}={}^{7}Li+\nu_e$），测得了单能的反冲^{7}Li[3]。这个由我国物理学家王淦昌提出的实验方案，首次证实了中微子的存在。由前述可知，该实验同时也是对中微子具有静质量的证实（受当时理论的影响，这一结论被遗漏）。

上述实验，已经完全可以肯定，中微子就是引力性粒子，而不是引力波单元。

由于从前对中微子的认识一直模糊，后来所设计的各种实验，只是为了探寻中微子的更多性质。下面将会看到，所有关于中微子的实验结果，皆符合中微子就是引力性粒子的结论。

1956年，戴维斯做了检验正反中微子是否为相同粒子的实验[3]。其原理为，按照轻子数守恒定律，$v_e+{}^{37}Cl\rightarrow{}^{37}Ar+e^-$是允许发生的反应（1+0→0+1）。当时对太阳中微子的测量，就是使用的该反应式。而$\overline{v}_e+{}^{37}Cl\rightarrow{}^{37}Ar+e^-$反应（-1+0→0+1），则是禁止发生的。戴维斯利用核裂变堆产生的电子反中微子，测量$\overline{v}_e+{}^{37}Cl\rightarrow{}^{37}Ar+e^-$反应，结果没有发现${}^{37}Ar$生成，由此证实了正反中微子是不同的粒子。符合引力性粒子具有正反两种粒子的结论。下面再介绍些可以看作“引力子同性相吸（见10.1.5节）”的有关实验，虽然这些实验的设计初衷，是为了检验旧中微子理论。

1968年，戴维斯在利用$v_e+{}^{37}Cl\rightarrow{}^{37}Ar+e^-$反应测量太阳的中微子时，发现只有太阳标准模型计算值的1/3左右，称为太阳中微子失踪之谜。后虽经过对太阳模型校验及又采用了多种检验方法，这一结果仍未改变。如1970—1988年，在扣除宇宙射线μ子产生的后，戴维斯的测量结果为，太阳中微子反应率为2.33±0.55SUN，而按标准太阳模型计算的结果应为7.9±1.1SUN。20世纪80年代，日本的神冈探测器也发现了类似现象。

上述实验现象用中微子振荡理论［1957年，意大利物理学家庞蒂科夫（B. Pontecorvo）提出的中微子振荡假说］，可以得到很好的解释，即太阳的v_e到达地球时，有一部分变成了v_μ或其他中微子。由于当时探测v_e的方法不能记下v_μ，而只能肯定v_e数量少于预期[3]。

但之后的实验，又出现了否定的结果。用裂变堆产生的强反中微子源$\overline{v_e}$，进行中微子振荡实验，即在距中微子源不同的地点，测量$\overline{v_e}$的通量和能谱，便可得知$\overline{v_e}$是否发生了振荡。但几家的实验结果，都没有发现中微子振荡。如在葛斯更（Gosgen）堆旁38、46、65米处的测量结果，在误差范围内没有差别[3]。之后，又利用高能加速器上获得的高能v_μ束，检验纯v_μ束在经一段长距离后，是否会产生v_e或v_τ或一部分失踪，结果仍没有发现中微子振荡[3]。

2001年，加拿大SNO实验，探测到了太阳发出的全部三种中微子，总流量与标准太阳模型的预言符合得很好，证实了失踪的太阳中微子v_e转换成了其他中微子。2002年，日本的KamLAND实验，在距反应堆180千米远处，首次测量到了反中微子振荡[6]，证实了$\overline{v_e}$转变成了其他反中微子。至此，中微子振荡假说，被认为得到了“证实”。

再看宇宙高能射线进入地球大气层后，打出的大气中微子v_μ和v_e，实测数目比例v_μ/v_e接近1（预计值为2）[4]，此称为大气中微子反常。1998年，升级后的日本超级神冈探测器（Super-K）发现了大气中微子振荡毋庸置疑的直接证据，表明ν_μ在穿过地球过程中有部分转变为ν_τ[5]。

对于以上的中微子实验经历，主流学界关心的只是三种中微子的混合角问题（可表达各种中微子数量的比例），如2011年的中国大亚湾实验，主要任务就是测量混合角θ_{13}（$\bar{\nu}_e$和$\bar{\nu}_\tau$的比例）。而本文关心的则是，各种中微子间的转换秩序。总结上述实验，不同中微子间的转换顺序皆为：$\nu_e \rightarrow \nu_\mu \rightarrow \nu_\tau$（反中微子亦如此），且不存在逆向转换现象。按照中微子就是引力性粒子且同性引力子相吸的观点，可知在引力作用下，质量较小的中微子结合成了质量较大的中微子（三种中微子质量关系为$\nu_e < \nu_\mu < \nu_\tau$）。也就是说，三种中微子不是振荡形式的相互转化，而是单向转化，是对中微子或称引力子“同性相吸”的支持。

中微子振荡实验被认为是对中微子具有静质量的证实，是在2000年左右，实验给出了中微子振荡的直接证据之后，而不得不被普遍接受的结果。此时，距1952年就已经坐实了的中微子具有静质量实验，相差近50年。其间不断产生的各种争议，只能说源于对量子理论的全盘接受和盲从，以及对其从未间断的矛盾和疑难的忽视，尤其是这种对粒子物理标准模型否定的实验（认为中微子是静质量为零的光速粒子），将使中微子遭遇无合适理论描述的尴尬境地，着实让人难以接受。而W矩的提出或W场的引入（见§7.1节），则唯一可完美诠释中微子的自旋，即中微子同电子等其他粒子一样，根本无须正负螺旋性、左右旋等概念的帮助。可见，中微子具有静质量的实验，无疑也是对存在W矩或W场的证实。

总结以上可知，各种中微子，属于同类粒子。其中质量最小的电子中微子，就是单引力子，而其他中微子则为引力子的结团现象，称为引力团。引力团同其他普通粒子一样具有一定的动态结构，并表现为固定大小，如ν_μ和ν_τ（具体结构还需今后进一步研究）。

旧理论中的正反中微子，是以动量与角动量是否同向，称为左旋和右旋，并以此来区分中微子的正反。这就要求中微子必须为光速，否则正反中微子将无法区分，这也是中微子静质量必须为零的由来。中微子具有静质量的实验证实，一直让物理学家们束手无策。学术界之所以没有放弃目前的中微子理论，同没有放弃旧相对论一样（虽然人们早已发现旧相对论存在许多问题，但在这些问题被解决之前，人们仍要坚守旧相对论）。这或许是物理学的一种潜规则。

§10.2　弱力的形成

10.2.1　夸克模型的重新审核

弱力（也称弱相互作用或弱核力）是宇宙的四大基本力之一，且仅表现在核子内。可知，弱力本源的揭示（电弱统一理论，本质上属于合理性猜测，其中的中性力是否属于四大基本力范围？根本说不清），对推动粒子物理向更深层次发展，有着不可或缺的作用。鉴于此，在探索弱力的本源之前，首先必须对已被学术界普遍接受的夸克理论进行重新审核。

一、中子内部可以存在完整的电子

弱力是费米在中子的β衰变理论中最早提出的，或者说，弱力与中子有着密切关联。中子的衰变方程为$n \rightarrow p+e^{-}+\bar{\nu}_{e}$。传统观念认为，电子不是中子的组分，而是次生粒子（夸克模型被普遍接受，与此有着很大关系）。泡利在提出中微子假设时，也认为中微子是核子衰变过程中产生的次生粒子[3]。该观念被普遍接受的理由，经整理大致有以下三种（笔者查阅了许多文献，说法皆含糊其词）。

1.从自旋角度看：质子与电子的自旋都是1/2，所以其复合粒子的自旋，不是0就是1，而中子自旋却是1/2。这就破坏了自旋量子数守恒定律，所以中子不是质子与电子的组合。

2.从能量角度看：中子内根本就无法束缚住电子（没查到该说法的相关演算过程）。

3.从波长角度看：如果电子被约束在中子内部，则电子运动所产生的物质波波长（10^{-12}米），将远大于中子半径（10^{-15}米），所以电子不能存在于中子内部。这也是“电子不是中子组分”的最强理由。

现对以上三点提出疑问：

1.目前所有的核反应方程的初态和末态双方，只有轻子与轻子、重子与重子相对应的自旋量子数守恒，根本不存在轻子与重子相对应的自旋量子数守恒，这是由轻子数及重子数守恒定律所决定的。再看自旋量子数的守恒，实质上就是指自旋角动量的守恒。电子与核子的质量相差1800多倍，它们的角动量大小（mvr），基本处于不可比拟状态，不可能遵守自旋量子数的守恒。可见，将电子与质子的自旋进行守恒，是对自旋量子数、轻子数及重子数守恒定律的无视。也就是说，电子与质子两者的自旋量子数关系，从来就没有守恒过。

2.假如中子是由质子和电子组成的［电子中微子静质量（<3eV/c^2）远小于电子静质量（511keV/c^2），可忽略中微子质量的影响］，且电子在中子内以圆周轨道

运动。取中子半径为10^{-15}米，则电子受到的库仑力为

$$F_e = k\frac{e^2}{r^2} = \frac{9\times10^9\times\left(1.6\times10^{-19}\right)^2}{\left(10^{-15}\right)^2} \approx 230.4\text{N} \tag{10-2}$$

中子与质子的质量差为2.53个电子静质量，将其看作一个电子的相对论性质量。设该质量完全源于电子的高速运动，则根据质-速关系式$m=\gamma m_0$，可得电子速度约为0.92c，则电子的离心惯性力为

$$F_n = m\frac{v^2}{r} = \frac{2.53\times9.1\times10^{-31}\times\left(0.92\times2.998\times10^8\right)^2}{10^{-15}} \approx 175.1\text{N} \tag{10-3}$$

比较式（10-2）和式（10-3）可知$F_e > F_n$，且库仑力约为离心力的1.3倍，说明电子可轻松被约束在中子内部（自由中子的不稳定性，见后文10.4.2节）。若考虑中微子静质量，并假设中微子与电子是结合在一起的整体，则只能小于0.92c，离心力也更小。

3、产生该观点的根源，是对物质波意义的错误理解。物质波并不是波，而是运动的振子（见§9.4节）。物质波的波长，本质上是表征振动相位的中介参量（见9.4.3节）。从物质波的物理意义看，电子能否存在于中子内部，应取决于电子波的振幅，而非电子波长。但振幅在量子力学中并无具体值，其平方仅代表电子流的强度或电子数量的多寡。电子波长远大于中子半径，正说明电子可以较稳定地围绕中子的核心公转，只是电子的振动轨迹需叠加在公转轨道上，而不可忽略。可见，量子力学的波长，不能作为“电子不是中子组分”的理由。

由以上三点质疑可知，所有关于电子不是中子组分的结论，皆被彻底否定。由上述第三点质疑，还可得出从宏观到微观的不同公转轨道形式：当公转轨道远大于物质波波长时，为任意大小的恒定轨道，如行星的公转轨道；当公转轨道与物质波波长相当时，则只能为不同分立值的量子化驻波轨道，如绕核电子的轨道；而当公转轨道小于物质波波长时，则需考虑振子轨迹的叠加效果，即相邻周期的轨道将不再相同，所以轨道不再恒定，而是处于某一范围内的变动性轨道，如中子内的电子绕转。

对于恒定公转轨道，当向心力不足以束缚绕转物质时，绕转物质将在惯性离心力作用下，迅速脱离这个恒定轨道。而对于变动性轨道，为了便于图示说明，假设公转质点的轨道周长为3/4波长左右，则质点振动路径每经过1/4波长或1/4周期（物质波的波长与周期关系参见9.4.3二节），就存在一折返过程，如图10-5所示。或者说，对于不稳定粒子，即使向心力不足以束缚住公转组分，公转组分也仍能继续做公转运动，直至经过多个公转周期后，公转轨道逐渐扩大，最终脱离束缚。至此，不稳定粒子皆具有一定寿命，便得到了很好的解释。

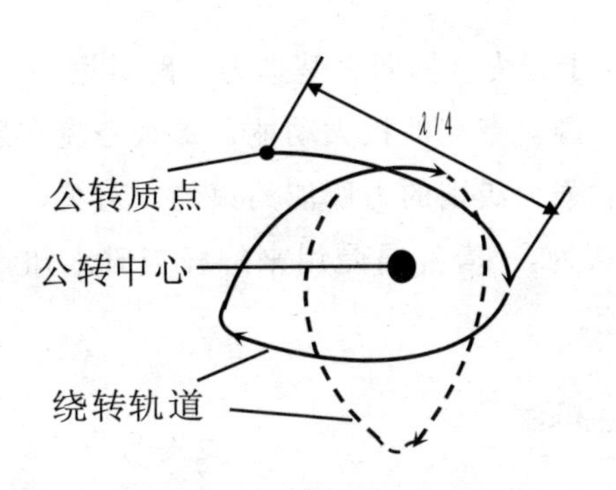

图 10-5 变动性轨道示意图

另外，需要说明的是，在中子衰变过程中，电子与电子中微子的质量相差近20万倍。如果电子与电子中微子皆为次生粒子，则两者的光速自旋必与角动量守恒定律相冲突，再说两种完全不同的粒子同时同地次生的概率几乎为零。只有电子与电子中微子原本就是中子组分的情况下，才能解释两者符合轻子数守恒定律。如此，也解释了重子与轻子的自旋量子数不能守恒的原因。

二、夸克模型的否定

被学术界普遍接受的夸克模型，开始只是作为满足强子的对称性，且具有多八重态的一种数学构成单位。后来把它看成更小粒子后，在理论解释上取得了不断的“成功”。这使得很多物理学家相信，夸克就是构成强子的更深层次亚粒子。但由于实验中从没有发现过带有分数电荷的粒子或自由夸克[7]，而被强制解释为，夸克只能存在于强子（得到了几百种由几个夸克构成的束缚态）内部而不能以自由状态存在，此称为夸克囚禁。现提出以下两点质疑：

1、以两个上夸克和一个下夸克组成的质子（uud，u为+2e/3，d为-1e/3）为例，如果质子真的由夸克构成，则无论如何，夸克自身的结构强度，必将大于夸克之间的结合强度，否则夸克在质子中便会被分解，更谈不上存在了。于是又产生了夸克囚禁说，即夸克间相当于由松弛的绳子拴着[8]，通常不存在作用力，夸克间的距离越大，绳拉力越大。当绳子被外力拉断时，断头处将再生正反夸克对，使原夸克又被束缚住（用比喻替代理论推理，完全背离了科学准则）。夸克间的这种绳子力，显然超出了四大基本力范围（根本不存在距离越大，作用越大的力），且还能凭空再生正反夸克对，这显然是违背最基本物理常识的纯人造力。其实，实验已表明核子有着复杂的内部结构[9]，且实验上不能直接观察到夸克，早已构成了对夸克模型的彻底否定。

2、质子的静能量为938.27 MeV，而夸克的静能量仅为u=1.4~4.5MeV，d=5~8.5 MeV。夸克质量仅约占质子质量的1%。夸克理论认为，势能可以等效为质量（势能与质量等效已被否定，见4.1.2节），质子质量的99%来自夸克的结合能。但是，强力作用下的氦3核的结合能仅约3MeV，还不到夸克间结合能的1/300，即夸克间的作用力远远大于强力（同四大基本力相距甚远），这是不允许的。而如果说质子的静质量，完全源自夸克的极大动能，那么夸克在质子中的速度几乎无限趋近光速，这也是远非强力级别的力所能约束的。可见，夸克理论是典型的想象性理论。以致有学者认为，“夸克只是用来解释当时未知物理的抽象概念而已”，这话显然很带有安慰性。

10.2.2 弱力的起源

常见的原子核衰变有三种：α（氦核）衰变、β（电子）衰变和γ（光子）衰变。由电磁辐射原理（见第九章），以及对γ射线和α射线的分立性能谱（能量分布）的测量可知，其中γ光子的产生，源于电性粒子的加速度发生了跳变，或者说是原子核在不同能级间跃迁时产生的，而α粒子则为核裂变产物。

当初最感奇怪的是，β射线的能谱居然是连续的，这曾困扰了一代物理学家，还引起了对能量守恒定律的怀疑。后来，泡利提出了中微子假说，认为是中微子带走了电子的部分能量，并在之后的实验中得到了证实，由此才解决了当时物理学面临的危机。也就是说，电子与中微子合在一起时的总能谱是分立的。这表明，电子与中微子是在核衰变后，才发生了分离，从而造成了β射线能谱的连续性。

由以上可知，核内中子衰变前，电子与中微子必须结合在一起而存在于中子内部，即中子内部必存在独立的混合型粒子（$e^-\bar{\nu}_e$）。或者说，核衰变实验，是对中子内部存在完整电子和引力子成分的证实，符合电子和中微子为核子组分的分析（见10.2.1节）。

根据新狭义相对论的物质无关性以及尺缩效应与力作用相关的结论（见3.2.3节），可知任何运动的实体物质之间皆存在力的作用，这说明电场与引力场间也应存在着某种作用。由于（$e^-\bar{\nu}_e$）是中子的组分，所以e^-与$\bar{\nu}_e$间必存在着某种亲和力。实验表明：弱力在发生作用时，始终伴随着电性粒子和引力性粒子的同时参与，如中子衰变产生的e^-与$\bar{\nu}_e$；核子内部有着复杂的电荷分布，说明核子内部的电荷必源于众多正负电子的复杂分布。这些都表明，引力性粒子与电性粒子间必存在着力作用。

电弱统一理论认为，弱力源于交换$w^{\pm}$和z_0粒子，把弱力看成电磁力与中性力的混合结果，但却不能给出产生中性力的理论根据，说明电弱统一理论是非常含糊和费解的。若放弃交换粒子形成力作用的观念（参考4.4.3节），则电弱统一理论中的弱力，就是电性粒子与中性粒子间的作用。

由以上推断可知，电性粒子与引力性粒子间的作用力，就是弱力。由弱力的短程性可知，弱力的形成，不可能源于按距离平方反比律分布引力场或电场。如果说弱力来自磁场与W场的作用，则弱力将按距离立方反比律分布，这也属于一种长程力，显然与弱力的极短程特征也不符。而弱力若是源于电子与引力子间的作用，即源于旋转的闭合引力场与闭合电场间的作用，由于这是非扩散型场，如此便可解释弱力的极短程特征。至此，弱力的本源问题，得到了很好的解释。

γ光子产生的正负电子与核衰变等产生的正负电子，两者无任何差别，说明通常状态下的正负电子，皆是独立存在的。可知，电性粒子与引力性粒子间的作用强度，在通常环境下是极弱的。但这并不能代表强力场环境下，依然很弱。电子与中微子在核衰变后，才发生分离，说明电性粒子与引力性粒子间的作用强度，在强力场环境下是较强的，或者说弱力只有在强力场环境下才有明显的表现（见后文10.3.3节）。

电弱统一理论认为，在β衰变过程中，中子衰变为质子并释放出中微子和电子，被看作形成了与电流类似的两个带电矢量流（V流），且还形成了一种中性轴矢量流（A流），它们之间通过交换$w^{\pm}$和z_0粒子而发生弱力作用。1982年底，通过正反质子对撞机实验的140000个碰撞事例，找到了5个事例确认了w粒子的产生。第二年，6个z_0粒子事例也被找到。至此，电弱统一理论被画上了句号。

现提出以下几点质疑：

1.在量子理论中，认为电磁相互作用是交换虚光子，并由此又扩展为，任何作用力皆源于某种粒子的交换，且直接用实粒子替换掉了虚粒子。

虚粒子概念假设，源自对狭义相对论光速限制的曲解（光速限制只局限于实体物质范围，见4.4.3节），认为任何速度不能大于光速（通过场发生作用的力也受光速限制，从未得到过任何实验的验证）。虚粒子的提出是根据测不准原理$\Delta E\cdot\Delta t\geqslant\eta$，认为电子在小于$\Delta t$时间内发射的光子不能被观测到，这就是虚光子或虚粒子的由来。其实虚粒子观点是不值一驳的，因为当两电子间距大于普朗克尺度时，虚光子应变为实光子而被观测到。再说交换光子所产生的力，只能使两电荷相互远离，这根本无法解释正负电荷的相互吸引关系。其实根据§9.4节内容，完全可以对测不准原理给予很好的诠释。可见，虚粒子这种人为制造的物质，根本不可能存在。

2.140000个碰撞事例中只找到几个$w^{\pm}$和z_0，说明大量的核子内部，并不存在弱力，这显然非常荒唐。另外，正反质子对撞会产生诸多碎片或粒子，如何确认$w^{\pm}$和z_0就是形成弱力的粒子呢？其实之后的正反质子对撞结果，已表现出了对电弱统一理论的怀疑[10]。

3.天体运行统一于万有引力，电与磁统一于电磁感应，那么，本质完全不同的弱力与电磁力，又统一于什么？电弱统一理论并不能给出明确答案。再者，交换$w^{\pm}$属于电磁力，那么交换z_0，又代表了什么力？把这种简单的混合称为弱力，显然不符合力的独立性。

由以上可知，电弱统一理论，不但说不通，也不完备。其实，V流与A流的不可分割性，已表现出了电性粒子与引力性粒子间，存在相互作用。

10.2.3　π^-和μ^-的组分结构

目前，无论是自由衰变产生的粒子，还是高能对撞产生的粒子，都不被看作原粒子的组分，该观念一直贯穿于粒子物理学研究的始终。也就是说，对粒子组分的判断，没有统一的判断标准。对粒子结构的探索，几乎仅建立在某种模型上，但至今为止的几乎所有模型，根本不能诠释各种实验现象，或者说相距甚远。仅就核子的模型来说，有部分粒子（在高能轻子与核子的深度非弹性散射基础上提出）、夸克（目前最被看好）等一些既相关又不相关的模型。随着学术界对这些模型理论的认可，粒子组分的认定似乎已被遗忘，但粒子组分的认定，确实是粒子物理必须面对的问题。

一、粒子组分的认定方法

对于粒子的自由衰变，其内部组分首先必须存在加速运动成分，而后才能发生粒子的衰变。根据辐射理论（见9.2.4节和10.1.4节），加速运动将首先产生光速粒子，之后才有衰变后的组分粒子析出。由于光速粒子是最快的粒子，所以光速粒子与衰变后的组分粒子，几乎没有相互作用时间，因而不会产生次生粒子。也就是说，除光速粒子为次生粒子外，基本可以认为，自由衰变所产生的末态粒子就是初态粒子的组分。只有在外部能量作用下的衰变，其组分的析出，才可能早于部分光速粒子的产生，光速粒子才会与初态粒子内的组分发生作用，形成非初态粒子组分的次生非光速粒子。

按以上分析判断，量子场论预言的自由衰变$\mu^{\pm}\rightarrow e^{\pm}+\gamma$等，不可能发生（$\mu$子数守恒定律便由此引出，以禁止该反应发生）。因为其初态和末态的成分不同，初态中含有引力成分和电磁成分（由反应$\mu^-\rightarrow e^-+\bar{\nu}_e+\nu_\mu$可知），而末态只有电磁成分。

对于有外部能量参与的高能对撞反应，如$e^++e^-\rightarrow e^{\pm}+\mu^{\pm}$，其末态粒子的形成应有两种可能：①如果说$\mu^{\pm}$来自$e^++e^-$，则只能说明电场与引力场在强能量条件下，可以相互转变。②根据速度与引力势的等效性，高能电子可能部分地代表引力场，从而产生引力子。

w粒子产生于高能对撞，应属于次生粒子。理由为：由$w^-\rightarrow e^-+\bar{\nu}_e$知，其组分为（$e^-\bar{\nu}_e$），但由于w粒子的质量远大于核子质量，所以w粒子不可能是中子的组分，而只能认为是中子内的（$e^-\bar{\nu}_e$），在吸收了极大能量并在某特定条件下，成为w粒子，这符合w粒子寿命极短的特征（10^{-25}秒）。

二、π^-和μ^-粒子的组分结构

鉴于同性引力子相互吸引，则若要对正反引力子进行区分，即确定引力子的旋性，就必须检测出W矩与自旋的方向关系，但目前W矩还是物理学空白。也就是说，当电性粒子与引力性粒子在弱力作用下结合在一起时，即使知道它们的自旋平行与否，也无法鉴别引力子的正反。为了使理论能够继续，先暂时设定，正电子中微子$\nu_{\odot}$是正引力子g，而反电子中微子$\overline{\nu}_e$则是反引力子$\overline{g}$（待以后的实验技术能够检测W矩后，再行明确。关键是，这并不影响后文的正常推理和一些重要结论的得出）。

根据前文对粒子组分的认定方法，对于π^-介子衰变，应是首先释放出$\overline{\nu}_\mu$和μ^-（$\pi^- \to \mu^- + \overline{\nu}_\mu$），然后才是$\mu^-$衰变（$\mu^- \to e^- + \overline{\nu}_e + \nu_\mu$）。可知$\pi^-$的基本组分应为$\overline{\nu}_\mu$、$e^-$、$\overline{\nu}_e$、$\nu_\mu$，其中$\overline{\nu}_\mu$在$\pi^-$中的结合强度最弱。$\pi^+$与$\pi^-$的组分只有正反差别，略。由此可知，$\pi^-$与$\pi^+$为正反粒子对。$\pi^0$（$\pi^0 \to 2\gamma$）的质量虽然与$\pi^\pm$接近，但却有着本质的不同，不应归为一类粒子。

再者，由μ^-衰变可知，其组分为e^-、$\overline{\nu}_e$、ν_μ，且这些组分之间只能靠弱力结合在一起（见10.2.2节），且弱力的大小相等（假如其末态的三个粒子皆为同时释放）或相近。由于π^-中的$\overline{\nu}_\mu$结合强度最弱，推断$\overline{\nu}_\mu$与e^-间无弱力作用，则$\overline{\nu}_\mu$只能与$\overline{\nu}_e$结合（引力子间同性相吸）。可得，π^-和μ^-组分的静态结构示意图，如图10-6。

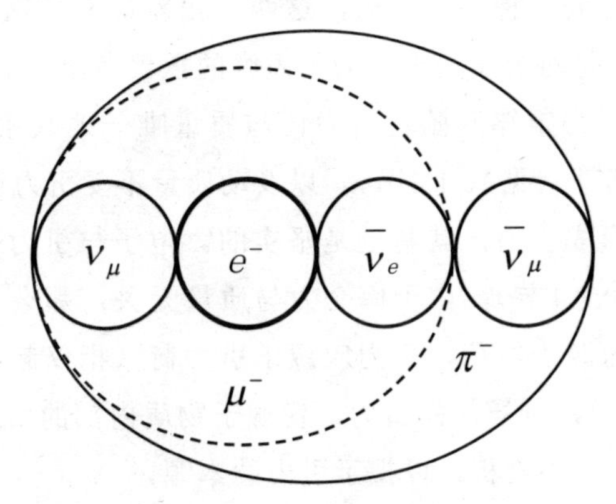

图 10-6. π^-和μ^-组分的静态结构示意图

$\overline{\nu}_e$就是反引力子$\overline{g}$（见10.1.6节），而ν_μ是正引力子团g_n（n个g的结团）。由于e^-与$\overline{g}$最后分离（见中子衰变），说明e^-与$\overline{g}$间的弱力大于e^-与g间的弱力。同理可知，e^+与g间的弱力大于e^+与$\overline{g}$间的弱力。也就是说，正负电子与正反引力子间的弱力，只有吸引关系，而无排斥关系。弱力的这种不对称性，或许就是弱力作用下，宇称不守恒的原因。

由图10-6还可看出，弱力具有饱和性，即电子只能通过弱力与一个旋性相同的引力子结合（如中子内的$e^-\bar{\nu}_e$），或者再结合一个旋性不同的正引力团（如ν_μ）。

由质-速关系曲线可知，在近光速条件下，即使很小的速度增量，也会引起质量的急剧增加。由于π^-或μ^-的质量远大于其组分粒子的质量，根据一切质量皆源于运动的结论（见10.1.4节），可知π^-或μ^-的组分皆以变动性轨道做近光速绕转运动（见10.2.1节）。对于其他各种粒子的内部组分，也皆应如此。

§10.3　强力的实质

10.3.1　重新认识引力

目前，对宇宙四大基本力的大小比较，是以质子的实验数据为准，即如果引力为1，则弱力为10^{25}，电磁力（指库仑力）为10^{36}，强力为10^{38}。可以看出，对于引力的作用，小到忽略不计。这就是现代粒子物理学中，基本不考虑引力对粒子结构影响的原因。现代物理学认为，强力在粒子模型中起着主要作用，但其产生的机制，一直是粒子物理学中的一大“玄案”。可见，揭示强力的形成机理，对粒子物理学的影响极其巨大。

引力和强力，皆发生在中性物质间，而最基本粒子只有电子和引力子。因此推断，引力与强力就是同一种力。那么，这两个相差最为悬殊的力-引力与强力，能否得到完美统一？将是对前文关于引力子内容的重大考验。

自牛顿发现万有引力定律开始，引力便与质量唯一地联系在了一起。但是，根据一切质量皆源于运动（见10.1.4节），以及动质量不受引力作用（见6.3.2节），可知物质的质量不会形成引力，其基础是坚实的。电子与引力子有着类同的形成机理（见10.1.3节和10.1.4节），由于库仑力与质量无关，那么引力也应与质量无关。也就是说，库仑力源于电荷，引力应源于引力荷（指仅起引力作用的量，类似电荷的定义）。或者说，物质间的引力，皆源于物质内部的引力子数量。这就需要对万有引力定律进行深入剖析，以揭示引力的本源。

如果遵循库仑定律的发现过程，重新推导引力定律，就必须将万有引力定律中的质量改变成引力荷，其比例系数也须重新测定。这将是个极难操作的工作，尤其是在牛顿引力早已深入人心的当前，也不宜采纳该方法。对比库仑定律与万有引力定律的力与距离变化曲线可知，库仑力之所以远强于引力，是由两大定律的比例系数过于悬殊造成的。为了更深刻认识引力，下面以万有引力定律为出发点，探索引力系数在粒子世界中的变化及引力定律的引力荷表达形式。

原子是构成物质的基本质量单元，但由于电子不受引力作用（见10.1.3节），所以原子的引力皆来自原子核，即核子才是物质引力质量的基本单元。根据实验测定，质子与中子的内部结构，除电性外几乎完全相同，所以每个核子所含有的引力子数基本恒定。将单位质量物质所含引力力子数，定义为引力密度，则宏观物质的引力密度也是基本恒定的，所以引力大小完全可以用质量进行表达。牛顿的万有引力定律，就是用引力质量替代引力荷的引力定律。可知，万有引力定律仅适用于由原子构成的物质。据目前观测，除核子以外的其他所有重子都是不稳定粒子，可知宇宙中除黑洞和中子星外，所有天体皆以原子为基本单元构成。

由于核子的结合会释放核能或质量，所以不同元素的万有引力常数G，会存在很微小差异。在宇宙天体中，黑洞和中子星的存在（见第八章），也会造成G的微小变动。也就是说，以质量表达引力时，G不能达到绝对的恒定，这已被实验证实（见7.1.4节）。只有以引力荷表达引力时，引力系数才能恒定。

再看由于引力子与电子的结构类同（见§10.1节），可知引力荷同电荷一样，其大小不随运动而变化。这便与引力质量不随运动而变化（见6.3.3节）互为佐证。由此还可看出，宏观物质运动所产生的动质量，不能计入万有引力定律中，否则便会破坏引力密度的恒定性，而使万有引力定律失效。至此，宏观物质的动质量不具有引力的原因得以揭示（见6.3.2节），宏观上的引力与质量问题也得以完美解决。

再看引力常数在微观世界中的变化规律，由上述内容可知，两氢原子间的引力无疑符合万有引力定律，为$F_H=Gm_H^2/r^2$。两质子间引力可表示为$F_p=Km_p^2/r^2$。因为电子不受引力作用，所以电子内不含引力子，而质子是失去电子的氢原子，所以氢原子与质子所含引力子数相同。可知$F_H=F_p$，又因为$m_H>m_p$，可知$G<K$。由于质子质量是电子质量的1836倍，所以两质子间引力系数的变化非常微小。此旨在说明，万有引力定律中的引力常数，在小于原子尺度的情况下，开始增大。或者说，引力密度越小，则引力系数越小；反之，则引力系数越大；这是以质量替代引力荷的必然结果。

目前理论认为，同种元素分子的形成，是因为电子运动而导致正负电荷中心的瞬时不重合，从而形成了瞬时的静电引力，称为色散力（范德华力的一种）。若按此说法，电子的运动也应导致瞬时的静电斥力，如此便会得出同种元素分子是不稳定分子的结论，这显然与同种元素分子的稳定性相冲突。从色散力大小与分子量大小成正比看，色散力更像是引力。

对于同元素分子，其电子轨道存在重叠部分（共用电子对），如H_2等，所以元素间距小于其原子尺度，则引力系数增大，则两元素间的引力大于牛顿引力，而容易形成分子。对于惰性气体，因无轨道重合，则元素间距始终大于原子尺度，牛顿引力保持不变，元素间的弹性碰撞始终保持动能与势能的守恒，所以不能形成分子。

再以π^-为例，探讨基本粒子间的引力系数变化。由图10-6可知，π^-粒子的引力，主要由正反引力团ν_μ和$\bar{\nu}_\mu$提供（$\bar{\nu}_e$质量极小，可忽略。正反引力团同时提供引力的原理，见后文10.4.1节）。π^-质量（139.569MeV/c²）约是引力团（$\nu_\mu+\bar{\nu}_\mu$）质量m_μ（2×0.19MeV/c²）的367倍，即$m_\pi\approx367m_\mu$。m_π与m_μ的差值部分，皆来自π^-内部组分的近光速运动（见10.2.3节）。设两π^-间的引力为$F_\pi=K_\pi m_\pi^2/r^2$，两引力团间的引力为$F_\mu=K_\mu m_\mu^2/r^2$。由于m_π与m_μ所含有的引力子数相同，则$F_\mu=F_\pi$，则$K_\mu\left(m_\mu\right)^2=K_\pi\left(m_\pi\right)^2=K_\pi\left(367m_\mu\right)^2$，得$K_\mu\approx1.34\times10^5K_\pi$。可见，$\pi^-$粒子的引力系数，远远小于其组分的引力系数。在粒子世界中，不同质量的粒子，一般都有着不同的引力密度，引力系数自然也不同。引力团（$\nu_\mu+\bar{\nu}_\mu$）的引力系数K_μ，并没有去除内部引力子组分的运动质量，可知引力子的引力系数将会更大。

对于核子，虽然有着许多不为人知的复杂内部结构（夸克模型已被否定，见10.2.1节），但核子间的引力，必皆源自核子内的引力子数量。现通过比较核子（0.938GeV）与其内部引力子（$m_\nu<3$eV）的质量，估算引力系数的变化。

根据高能质子对撞会产生大量π介子，推测核子的组分主要为π介子（次生粒子不可能大量产生）。核子与其组分的质量比值，也按照π质量是其组分质量367倍规律进行推算，从核子至π至（$\nu_\mu+\bar{\nu}_\mu$）至引力子，核子质量大致为总引力子质量的10^8倍（367^3）。设核子内含有n个引力子（目前还无法估计具体数量），则核子间的引力大小可表示为

$$F_p\approx\frac{Gm_p^2}{r^2}\approx\frac{10^{-11}\left(10^8nm_\nu\right)^2}{r^2}=\frac{10^5\left(nm_\nu\right)^2}{r^2}\tag{10-4}$$

式（10-4）表明，用引力子质量表达引力时，其引力系数高达10^5级别，已远远大于万有引力常数G，但仍远小于强力级别。

再看引力子质量源于环形引力场的自旋（见10.1.4节），虽然这个环形引力场是最小极限尺度，但仍存在一定的势能。因为势能无质量（见4.1.2节），所以该势能可作为引申出引力荷的量，以替代质量。设引力子的总能量与引力荷的势能比值为X，可知X也是个很大的值（目前还无法进行理论估算）。如此，用引力荷g便可替换掉式（10-4）中的m_ν，则引力定律与库仑定律不但数学形式类同，其物理意义也是对等的，这完全符合引力子与电子的结构特征。由四大基本力的比较值可知，当引力系数为库仑定律比例系数（10^9）的100倍时，引力便表现出了强力特征（引力荷与电荷，在力的产生原理方面应无差异）。也就是说，当$X=10^3$时，式（10-4）可表示为

$$F_p \approx \frac{10^5\left(10^3 ng\right)^2}{r^2} = \frac{10^{11}\left(ng\right)^2}{r^2} \tag{10-5}$$

式（10-5）便是引力的引力荷（ng）表达形式。在前面的推导过程中，虽然存在着较大的猜测估算成分，但每一步还算处于合理范围。如此，通过比较式（10-5）与库仑定律的比例系数，便可看出，引力荷之间的引力，就是强力，万有引力与强力是同一种力。

式（10-5）只能在小于核子尺度的范围内体现出来，即当两核子间距小于核子尺度（1费米）或存在部分重叠时（两核子的部分组分的间距极小），核子间的引力将会急剧增加。当两核子的质心间距小于0.8费米时，由于核子内部的核心组分尺度更小，组分间的引力更大，结构更强更紧密，从而表现出排斥芯效果，类似于两物体紧密接触时的弹力效应。

原子内部的各种作用力曲线（势能曲线与此类似）的对照示意图，如图10-7所示，其中r_0为原子半径，r_p为核子半径。可以看出，核力的理论曲线，才真实地表达了引力随距离的变化关系，见式（10-5），其与核子排斥芯的叠加构成了核力的实际曲线。万有引力曲线仅适用于引力密度恒定的普通物质，同种元素间力的理论曲线（剔除静电效应的分子间力），仅能用于原子与核子之间的尺度所形成的引力。至此，核力和同种元素间力的短程性，得以彻底揭示。可见，所谓的强力大于库仑力，是指式（10-5）的比例系数大于库仑定律的比例系数。

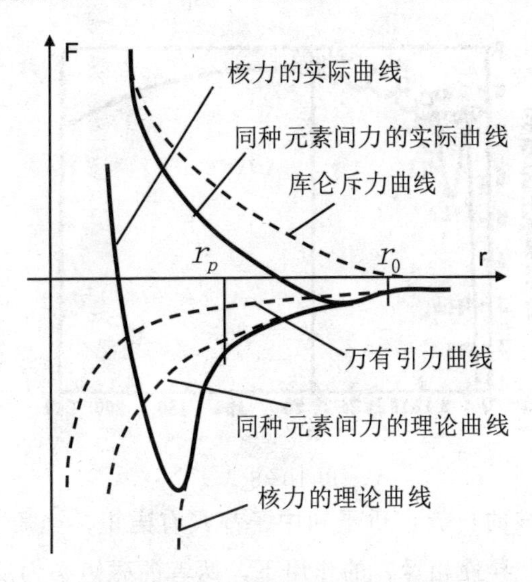

图10-7 原子和核子内部的各种作用力曲线

综合以上可知，无论是引力还是强力，本质上都是引力荷间的作用力。万有引力定律的成立，是因为引力质量与引力荷有着基本恒定的比例关系。质量本身并不产生引力，这也是人们误认为引力系数极小的根本原因。从图10-7中的几种理论曲线可看出，实际中之所以体验不到强力，是因为普通物质之间的最小间距大于原子尺度。

10.3.2 强力就是引力的检验

通过实验得出的核力或强力的一些重要特性为[9]：①短程力。②强相互作用。③电荷无关性。④存在排斥芯。⑤与自旋相关。⑥主要成分为中心力，也有非中心的张量力成分。⑦核内核子只与周围少数核子发生强作用，称为核力的饱和性。

对于①~④，完全符合前面的论述。还剩⑤⑥⑦，与“强力就是引力”的结论似有不符，下面做详细分析。

目前理论认为，核力的形成，与质子和中子的自旋有关，如果自旋反平行，便不会形成核力。其主要依据为[9]，氘核（^{2}H）的自旋为1（这里仅代表角动量大小），而组成氘核的质子和中子的自旋皆为1/2，由1/2+1/2=1可知，质子与中子的自旋平行。这种仅通过个例便给出的普遍性结论，显然极不严谨。

由氦核（^{4}He）的自旋为零可知，氦核中的核子，必存在反平行关系。由图10-8可以看出，^{4}He的结合能，是^{3}He结合能的2.3倍多，是^{2}He结合能的3.5倍多，说明^{4}He中各核子间皆存在核力。也就是说，无论核子的自旋是平行还是反平行，皆会形成核力。可见，核力与自旋并无关联，即核力与自旋相关的结论⑤，不能成立。

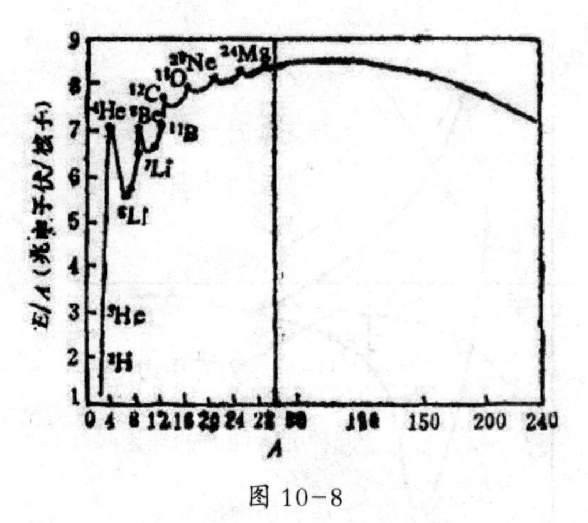

图10-8

现重新诠释原子核的自旋，质子和中子都具有磁矩，当质子与中子靠近时，在磁场力（同性相吸，异性相斥）的作用下，两者的磁矩必为反平行状态。由于质子与中子的旋性相反（见10.1.2节），所以氘核内质子与中子的自旋平行，即氘核的自旋为1。按此推理，则^{4}He的四个核子磁矩（质子与中子间隔排列），应是两两平行（两质子及两中子）和两两反平行（质子与中子），则四个核子的自旋也为两两平行和两两反平行，所以氦核的自旋为零。可见，原子核自旋取决于核子的磁场力作用，与核力的形成无关。如此，核力的特性⑥则也得到了诠释，即非中心的张量力成分，是磁场力的表现。当然，这其中也包含W矩的作用，可忽略。对于核力的饱和性⑦，既是短程力①的表现，也有磁场力的影响。

由以上可见，核力的主要特性，完全符合“强力就是引力”的结论。至此，宇宙四大基本力缩减为了三大基本力，并揭示了它们的产生源头。这为粒子物理学的更进一步探索，扫除了一个重大障碍。

10.3.3　核子的稳定性

对于核子表面，引力场强约为10^{30}ms^{-2}（$10^{38}Gm_p/r^2$）级别，引力势为10^{15}m^{2}s^{-2}（$10^{38}Gm_p/r$）级别，即核子不但有着极大的引力场强，也有着近光速（c^2）引力势。核子表面之外，则迅速降为弱场，如图10-7所示。根据引力势与速度的等效性或式（6-10）可知，核子内相当于近光速系S，而核子外部则可以认为是低速系或近似静止系S`。这从中子内的近光速电子（见10.2.1节），也可看出。如此，根据力变换式（4-28），便可比较出核子内外的受力大小。

对于粒子的内应力，力作用的两端在任一惯性系中皆为相对静止状态，即式（4-28）中的$u_x=0$，则

$$\begin{cases} F_x^{`}=\dfrac{F_x}{\gamma^2\left(1-\dfrac{v}{c^2}u_x\right)^2}=\dfrac{F_x}{\gamma^2} \\ F_\perp^{`}=\dfrac{F_\perp}{1-\dfrac{v}{c^2}u_x}=F_\perp \end{cases} \tag{10-6}$$

由式（10-6）可知，$F_x^{`}<F_x$，即弱引力场中的力小于强引力场中的力。由于核子内外的引力场约为近光速系与近静止系的关系，可知$F_x^{`}<<F_x$，则其合力也应为$F^{`}<<F$。由此可知，通过弱力作用构成的$e^-\bar{v}_e$，其在核子内部稳定性，将远大于脱离核子束缚后的稳定性。或者说，通常环境下的不稳定粒子，在强场环境或核子内部，是稳定粒子。如高能质子对撞产生的大量π，这种有着复杂成分结构的粒子，在质子对撞瞬间而大量次生的可能性几乎为零，即π不可能是次生粒子，这说明质子内部必存在独立稳定的π粒子。

§10.4　核子的形成

10.4.1　万有引力场是对称的正反引力场

电子的形成机理结合电荷守恒定律，表明核子内部必存在完整的正负电子成

分。有关核子的实验，几乎都观测到了电四极矩的存在[11]，即按一定规律对称（并非指100%对称）分布的正负电荷。粒子物理的无数实验，也证实了正反粒子总是对称出现，并由此总结出了自旋量子数守恒定律。这说明，核子内也存在着对称分布的正反引力子成分，或者说引力荷同电荷一样，遵守引力荷守恒定律，如π介子中的正反引力子组分，如图10-6所示。以上这些，本质上皆为角动量守恒定律的体现。也就是说，构成物质的核子必是由对称的正反粒子共同构成。

由于普通物质间万有引力的存在（物质间只有引力而无斥力，也是种对称性破缺），说明提供引力成分的只能是对称的正反引力子，这完全符合引力场的不可抵消性（见10.1.5节）。也就是说，万有引力场不是单一性引力场，而是由对称的正反引力场共同构成的。因此提出引力作用假设：由正反引力子构成的粒子，其中正反引力子数相等的部分，受万有引力作用，而正反引力子数的差值部分，不受万有引力作用。

再对场线或称力线进行重新认识，场线的最初提出，是为了场研究的方便性而按照叠加原理人为画出的，但却完美地表达了场的性质，这在所有关于场的研究中都得到了充分肯定。将这种因果顺序对调，即场线是真实的客观存在，而不再是人为画出的线，则场线便成为场的最小量子化单元。如此，这不但符合物质决定意识的自然法则，也更体现出了场的物质性。

利用场线的观点，可更好地说明引力作用假设。对于万有引力场中的粒子，其中正反引力子数相等的部分，正反引力子只接受同性引力场线的作用，而不接受异性引力场线的作用。而正反引力子数的差值部分，必为单一性引力子，其将同时受到正反引力场线的吸引和排斥作用，而相互抵消为零，即不受万有引力场的作用。

下面根据现有实验结果，对引力作用假设进行检验。

由于强力就是引力（见10.3.1节），所以强力也属于万有引力（后文统称引力）。根据引力作用假设，所有强子（受引力或强作用的粒子）的组分中，正反引力子数的差值必须很小或称对称，如π^-等（其他受强作用的粒子，如ρ、K等，可通过其自由衰变产物推测其组分）。对于组分中正反引力子数差值很大或称不对称的粒子，由于差值部分不受引力作用，再结合粒子内部的普遍性近光速运动，使得差值部分产生了很大的不受引力作用的质量，其形成的惯性力将掩盖引力的作用效果，而成为几乎不受引力作用的轻子。也就是说，强子与轻子的分类，应取决于粒子组分中正反引力子数的差值大小。

以处于正反引力场中的π^-介子为例，因为π^-内正反引力子数的差值为一个$\bar{\nu}_e$（<3eV），如图10-6所示，则$\bar{\nu}_e$不受引力作用。而π^-内正反引力子数的等值部分为ν_μ和$\bar{\nu}_\mu$（<0.19MeV），其中ν_μ只受正引力场的作用，而$\bar{\nu}_\mu$则只受反引力场的作用，

这两种作用皆为吸引关系。由于ν_μ和$\overline{\nu}_\mu$含有很多引力子，且质量远大于$\overline{\nu}_e$，则$\overline{\nu}_e$所产生的惯性力可忽略，所以π^-受引力作用。

目前已发现的粒子，大多受强作用或称受引力作用，推测这些粒子的组分中，正反引力子数一定基本对称，或者说正反引力子数的差值一定都很小（种类太多，不一一列举）。

再看轻子，目前已知有6种轻子（e、μ、τ、ν_e、ν_μ和ν_τ），其中电子不受引力作用已有阐述（见10.1.3节），不再赘述。对于三种中微子，无论其正反，引力子皆为同性（见10.1.6节），根据引力作用假设，则三种中微子均不受引力作用。目前，无论是来自宇宙深空的中微子，还是核电站产生的中微子，都没有关于中微子速度存在变化的报道，此也可作为对引力作用假设的实验支持。

再以μ^-为例，其组分为$e^-\overline{\nu}_e\nu_\mu$，如图10-6所示，可知$\mu^-$仅存在一对引力子受引力作用，由于$\nu_\mu$是由很多个同性引力子构成，可知$\nu_\mu$几乎不受引力作用，则$\mu^-$更是几乎不受引力作用。

再看τ子，τ子有以下三种各占1/3的不同衰变道，分别为：

①$\tau^- \rightarrow e^- + \overline{\nu}_e + \nu_\tau \rightarrow \mu^- + \overline{\nu}_\mu + \nu_\tau$

②$\tau^- \rightarrow \pi^- + \nu_\tau \rightarrow \rho^- + \nu_\tau$

③$\tau^- \rightarrow \pi^+ + \pi^- + \pi^- + \nu_\tau \rightarrow K^- + \nu_\tau$

上述三种衰变道是否皆为自然衰变，暂且不论，但可以肯定的是，τ子组分中的正反引力子数的差值，皆近似为ν_τ（<18.2MeV）所含有的引力子数量，其产生的惯性力足以掩盖引力效应。也就是说，所谓的轻子不受强作用，是指其受到的惯性力掩盖了引力的作用效果。如此，轻子数守恒定律也可得以揭示。

另外，通过对比粒子总质量与内部不受引力作用的质量，也可大致反映出强子与轻子的差别，即这种比值越大，受到的引力作用越强。如π^-与$\overline{\nu}_e$的质量比值高达10^6，而μ与ν_μ的质量比值约为622，τ与ν_τ的质量比值约为94。可见，强子的比值远高于轻子的比值。

量子场论中的量子化场，其实是对场线的继续量子化，认为场线是虚粒子。但这是基于曲解光速限制的物理意义，而做出的猜测性假设，是对实体物质与场物质在本质上的混淆。场超距作用的证明（见4.4.3节），注定了量子场论中的量子化场，必将以失败告终。

10.4.2 中子的稳定性

回顾旧相对论，由于理论创建之初存在的错误，导致后续结论完全脱离了正常的科学逻辑。而建立在量子理论基础上的粒子物理，其不可理喻之处更是不胜枚举，这样的理论当然不可能揭示核子的真实结构。由于被学术界普遍接受的夸克模型已被否定（见10.2.1节），某些已深入人心的错误观念，必须做出改变。

对于自由中子的不稳定性，应归结于$e^-\bar{\nu}_e$处于核子的最外层变动性轨道上（见10.2.1节）。由于最外层变动性轨道上的引力场强有着较大变化，属于强场与弱场的临界状态，$e^-\bar{\nu}_e$很容易进入弱场区，而发生$e^-\bar{\nu}_e \to e^- + \bar{\nu}_e$反应（对应于$n \to p + e^- + \bar{\nu}_e$），使中子衰变为质子。

再看核内中子，当中子与质子结合为氘核时，按照分子的共用电子对理论，中子最外层的$e^-\bar{\nu}_e$应为两核子所共用，则$e^-\bar{\nu}_e$在库仑引力作用下，将更靠近氘核中心而脱离临界状态，成为稳定的原子核。从能量角度看，质子与中子结合成氘核后，总质量减小而释放能量，说明核子内组分的动能或称角动能减少了，所以氘核或原子核内的中子更稳定，这很类似于分子的形成原理。

对于双中子的结合，则两个$e^-\bar{\nu}_e$皆处于临界状态。当其中一中子衰变为质子后，便可成为稳定的氘核。如此也可很好地解释，发生β^-衰变的原子核内，必须富中子。

再看中子星内的中子稳定性，由四大基本力的对比可知，核子表面场强为10^{30}ms^{-2}（$10^{38}GM_p/r^2$）级别，而中子星表面的引力场强为10^{11}ms^{-2}（GM/r^2）级别。中子星的场强梯度远小于核子表面的场强梯度（场强随尺度的变化率），使得中子星表面中子的$e^-\bar{\nu}_e$所在变动性轨道上的受力变化，远小于单个中子情况下的变化量，$e^-\bar{\nu}_e$不发生衰变而保持中子星的中子稳定性。

再看中子星与核子的表面引力势，中子星的引力势为10^{15}m^{2}s^{-2}（GM/r）级别，核子的引力势也为10^{15}m^{2}s^{-2}（$10^{38}GM_p/r$）级别（这似乎是种巧合），皆小于c^2，即核子态物质不会形成黑洞。在稳定粒子中，核子表面的场是最强场［见式（8-1）］，其他更重的重子都是不稳定粒子，由此断言，所谓的小于核子级别的微型黑洞，是不可能存在的。

10.4.3 质子与中子的相互转换

质子是稳定粒子，必须在外部能量的作用下才能转变为中子。质子衰变有三种方式：$p \to n + e^+ + \nu_e$（原子核的β^+衰变）、$p + e^- \to n + \nu_e$（俘获轨道电子）和$p + \bar{\nu}_e \to n + e^+$（俘获反电子中微子）。

传统理论从能量角度考虑，认为质子失去正电子转变为中子而带来的质量增加，仅是因为吸收了外部能量，并认为，中子与质子间的相互转换，皆为失去电荷及电子中微子，只是失去粒子的正反性不同。这种对质子衰变的解释，存在以下两点质疑：

1.从能量的原始定义看，能量不是物质，而是表征物质系统做功的量度。能量必须以物质为载体（可参看4.1.2节），绝不可以将能量当成物质。

2.将中子与质子间的相互转换，皆视为失去物质的反应，势必会造成质子或中子内部，存在无限多电荷和中微子的窘境，这是绝对不允许的。

为保持质子和中子各自的属性，中子与质子间的相互转换过程，必须为互逆过程。只有如此，才能避免质子与中子相互转换带来的问题。也就是说，质子与中子间的相互转换，就是得失$e^-\overline{\nu}_e$的过程。

计算表明，单个质子表面的电场强度（10^{31} Vm^{-1}），远超过目前任何人工电场。原子核的核电核数越大，高能光子（大于2倍电子质量）越容易在核附近产生正负电子对[9]。如果仅认为正负电子对是由单光子直接转化而来，理论上很难解释得通。而如果认为强电场受扰动而吸收了光子能量后，电场发生形变而生成正负电子对，那么对核子强引力场的扰动，也应生成正反引力子对。如此，后续的许多问题便可得到合理解决，如高能对撞产生的某些非组分粒子。也就是说，对核强场的扰动，是产生正反粒子对的根本原因（后文10.5.2节再行论证）。

发生β^+衰变反应的都是富质子核，其间存在着强大的库仑斥力。根据能量最低原理，这种核在强力作用下，又会趋向于更低能级。能级的跃迁将对质子的强电场和强引力场造成强烈扰动，从而产生正负电子对和正反引力子对，之后在弱力作用下形成$e^-\overline{\nu}_e$和$e^+\nu_e$，其中$e^-\overline{\nu}_e$被一质子俘获衰变为中子，而$e^+\nu_e$则被排斥至弱场区域而分裂为e^+和ν_e，这便是核的β^+衰变。

再看质子俘获轨道电子（$p+e^-\rightarrow n+\nu_e$），传统观点认为，初态粒子p与e^-结合形成中子n，而具有1/2自旋的ν_e为单独生成。如果仅从反应方程的本身看，各种守恒量似乎都得到了满足。但是，从反应方程的物理过程看，必须是e^-的自旋传递给了ν_e，那么e^-必招致破坏而造成电荷的不守恒，这显然是不可以的。

角动量守恒定律同动量守恒定律一样，是自然界的最基本定律。其在任何过程中的任一瞬间都必须严格成立，这也是微观世界中正反粒子必须同时成对产生一个根本原因。也就是说，对于$p+e^-\rightarrow n+\nu_e$，只有ν_e和$\overline{\nu}_e$同时成对生成，才能严格符合角动量守恒定律。如此，则$\overline{\nu}_e$与e^-通过弱力结合为$e^-\overline{\nu}_e$，其动量降低而被质子捕获，ν_e则逃逸，质子衰变为中子。

对于$p+\overline{\nu}_e\rightarrow n+e^+$反应，与上述同理。只是$\overline{\nu}_e$对质子场的扰动生成了电子对，$\overline{\nu}_e$与$e^-$结合后被质子捕获衰变为中子，$e^+$则逃逸。也就是说，电荷对强引力场的扰动产生引力子对，引力荷对强电场的扰动产生电子对。至此，质子衰变为中子的三种反应，皆在满足角动量守恒定律前提下得到了很好的解释。参考弱力的形成（见10.2.2节），说明电场与引力场，一定存在着某种特殊关联。

质子衰变伴随着正反粒子对的产生，则其逆过程——中子衰变，推测应伴随着正反粒子对的湮灭。以与太阳中微子的反应$\nu_e+{}^{37}Cl\rightarrow{}^{37}Ar+e^-$为例，即$n+\nu_e\rightarrow p+e^-$，可认为是$\nu_e$与中子内的$\overline{\nu}_e$发生了湮灭而释放引力波，使中子释放出电子而衰变为质子。对此的佐证为，核衰变释放γ光子，则也应能释放引力波。由此预测，衰变性元素也是引力波源。

由上述推测，反应$n+e^+\rightarrow p+\overline{\nu}_e$是可以发生的（还需今后实验的检验），即核内中子受正电子轰击，可与中子内的负电子发生湮灭反应而衰变为质子，并放出反中微子。

10.4.4 核子的形成

目前对粒子物理的研究，看似取得了“巨大”成就，实则不过是在高能条件下寻找新粒子，以不断对旧理论进行试错的过程，真正的基础性结论非常之少。鉴于此，只能以最基本的电子和引力子为基础，并结合现有实验结果，给出核子的粗略结构框架。

宇爆模型认为，早期宇宙有着极高的温度。这是通过核子的极高速碰撞（温度的表现）发生瓦解，而反推出的结果。但是，核子瓦解所产生的基本粒子中，除电子、光子、中微子这些远远小于核子质量的稳定粒子外，几乎皆为不稳定粒子，如π、μ等。这些不稳定粒子，无疑大部分应是核子的构成组分（见10.3.3节）。这些常态下都不能稳定的粒子，在极高温环境下则更谈不上稳定，就更谈不上形成核子。也就是说，将核子形成的条件归结为宇宙早期的极高温度，与基本粒子的特性显然存在冲突，此也可看作对宇爆模型的否定。

从物态角度看，低温高压才是不稳定粒子变稳定的前提。大的引力场强梯度（泊松方程）所形成的压力和近光速引力势环境，才符合不稳定粒子的形成并稳定地存在（参考10.4.3节和10.3.3节），如核子场。我们且不去探讨最原初电场和引力场的诞生问题（目前该问题还无人提出），仅就这两种场可形成的高能电磁波和引力波，并在强场条件下可生成正负电子和正反引力子（见§10.1节）之后，开始探讨核子的起源。

设强场环境下的某空间，充斥着正负电子和正反引力子。根据电子与引力子间的弱力关系（见10.2.2节），将形成稳定（仅限于强场条件下）的正反混合型粒子$e^+\nu_e$和$e^-\overline{\nu}_e$（见10.3.3节），并在库仑力作用下结合。由于异性引力子间的排斥关系（斥力与引力有着相同表达式，只是符号相反），将会阻止$e^+\nu_e$和$e^-\overline{\nu}_e$的湮灭反应（在间距极小时，引力大于库仑力，参看图10-7）。同性引力子间的引力关系所形成的正反引力团ν_μ和$\overline{\nu}_\mu$，与$e^+\nu_e$和$e^-\overline{\nu}_e$继续结合，形成以$\pi^\pm$为代表的粒子（图10-6）。在上述过程中，也会不可避免地会发生少量的正负电子湮灭以及产生少量的其他种类粒子（指轻子和寿命小于$\pi^{\pm}$的强子），可不予考虑。至此，基本粒子的形成阶段完成。

根据引力作用假设及π子的组分，可知π^-与π^+间，只有一对ν_e和$\overline{\nu}_e$保持斥力关系（见10.4.1节），远小于其他组分间的吸引力。如此，则π^-与π^+间将相互接近，形成高速互相绕转的众多$(\pi^{\pm})_n$团（不排除可能存在某种中间粒子）。此时，即使$(\pi^{\pm})_n$脱离外界强场条件，其自身引力场也已达到了强场条件（正负电荷的抵消使电场力的作用可忽略），从而保证了其中的π粒子稳定性。根据保里不相容原理，$(\pi^{\pm})_n$中的每个π子都有着各自的变动性绕转轨道（见10.2.1节）。由于π子的近光速运动所带来的极大惯性质量，则$(\pi^{\pm})_n$团不会按照式（2-18）要求（其没有考虑相对论性质量，见2.3.4节），形成密度均匀、速度由内向外线性上升、且可任意大小的状态，而只能是越靠近$(\pi^{\pm})_n$团边缘的π子，其惯性力越大，直至脱离束缚，即$(\pi^{\pm})_n$团一定有着确定的大小。

再看核子的形成，从π^-介子的组分看，如图10-6所示，当$(\pi^{\pm})_n$的最外轨道为π^-时，引力的变弱将使其首先失去$\overline{\nu}_\mu$和ν_μ，而衰变为$e^-\overline{\nu}_e$。至此，$(\pi^{\pm})_n$便完成了向中子的演变，即中子的确定组分应为$(\pi^+)_n+(\pi^-)_{n-1}+e^-\overline{\nu}_e$，且$e^-\overline{\nu}_e$处于临界状态。根据中子内正反组分的差异，此时的$e^-\overline{\nu}_e$将受到一个电子的库仑引力和一个引力子的斥力作用，且该尺度下的库仑引力大于斥力。如此，便很好地解释了对$e^-\overline{\nu}_e$的库仑引力“约为离心力1.3倍”的问题（见10.2.1节）。

当中子内$e^-\overline{\nu}_e$继续脱离束缚，便成了$(\pi^+)_n+(\pi^-)_{n-1}$这种稳定结构，形成带有一个正电荷的质子。同理，当$(\pi^{\pm})_n$的最外轨道为π^+时，将演变为反中子，并继而衰变为反质子。

由上述核子的形成过程可知，中子的正反组分之差为零，是正反成分完全对称的复合粒子。而质子的正反组分之差为1个正电荷和1个正引力子，其反组分大于正组分，为非完全对称的粒子。同理，反质子是正组分大于反组分的粒子。

从正反粒子的对称性可以看出，角动量守恒定律，是支配宇宙实体物质形成的最基本定律。

§10.5 宇宙物质的产生

10.5.1 正反物质不对称疑难的解决

从黑洞宇宙的推导过程可知（见第八章），正反物质不对称问题似乎已不存在。但若继续深究其正反物质成对产生的源头，该问题并未被彻底解决。

正反物质不对称疑难的提出，源于重子数守恒定律的一个推论，即反应中的重子和反重子是成对产生或湮灭，这已为无数实验所证实。按此推理，宇宙中的正反物质也应是对称的。但观测表明，在10Mpc范围内并没有反物质星系的存在。为了解释该现象，在无任何依据情况下[12]，猜测正反重子数在极高能条件下，可能产生了微小的不对称。之后，对称部分的重子湮灭掉，而那个微小的不对称便构成了当今宇宙全部物质，这也是目前学术界的主流观点。

物理学中的湮灭反应，是指正反粒子间发生的反应。所谓正反重子“湮灭”，并非仅仅生成光子，还会产生其他大量非光速粒子，即具有静质量的粒子。如正反质子的湮灭反应，其最终生成物之一的中微子，已被实验证实具有静质量。而宇宙中无处不在的正反中微子，并未发现有湮灭迹象（这也可算作对10.1.5节正反引力子作用关系的支持）。由此可见，如果将宇宙全部物质的形成归结于重子数的微小不对称，那么那些近乎恐怖的大量正反重子湮灭反应的生成物（包括光速粒子），显然是无法安置的。下面重新推理正反物质不对称现象的成因，这也是本书欲解决的最后一个现代宇宙学疑难。

对于核子的形成（见10.4.4节），如果在整个空间中，形成的第一个核子为正中子，其组分为$(\pi^+)_n+(\pi^-)_{n-1}+e^-\overline{\nu}_e$，则此中子将衰变为空间中的第一个质子，其组分为$(\pi^+)_n+(\pi^-)_{n-1}$。由于质子带有一个正电荷，则其周围较邻近的、尚未形成核子的$(\pi^\pm)_n$中的π^-，将在该质子电场的作用下，最容易靠近质子而处于$(\pi^\pm)_n$的最边缘，进而形成正中子，再至质子。依此类推，便形成典型的链式反应，使该质子周围的$(\pi^\pm)_n$全部演化为正核子。再之后，便进入了原子形成阶段，及至普通物质。

由以上可见，整个空间留下的是正物质还是反物质，将取决于第一个核子的正反。整个宇宙之所以皆为正物质，就是因为最初形成的第一的质子为正核子。至此，正反物质不对称疑难，便得到了彻底解决。

10.5.2 普通物质的产生源泉

宇爆学说认为，宇宙中的所有物质皆来自大爆炸前的奇点，所有氢、氦等小质量元素皆产生于原初核合成时期。但是，从宇宙物质的演化过程看，消耗氢元素的恒星是最先形成的。再结合宇宙均匀性原理，则宇宙中的所有氢元素几乎已被消耗了一遍，而超新星爆发所产生的氢又极为有限，所以现今宇宙中的氢丰度应为最低，才符合宇爆学说的物质演化过程。但是，目前的观测结果却是氢的丰度最大，其次是氦，且远多于其他元素。这只能说明，氢和氦的生成速度，大于恒星对氢和氦的消耗速度。可见，“氢、氦等小质量元素皆产生于原初核合成时期”的结论，显然不能成立。

目前，恒星在星系中仍在不断地诞生和消亡，说明形成恒星的气体（氢为主），并没有因为恒星的诞生而减少[13]。在星系的外空间，从来没有发现过新恒星的诞生，说明星系外空间的氢元素极少或没有。这无疑表明，星系才是氢元素不断产生的源泉。

从质子的衰变过程看（见10.4.3节），对强核场的扰动可产生基本粒子对，但以这种方式所产生的粒子数量显然极为有限，根本不足以形成新的核子。从核子形成过程看（见10.4.4节），只有在强场中存在大量正反粒子时，才能不断产生新的核子。星系核球内（引力势达$10^9 m^2s^{-2}$），应该具备产生大量核子的条件。

以上是说，核子可在星系核球区域中不断产生，并在辐射压力的作用下向外释放。随着温度的降低，再形成氢元素并成为星系尘埃（见8.4.2节）。如此，便很好地解释了恒星只能诞生于星系内的现象，以及氢丰度始终最大的原因。而氦元素，则多来自恒星。由此推断，小星系向大星系的演化，不是以吸收星系外的宇宙尘埃为主，而是自身不断产生新物质的结果。

其实，“对强场的扰动，可直接产生新的正反粒子对”的观点，目前已经被现代天文观测所察觉，在强引力势和压力条件下，会不断发生正反粒子对的产生和湮灭现象，这方面的理论和观测工作都在迅速的发展着[14]。

类星体要求，中心黑洞质量须大于10^8⊙[15]（目前已探测到的类星体最大中心黑洞质量为1.2×10^{10}⊙，由中国学者利用云南丽江的2.4米望远镜首先发现[16]）。而最大质量星系（IC1101）中心黑洞的质量也为10^{10}⊙，中等质量的银河系中心黑洞质量只有10^6⊙。最小星系的总质量也只有10^3⊙，其中心黑洞质量就更小了。根据黑洞由小到大的演化顺序，推断类星体是由星系演化而来。

类星体就是星系核，已得到了学术界的公认。黑洞的质量越大，尺度也越大，其静界外的场强梯度则越小（见8.4.2节），则核球的压力越小。由此推断，随着普通星系向大质量星系演化，核球内部压力将会不断减小，从而使新粒子的产生及合成核子的能力不断减弱。当其产生的氢元素，不足以弥补恒星对氢元素的消耗时，星系盘将会随着向中心的旋进而不断减小，直至成为类星体。核子生成能力的减弱，会使核球温度更高更明亮，成为不利于新粒子产生的极高温状态。因此推断，类星体的进一步演化，将是裸黑洞。对裸黑洞的观测，只能利用引力透镜效应，或利用伴星的运行轨道进行确认。

目前有一种较为流行的观点：星系是由类星体演变而来。当然这并未成为定论，因为其根本无法解决，类星体中心黑洞大于星系中心黑洞的现象。

10.5.3 探索时间和空间的起源

从物理学史看，旧问题的解决，必将伴随着新问题的提出。从前面内容可以看出，一切实体物质皆源自电场和引力场，那么电场和引力场的最初源头是什么？电子、引力子为什么有着确定大小，而不是任意大小？等等。这些都是今后物理学需要回答的问题，那么场物质的源头，显然是一个绕不开的话题。

一、场概念的再认识

以目前对场的认识，场可分为物理场和概念场。概念场是指为表述宏观物质的某种性质或分布规律，而定义的一种物理量。其本身不可以脱离研究对象，也不具有物质性，如温度场、密度场、流体的速度场等，不在本书讨论范围。物理场则是指可独立存在的一种客观实在，如构成电磁波的电磁场。

在物理学中，物质分为实体物质和场物质两大类，其中的场物质，便是指物理场。下面根据前文内容，对物理场进行重新归纳整理。

物理场具有势能和力的属性，其最小量子化单元是一维的场线（见10.1.5节）。物理场分为两种：物质场和运动场。其中物质场是指可生成实体物质的场，有电场和引力场两种，是宇宙所有实体物质的本源，物质场与实体物质间可相互生成（见9.2.3节、10.1.3节和10.1.4节）。物质场运动所产生的场称为运动场，是物质运动的标识（见7.1.1节和7.2.2节），其不能离开物质场而单独存在，且不受光速限制，有磁场和W场两种（额外纵向力形成，可看作磁场或W场的另类表现。见§4.5节和7.1.3节），分别对应于电场和引力场的运动。

开放的物质场，是连续的且具有方向性，无质量、无体积、不受惯性制约，传播速度无穷大（见4.4.3节），可共享空间。闭合的物质场，具有粒子性和惯性，是动能的载体，不能共享空间，受光速限制。

自然界不存在开放的运动场，但在人工干预下可形成开放的运动场。如由两导体构成的电容充电后，以两导体连线为轴旋转，便可产生开放的磁场（人工单极磁荷）。

物质场与对应的运动场可相互感应生成，如电场和磁场以及引力场与W场。不同种类的物理场具有不同的性质，说明它们具有各自不同的内在构造。通过物理场发生的力作用，是瞬时或超距的（见4.4.3节）

二、元质概念的提出

从惯性的形成机理可以看出（见§9.1节），如果阻碍物质运动的自感场是来自运动物质的本身，便不会对物质产生阻碍作用。只有自感场来自真空，即物质对真空的感应使物质周围的真空转变成了自感场，才能对物质形成阻碍作用从而表现出惯性。

运动电荷所产生的磁场，源于电场的尺缩效应（见7.1.1节）。电场与磁场的相互转化，是能量形式的转化。电场来自真空，所以磁场也应来自真空。同理，引力场与W场的相互生成，也源于对真空的作用或感应。

由上述可以推断，一切物理场皆产生于真空，说明真空不空。这种充斥着整个空间的客观实在，可命名为元质（这或许就是亚里士多德所设想的以太，只是以太概念已被否定，不宜再使用）。可知，元质是一切物质的本源。元质向物理场的转变过程中，需消耗能量。

由质子衰变可知（见10.4.3节），任何已知物质间皆存在相互作用。由于物质的运行，不受真空的任何阻碍（见9.2.5节），真空相当于什么也没有。但电子和中微子的各物理参数皆有着确定大小，推测是受到了元质的影响。这说明，元质是区别于所有已知物质的更特殊物质。

三、时间和空间的本源

通常认识的时间，是用于表述事物变化快慢的物理量，在任何领域都表现为非物质性。但是，时差效应的提出（见§5.2节），表明时间具有客观实在性。从时空变换式可以看出（见第三章），时间和空间皆同时受速度制约，没有时间就没有空间，没有空间也没有时间，它们互为因果，说明空间也具有客观实在性。

从尺缩效应的形成原理可知，运动场滞后于尺缩的形成（见3.2.3节和7.1.1节），那么运动场感应出的物质场，应同样存在滞后效应，即各种物理场的相互感应生成，必须消耗时间。这完全符合可支配一切物理规律的能量不能突变原理（见10.3.2节），这也是物理场具有能量的体现。

理论表明，两物体在引力作用下结合在一起后，将增加时空的改变量。由于引力场做功不会抵消引力场（见8.1.1节），引力场具有不可抵消性（见10.1.5节），根据能量守恒定律以及“能量只能从一种形式转换为另一种形式”推断，引力场做功一定是使元质发生了某种转变，这也是能量的一种积蓄（见8.1.1节）。当元质消耗殆尽时，时空便消失了，如黑洞的静界面。也就是说，元质是时空赖以存在的基础。由于引力场也是由元质转化而来（见第二段），则引力场影响时空便得到了合理解释。

由于电场做功必伴随着电场的抵消，不存在对元质消耗，所以电场不影响时空。由此推断，元质转变为电场，只是表现形式的转变，其并不改变元质的属性，而引力场则是元质在本质上的彻底转变。

物质场的运动产生尺缩，尺缩就是空间的减少，空间减少的原因是元质减少，元质减少的部分转变成了运动场，这就是先有尺缩后有运动场的原因。同理，元质的减少也必伴随着时间变慢。如此，运动或运动场影响时空的原因，也得到了合理解释。

总结以上：时间是元质的动态表现形式，空间是元质的静态表现形式。元质是时间和空间赖以存在的基础，是一种动静综合体，也是一切物质产生的最本源，并始终不停地支配着世界万事万物的运行。元质是继场物质、实体物质之后的第三大类物质，且是唯一的。至于元质到底是什么？还有赖于今后的继续探索。

从科学发展史看，当理论由神奇变得离奇时，将是旧观念的终结和新观念的开始，正所谓不破不立，如哥白尼对托勒密的否定，从古代的经验性猜测，到现代的数学性猜测，虽是一种进步，但本质相同。经验性的直觉虽然未必是正确的，尚需数学对其进行定量或定性，但数学只能提炼出某种规律性结果，而不能体现其内在的本质关联。目前那些违背基本规则的离奇结论，便是猜测前提下带来的必然后果。尊重事实和数理逻辑的经典理论，是物理理论发展的永远丰碑。

古文献《易传·系辞上》对宇宙诞生的叙述为，“易有太极，是生两仪，两仪生四象，四象生八卦”。易：变化。太极：空间的尽头。仪：本意是人的外表，引申为规范、可视。象：大象这种动物，意为更广泛明显的外表。八卦：可以演化出世间的万物万象。

对上段话的传统解释，太极、两仪（阴阳）、四象、八卦，皆为不知何物的神秘东西，充满了神秘主义色彩。最通俗易懂的叙述当属《道德经》，将“易”和“太极”合称“道”，即“道生一，一生二，二生三，三生万物”。中国传统文化根植于《周易》，人文与自然皆统一其中，称为天人合一。如以其为基础的中医理论，不但在古代为人类健康做出了巨大贡献，即使在今天，仍发挥着不可替代的作用。

现以本节观点，对上段话再次重新释意。易：时间或运动；太极：空间。“易有太极”也可写为“易有于太极”。如此，上段话可翻译为：时间源于空间，空间源于时间，时间和空间一动一静、互相依存；时空可以转变为引力场和电场（两仪）；引力场和电场形成了最原始的实体物质——引力子对和电子对（四象）；引力子和电子构成了可催生万事万物的物质基础——原子（八卦）；时间和空间始终支配着万事万物的演化，并通过运动场贯穿着各个阶段的始终。

令人惊讶的是，如此古老的文献，只需寥寥片语，便将极为复杂的物质诞生及演化脉络，用最低进制数（二进制）形式勾画了出来。而其来历，仅见于神话传说中的上天恩赐。上古文献与物理学能达到如此之高的符合程度，着实令人浮想联翩。

本章小结

目前的粒子物理学，是以量子力学为基础建立起来的模型理论，而量子力学本身就充斥各种不可理喻性。这同以广义相对论为基础建立宇宙模型一样，徒增世界的诡异性，是不可能成立的理论。

本章从全新的视角，从前一章的光子形成和结构入手，对实体物质的产生进行推理，及至时空的源头。由于受先前理论影响，对有关粒子深层结构实验的认识，存在很大的局限性。因此，本章内容是否完全正确，还需今后不断补充完善及实验检验。主要内容如下：

1. 重新论述了自旋与自转这两个概念，指出这是两个无任何物理差别的概念，仅在表现上，自旋是量子化的，而自转可为任意值。

2. 定义了不依赖外部坐标系的旋性概念，任何具有自旋的粒子都具有旋性，旋性是区分正反粒子的唯一标志。旋性分为顺旋和逆旋两种：自旋或角动量与磁矩或W矩平行时，称为顺旋；反之，则称为逆旋。

3. 揭示了光子与电子之间的相互转换机理，并给予了验证。指出负电子的旋性为逆旋，正电子的旋性为顺旋。自旋的顺逆决定电子的正负，颠覆了之前认为的属性决定自旋观点。

4. 重新论述了引力波，指出广义相对论所预言的引力波，是弱场条件下的近似结果，理论探索价值不大。W场的提出，使得引力波有了精确的数学表达形式（同电磁波方程）。对比光子结构（图9-5）可知，每个引力波单元，都是由闭合的环形引力场及偶极子形式的W场构成。

5. 引力子的形成同电子的形成有着相同的机理，顺旋为正引力子，其引力场方向为指向自身，与通常定义的万有引力场方向相同。逆旋为反引力子，引力场方向为远离自身。经严格推导，引力子间的作用关系为：同性相吸，异性相斥。这与电荷间“同性相斥，异性相吸”的作用关系正好相反。偶极子形式的W场，也有两个不同W极，W极间的作用关系同样为：同性相吸，异性相斥，即与磁极间的作用关系亦相反。

6. 根据中微子在实验中的表现，并结合引力子间的作用关系，指出电子中微子就是引力子，而其他类型的中微子则称为引力子团。

7. 对夸克模型给予了坚决否定，指出这是一种强力也不能约束的模型，而所谓的“夸克囚禁”更是超出了四大基本力范畴。重新肯定了电子就是中子的组分之一，指出电子在粒子尺度内的绕转轨道，为非恒定轨道；电子在原子尺度上的轨道，为量子化的恒定轨道；任意物质在宏观尺度上的轨道，为任意值的恒定轨道。

8. 揭示了弱力的本质，指出电性粒子与引力性粒子间的作用力，就是弱力，且无论这两种粒子的正反性如何，皆为相吸关系。弱力具有饱和性，电子只能与一个反引力子或者再加上一个正引力团，通过弱力结合在一起。提出了确定粒子组分的方法，给出了π^-和μ^-粒子的组分结构示意简图。

9、对牛顿引力理论进行了深入剖析，指出物质间的引力是源于引力子，而不是质量。质量只是动能的另一种表达形式，本身不受引力作用。电荷间存在库仑力，引力荷间存在引力。强力或称核力，本质上就是引力的表现，并论述了强力表现为短程力的原因。

10.指出万有引力场是由对称的正反引力场共同构成，由此提出了本书中唯一假设——引力作用假设，即万有引力场只与粒子中正反引力子数相等的部分，发生引力作用，而与正反引力子数的差值部分，不发生引力作用。根据引力作用假设，指出轻子之所以不受强力作用，是因为其正反组分存在较大的不对称度，而强子的正反组分皆近似对称，这完全符合10.2.3节中关于粒子组分的确定方法。

11.重新论述了核子的形成，并给出了核子的大致框架结构。指出中子是正反组分完全对称的粒子，质子仅比中子缺少一个电子和一个引力子，其正反组分略微不对称。

12.指出对强引力场或强电场的扰动，可产生基本粒子。星系的核球区域，是氢元素的产生源泉，这才是宇宙中的氢丰度始终最大的根本原因。彻底否定了宇爆模型所认为的，宇宙中一切物质皆来自奇点初始爆炸时期。

13.肯定了宇宙中不存在反物质。物质的正反，取决于自然界中诞生的第一个核子正反。以原子为基本单位的物质种类只能是单一的，彻底解决了正反重子数守恒定律所带来的正反物质不对称疑难。

14.提出了真空充斥着一种特殊物质——元质，元质具有时间和空间属性，是一切物质产生的最本源，并始终不停地支配着世界万事万物的运行。物理场由元质转化而来，实体物质由物理场转化而来。物理场的存在形式是一维的场线，最初按照叠加原理人为画出的场线，是种客观存在，也是场的最小构成单元。

参考文献

[1](美)J伯·恩斯坦.难以捉摸的中微子[M].北京:科学出版社，1980：42

[2]韩磊.高能光子产生正负电子对的研究[D].长春:吉林大学,2012:3.

[3]孙汉城.科学家谈物理——中微子之谜[M].湖南:湖南教育出版社,1993:23,37-38,86,87,89,20.

[4]焦善庆,张金伟,郝军,等.大气中微子ν_μ振荡几率估算[J].益阳师专学报,2000,17(5)23-26.

[5] Smy M B. Five years of neutnino physics with Super-Kamiokande[J]. 2002, hep-ex/0206016.

[6]肖鸿飞.论真空中的中微子振荡特性.原子与分子物理学报[J].2004,21(1)4-6.

[7] 占亮.反应堆中微子.中微子研究与进展[J]. 2015,27(26), 22-27.

[8] 宁平治,李磊,闵德芬.原子核物理基础:核子与核[M].北京:高等教育出版社,2003:6.

[9] 唐孝威.探寻反物质的踪迹[M]. 南宁:广西科学技术出版社,2004:1,81.

[10] 于祖荣.原子核[M]. 北京:科学出版社,1986:35-36,42-47,132.

[11] 李秀林.弱电统一理论面临新的考验[J]. 大学物理, 1986, 1(6):37-37.

[12] 赵叔平, 刘宗廉.电子散射和原子核的电荷分布[J]. 物理, 1982,11(12): 710-715.

[13] 俞充强.广义相对论引论[M].北京:北京大学出版社,1997: 150 - 152.

[14] (日)林忠四郎.恒星的演化诞生与衰亡[M]. 北京:科学出版社,1983:,32.

[15] 章乃森.粒子物理学(上) [M]. 北京:科学出版社, 1994: 155-156.

[16]何香涛.观测宇宙学[M].2版.北京:北京师范大学出版社,2007:222.

[17] Wu X B, Wang F, Fan X, et al. An ultraluminous quasar with a twelve-billion-solar-mass black hole at redshift 6.30[J]. Nature, 2015, 518(7540):512-515.

第十一章　磁约束可控核聚变

聚变能应用，是关乎人类未来发展所必须掌握的技术。通过对聚变理论的研究，发现目前的磁约束聚变理论，存在两大致命缺陷。目前所有类型的磁约束聚变装置，无一不深陷这两大缺陷之中，从而导致理论预测与实验结果产生了巨大差异，被戏称为永远差50年的科技装置。理论是实践的先导，聚变理论的完善及具体解决办法的给出，必将极大地推进聚变能的工业应用进程。

§11.1　磁约束聚变理论的两大缺失

11.1.1　聚变理论概述及现状

天体演化的规律表明，地球不会永远适宜人类居住，人类的未来终将要走出太阳系、银河系，去寻找适宜生存的新星球，这必需要有强大持续的能源供给。目前人类面临的能源危机及环境污染，也迫切需要获取一种无污染的强大能源。

从质-能关系看，聚变能就是轻核结合为重核时，所产生的质量亏损，如 $^2H + {}^2H = {}^3H + p + 4.40MeV$。从质量的起源看（见10.1.3节），聚变能就是核内动能的部分释放（之前因错误理解而认为是核势能的释放）。对于一个原子，化学反应造成的能量变化约1~10eV，而核反应造成的能量变化约为1MeV数量级[1]，两者释放的能量相差极其巨大。而遍及地球及宇宙深空的氢元素，显然是解决人类未来需求及目前能源危机的终极能源。也就是说，可控核聚变，是人类必须要握的技术。

欲实现聚变反应可控，必须满足两个条件。

1.温度条件：需把热核燃料加热至临界点火温度以上，为 10^8~10^9T。

2.劳逊判据（nt=常数）：为保证聚变反应的进行，经计算，在极高温度条件下，等离子数密度 n 与约束时间 t 的乘积，必须满足 $nt > 1.5 \times 10^{20}\ m^{-3}s$。

为使聚变反应可控，从20世纪60年代末至今，全世界共建造了上百个相关实验装置，主要分为惯性约束（ICF）和磁约束（MCF）两种。但科学家们在理论研究和实验技术上遇到了一个又一个难以逾越的障碍，距工业应用的最初目标几乎仍是原地踏步。

ICF聚变装置是由激光器或粒子加速器产生的强脉冲能量，照射到含有聚变燃料的靶丸上，靶丸吸收强脉冲能量后形成高温、高密度等离子体，使聚变燃料发生聚变反应而释放能量。这种装置需要不断地向反应室中心提供核燃料靶丸，是以短脉冲方式运行的受控核聚变，需要周期性地重复点火驱动。计算表明，靶丸的能量增益（输出能量/输入能量）需在150～200[2]，才能实现静电能的输出，而目前该种装置的能量增益，近期才刚刚实现了1的突破[3]。目前ICF在许多重要环节上，受多种能量形式的转换效率限制，如驱动器、激光器等，都必须取得突破性的进展，否则根本没有竞争力。

MCF聚变装置是利用带电粒子在磁场中，围绕磁力线转动的性质，使之不能无阻碍地横穿过磁力线，从而将极高温等离子体核燃料约束在磁场中。该种装置可不间断地进行燃料添加和废料排放，是一种可持续运行的受控核聚变装置。MCF聚变历史悠久，技术成熟，其最终目标，是实现人们所期望的可自持燃烧的聚变反应。这是ICF不能做到的，也是人们不愿放弃MCF的一个重要因素。但该装置在实际工程中同样遇到了很多难以解决的技术困难，如各种宏观和微观上的不稳定性，以及中子辐射对聚变堆包层第一壁材料的损坏等，使得MCF进展几乎停滞，一直处于理论可行状态，其能量增益也小于1，落后于ICF。这也是MCF应用前景不被看好的原因，业界认为晚起步的ICF可能是更好的方案。

由以上可见，无论是ICF还是MCF，目前都存在难以克服的困难。代表世界最先进水平的MCF-中国EAST，其等离子体放电持续时间设计值为1000秒[4]，但实验模拟值却只有几秒[5]。实际与理论的巨大差异（所谓的1000秒，其实不过是数据游戏，没太大意义。真正需要突破的是能量增益），说明MCF理论必存在重大缺陷。理论是实验的先导，实验是对理论的检验。所以，完善MCF核聚变理论，并指导实验装置改进，是摆脱当前MCF困境的唯一选择，更是实现聚变能工业应用所不可回避的问题。

11.1.2　磁约束可控核聚变的理论基础

聚变反应温度要求达到10^8~10^9T量级，该温度下的任何材料都将气化为等离子体。电粒子在磁场中受洛伦兹力作用，形成绕磁力线的回旋运动，称为拉莫运动，这便是用磁场约束等离子体或聚变燃料的基本原理。这种利用磁场隔离聚变高温，是聚变核反应器不被溶化的最初设想。

对于磁场中的等离子体，由洛伦兹力公式$F=qv\times B$及圆周运动公式$F=mv^2/r$，得电粒子的回旋运动半径或称拉莫半径为

$$r=\frac{mv^2}{F}=\frac{mv^2}{qvB}=\frac{mv}{qB} \tag{11-1}$$

在实际中，由于不存在磁力线闭合的匀强磁场，所以需要知道电粒子在非均匀磁场中的表现。设磁场具有一定的梯度∇B（方向为由弱处指向强处），如图11-1所示。由式（11-1）可知，拉莫半径与磁感应强度成反比，则正负电粒子轨迹，将形成沿相反方向且垂直于磁场的漂移运动，如图11-1中的轨迹1和轨迹2，称为梯度漂移。如此，便在磁场中形成了电场E。

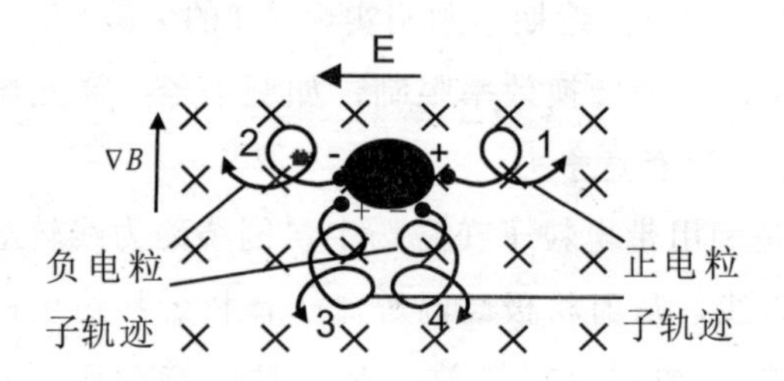

图11-1. 等离子体的梯度漂移和电漂移

电场E的产生，将使拉莫运动的电粒子得到周期性的加减速。由于拉莫半径与速度成正比，见式（11-1），则电粒子被加速时，拉莫半径增大，被减速时拉莫半径减小。这使得形成电场E之后的正负电粒子，将沿反∇B方向，且垂直于磁场和电场方向产生漂移，且正负电粒子的漂移方向相同，称为电漂移，如图11-1中的轨迹3和轨迹4。可见，非均匀磁场中的等离子体，最终会被不断地由强场区推向弱场区。

另外，重力和磁力线曲率（会产生离心力），也会造成电粒子的漂移，其原理与电漂移类同，不再赘述。等离子体在磁场中的这些宏观不稳定性，也称MHD（磁流体力学）不稳定性，使得磁场中的聚变燃料迅速扩散而不能持续燃烧。

非均匀磁场约束等离子体的代表为，仿星器和托卡马克这种环形MCF装置。其设计理念为，利用环形螺线管产生的环形磁场，其磁力线是闭合的（顺着磁力线运动，不受磁场的阻碍），认为电粒子的拉莫运动不会产生横越磁力线的漂移运动，从而达到稳定约束等离子体的目的。但是，由于环的外侧磁场弱于内侧磁场，所以必会产生梯度漂移和电漂移而横越磁力线。抑制梯度漂移措施的侧重点不同，便形成了这两种风格的装置。至于其他种类的MCF装置，其效能更落后于托卡马克装置，不再赘述。

目前的磁约束装置，也在最大限度地利用梯度漂移性质，如标准磁镜的约飞场（周围强中间弱的磁场），也称极小B磁场位形和磁阱。这种实验装置的确很好

地抑制了高温等离子体的互换不稳定性（部分等离子体与部分磁场交换位置，是宏观不稳定性的一种），也称凹槽或槽纹不稳定性。但这种磁阱的阱深太小，对于高温等离子体根本无能为力。

11.1.3 被传统理论忽略的压力漂移

根据劳逊判据，聚变燃料必须保证等离子体数的密度n，这就使等离子体具备了一定的压力。从微观角度看，等离子体压力似乎对单个电粒子不产生在加速作用，但从宏观看，微观粒子间的不断碰撞所形成的动量传递，将会使等离子体加速扩散。也就是说，等离子体同普通理想气体一样，压力对所有电粒子都会产生向外的加速扩散作用，直至压力消失为零。压力是一种统计数，它的平均值完全可以看作可使任一粒子向外加速运动的力。

目前的磁约束聚变理论，完全忽略了等离子体压力对磁场中等离子体的影响。而劳逊判据中的等离子数密度，又要求等离子体必须满足一定的压力。可见，目前聚变理论的这一重大缺陷，无疑会极大地误导实验装置的设计。

由式（11-1）可知，拉莫半径与速度成正比。从宏观上看，当电粒子远离等离子体堆的中心并做回旋运动时，其将在压力作用下加速而使速度增大，则拉莫半径增大。而当电粒子指向等离子体堆中心做回旋运动时，将在压力作用下减速而使拉莫半径减小。如此，便形成了电粒子向外横越磁力线的漂移运动，可称为压力漂移（目前聚变理论还无此概念），如图11-2所示。可见，等离子体压力只要不为零，均匀磁场根本不能对等离子体进行稳定约束。

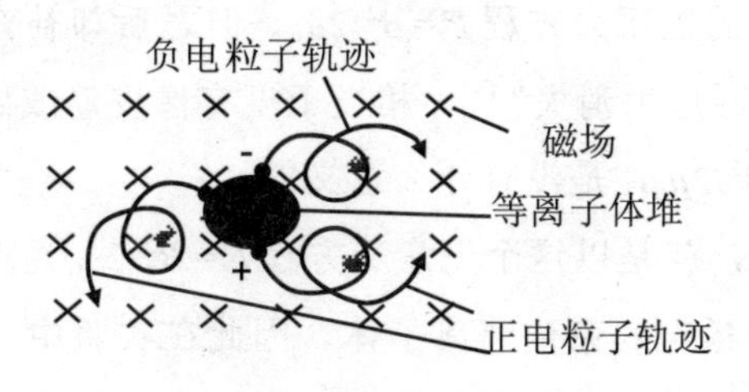

图11-2. 等离子体的压力漂移

对于高温等离子体，其粒子间的库仑力及所产生r电磁辐射，对等离子体的状态方程及热力学性质的影响不大[6]，所以将等离子体近似看作理想气体，不会有大的出入。根据气体分子运动论，压强$p=nkT$（n为粒子数密度，玻尔兹曼常数$k=1.38\times10^{-23}\mathrm{JK^{-1}}$，$T$为温度），则压强$p$对任一电粒子的平均作用力$F=nkT/n=kT$。经推导，电粒子在磁场中横越磁力线的漂移速度为$u_D=(F\times B)/qB^2$（其中$F$为外力，相当于压力）。可知电粒子的压力漂移速度为

$$u_D=\frac{F}{qB}=\frac{kT}{qB} \tag{11-2}$$

由式（11-2）可知，对于匀强磁场，无论磁场有多强，也只能稍微减小等离子的扩散速度，而不可能做到稳定约束等离子体。若取$T=10^8$K（最低聚变反应温度），B=100T（已达人工磁场的极限值），q取基本电荷量，则$u_D\approx 86\text{ms}^{-1}$。如此大的扩散速度，将使得等离子体在极短时间内便可瓦解，从而中断传统理论所预料中的聚变反应。压力漂移对宏观不稳定性的影响，远大于梯度漂移和电漂移的影响，这便是造成传统理论预测值与实验值产生巨大差异的根本原因。

目前MCF装置中所发生的聚变反应，只是发生在强制注入燃料的极短时间内或外界的持续加热期间。可见，MCF实验的能量增益始终小于1，并没有偏离基本物理规律的支配，属于正常现象。

目前所有的MCF装置，包括代表均匀磁场约束等离子体的磁镜装置（直圆柱容器外绕有螺线管的线圈），以及最被看好的世界最先进的超导托卡马克装置，皆忽略了压力漂移这一要素。这样的装置，任凭如何增加磁场强度，也只能略微减缓等离子体的扩散速度，且还会产生许多新问题。这从MCF的长期发展历程中，能量增益始终不能突破1，便可得到证实。产生这种错误的根源，就是把磁力线可稳定约束单个电粒子的行为（无压力），认定成可稳定约束等离子体（有压力）。由此可见，压力漂移在聚变理论中的缺席，是MCF装置始终处于停滞状态的根本原因。

传统MCF理论认为，等离子体内部压强使电粒子横越磁力线的扩散，是以磁压力来平衡的，并将磁力线比喻为橡皮筋（始终没有查到相关理论依据），并给出了表明磁压力始终存在的磁压力方程$F=B^2/2\mu_0$。但之后却补充说，磁力线会向等离子体内部扩散而使“磁压力消失”[7]，相当于没有橡皮筋或磁压力，这显然自相矛盾。可见，方程$F=B^2/2\mu_0$，是没有什么意义的。

目前的磁约束装置，就是以这个无意义方程$F=B^2/2\mu_0$为理论依据，认为只要磁场足够强，就一定能稳定约束住等离子体。因此在实验中，通过不断加大磁场强度直至利用超导线圈，试图得到预想结果。但这也只能稍微延长放电时间，对聚变反应几乎没有帮助。此也可看作对磁压力方程不成立的证实。

11.1.4 箍缩效应不会增加等离子体压力

等离子体通以电流后，根据洛伦兹力公式，电流产生的磁场将会使电粒子沿垂直于电流方向收缩，称为箍缩效应。一般取电流方向为Z轴方向，所以也称为Z箍缩，并形成了一套理论体系。箍缩效应在几乎所有MCF装置中，都或多或少地被加以应用。

传统理论认为，箍缩效应会对等离子体产生向内的压力，使等离子体密度和温度得以提高，是促进聚变点火的一个重要因素。由此认定，Z箍缩聚变装置，应能获得高产额（增益应达到100）聚变能[8]。

Z箍缩实验装置原理为，将金属丝阵围成套筒并通以强大电流，则将产生强大磁场。电流对金属丝的欧姆热及等离子体的排磁性（等离子体内无磁力线通过），将使套筒内的等离子体迅速获得高温、高压。此时的等离子体中无电流，高温、高压的获取完全来自外部金属丝阵的作用。当金属丝被强大的电流熔断后，电流便全部流经等离子体。传统理论认为，此时的通电等离子体，将形成强大的箍缩效应而发生聚变反应。但其结果，却极令人失望，甚至远不如环流器装置。

新狭义相对论已证明，运动物质的尺缩效应与力相关，但平衡后的质点间作用力，仍维持不变（见3.2.3节中，平衡力 F_E 始终保持不变），即无论是尺缩前还是尺缩后，物质内部的压力始终保持不变。

通电等离子体，实质上就是等离子体的正负电粒子做相反的定向运动。所谓的箍缩效应，不过是电粒子间结合力的增加而形成的尺缩效应（见4.5.2节），是等离子体在保持压力不变情况下的重新平衡。也就是说，通电等离子体的自箍缩效应，本质上就是尺缩效应。由此而造成的等离子体密度提高，不过是电粒子间作用力的重新平衡，等离子体内部的压力不会有丝毫提高。由此可知，如果不考虑由电流和磁场所引起的电粒子碰撞而产生的少量欧姆热，箍缩效应不会对聚变反应产生任何促进作用。可见，Z箍缩实验装置在金属丝熔断后而流经等离子体的电流，不会再次增加离子体内部的压力。如此，所谓的促进聚变反应说法，自然不能成立。也就是说，新狭义相对论，是对Z箍缩聚变理论的彻底否定。

目前，无论是主流还是非主流磁约束聚变装置，包括目前最先进的托卡马克装置，都将箍缩效应作为促进聚变反应的重要因素。这可归咎于基础理论落后于时代（其实仅应用经典电磁理论，也可以得出正确结论），所造成的必然结果。但压力漂移的缺位，则完全可归咎于理论研究者们对数学的过于依赖。由此造成的理论预测与实际结果的巨大不匹配，自然也就不奇怪了。

§11.2　大磁阱装置

11.2.1　会切磁阱

前面论述了等离子体的宏观不稳定性成因，并指出造成宏观不稳定性的最核心因素是压力漂移。在实际中，为使聚变反应顺利进行，还要求等离子体的电粒子为自然分布状态，即麦克斯韦分布。但受磁场中电粒子的拉莫运动影响，基本不能形成麦克斯韦分布，这就是微观不稳定性。微观不稳定性的产生，会大大降低可发生聚变反应的电粒子有效碰撞。目前的各种MCF装置中，微观不稳定性的成因很复杂，但几乎都与磁场有着直接或间接的关联，这也是目前MCF装置面临的更棘手问题。

微观不稳定性所带来的麻烦，主要指相对于间歇点火的MCF装置而言。因为这种装置的每次点火，都需要尽量多地使燃料发生聚变反应。其实，如果能够做到对等离子体的长期稳定约束，即完全消除宏观不稳定性，便无须再考虑微观不稳定性或电粒子的有效碰撞率问题。因为只要有聚变反应发生，便可源源不断地输出能量，微观不稳定性的影响完全可忽略不计。可见，设计出可完全拟制宏观不稳定性的磁场位形，是实现聚变燃料可持续燃烧的必由之路。

磁阱是中心弱周围强的磁场位形，磁阱中的等离子体，会不断地被推向中心（见11.1.2节），如此便可实现等离子体的稳定约束。而等离子体的排磁性，将使磁场线绕过等离子体而不能穿越。如此，宏观和微观的不稳定性便可从根本上得到拟制。

磁阱对MCF装置的重要性，早已为专业人士所重视。几乎所有对MCF装置的改进，都融入了磁阱思想，如托卡马克的外加“垂直磁场”和约飞线圈（磁镜线圈加装上“约飞棒”）。但这种磁阱的阱深太小，根本不能对高温等离子体进行稳定约束。

目前世界上阱深最大的磁阱装置，是由约飞线圈演化而来的垒球缝线圈，以及由两个垒球缝线圈组合而成的阴阳线圈。不过这种线圈磁阱，其阱深未必就能完全消除高温等离子体的宏观不稳定性，其阱底强磁场的存在，也不能消除微观不稳定性，更为关键的是，其过小的容积也根本容纳不下燃料堆。目前，垒球缝线圈的最大用途，仅是用于磁镜的端塞以阻止电粒子逃逸。可见，要实现核聚变的持续可控燃烧，必须设计出阱底磁场强度为零的大深度、大容积的全新型磁阱，此也被称为理想磁阱。这也是聚变学界的共识，只是这种共识受之前理论的局限，被认为不可能实现而不受关注。下面探讨理想磁阱的实现及实际中的可行性。

将两个线圈中的电流互为反向，便可组成最简单的会切场的位形，如图11-3所示。这种中心磁场为零的磁阱，称为会切磁阱。根据等离子体的排磁性，处于会切磁阱中的等离子体，将会形成自然规律分布，即符合麦克斯韦分布，且是稳定的[9]。

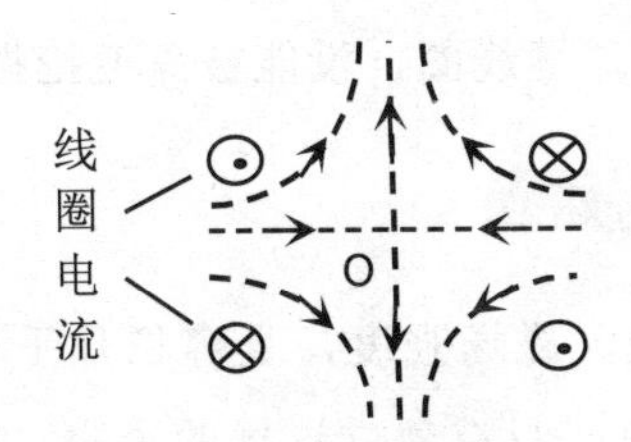

图 11-3. 最简单的会切场位形

一般认为，对于图 11-3 所示的会切场，带电粒子易从会切面和线圈的两端逃逸出系统，所以不能充分约束高温等离子体 [10]。基于此，目前极少有人对这种磁场位形进行深入研究。但该结论只是针对两个磁极的简单会切场，而更多磁极的复杂会切场，则从未见到过相关理论和实验报道，所以对会切场的研究，不能简单地予以否定。

无论是约飞线圈还是垒球缝线圈或阴阳线圈，其磁场位形都存在对称伸出线圈的会切面（见后文图 11-6），与图 11-3 的会切面形成原理完全相同。实验表明，其确实可很好地抑制磁镜咽喉区的电粒子逸出 [7]。磁镜咽喉区的磁场与会切场很相似，只是形状不同而已。也就是说，只要磁阱足够深，电粒子在会切处的逃逸完全可以被抑制。会切场与电粒子的逃逸，并不存在直接的因果关系。可见，利用会切场实现理想磁阱，具有极大的潜力。

另外需要说明的是，现代聚变理论中，表述磁阱约束等离子体能力的阱深，已被定义为 $(U_0 - U_a)/U_0$。对于非闭合磁力线的比容 U（磁力线管体积与管内磁通的比值，$U = dV/d\varphi = \oint dl/B$），具有 $1/B$ 的平均意义 [7]，则阱深可整理为 $(1 - B_0/B_a)$，其中 B_0 为阱底磁感应强度，B_a 为阱沿上的最小磁感应强度。由于会切磁阱的阱底磁场 $B_0 = 0$，图 11-3 中的 O 点，可知会切磁阱的阱深将始终为最大极限值 1。也就是说，阱深这一概念，不能用于表达会切磁阱对等离子体的约束能力。

其实，用 $(B_a - B_0)$ 更可体现磁阱的约束能力，可称为阱差。阱差这一概念，适用于表达任何磁阱约束等离子体的能力。由于会切磁阱的 $B_0 = 0$，所以会切磁阱的阱差等于 B_a（在后文中，表达会切磁阱约束等离子体的能力的物理量，皆使用阱差概念）。

无论是理论还是实验，都表明了磁阱对稳定约束等离子体的重要性，但目前的主流观点认为，理想磁阱在自然界和实验室中都不可能严格形成 [10]，所以在主流实验装置中，磁阱观念只是起些辅助作用。

会切场之所以没有得到重视，除了正文中提到的带电粒子易从会切面逃逸外，还有一个原因：以磁力线方程为基础的运算方法，不能用于会切场运算，会切场的运算须另寻思路或重建数学模型。这或许是许多理论“大咖”，不看好会切磁阱场的原因，也是阱深最大的垒球缝线圈，没能被深度挖掘的重要原因。

11.2.2 大磁阱理论的建立

大磁阱是指，阱差接近最大磁场强度，且容积几乎可任意设计的磁阱。从目前各种MCF装置的实验结果看，只有建立这样的磁阱，核聚变发电工程才可能实现重大突破。

数学上已证明，球壳内各处的引力场强均为零（见2.3.2节）。也就是说，与距离平方成反比的质点引力场强，在球壳内叠加后为零。那么，将多个磁体均匀分布在球壳上后（同性磁极皆指向球壳中心），则与距离立方成反比的偶极子磁场的磁感应强度，在球壳内叠加后必形成磁阱（感兴趣的读者可自行推导）。这为大磁阱的建立，奠定了坚实的理论基础。

将图11-3中的线圈看作永磁体，其会切场位形不变。将若干磁矩相同的磁体，均匀同向地布置在球壳上，准确说是布置在正多面体（共5种，4，6，8，12，20）的各个顶点上，则在整个球壳内部，便会形成多处会切面和会切线，如图11-4所示。这种由多磁体建立起的会切场所形成的磁阱装置，称为会切磁瓶。可见，处于会切磁瓶中的等离子体，必将在磁场梯度的作用下（见11.1.3节），被不断推向瓶心，从而实现对等离子体的长期稳定约束。

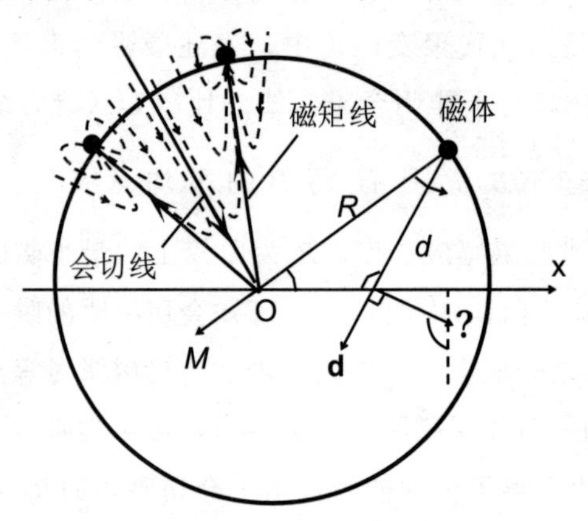

图11-4. 会切磁力线及磁感应强度求解

由正多面体空间分布的对称性可知，会切面处于正多面体各棱的中垂面上，棱向的磁感应强度相互抵消为零。会切线则处于正多面体各面的中心垂线上，中垂线的所有垂面上，其磁感应强度亦抵消为零。正多面体中心或外接圆的圆心，其磁感应强度为零。

根据场叠加原理，可以证明，以O为圆心的各球面上，如图11-4所示，沿磁矩线（圆心至磁极连线）上的磁场最强，其次是会切面方向，会切线方向的磁场最弱。可见，只要计算出沿会切线方向的磁感应强度变化规律，而无须考虑其他，便可给出会切磁瓶的最小阱差。若再结合磁矩线上的磁感应强度，便可大致给出会切磁瓶内部磁场的总体分布规律。如此，便避开了极复杂的、需要计算机才能完成计算的普通磁阱磁场[7]。

11.2.3　会切磁瓶中的磁场分布规律

正多面体的对称性，将极大简化会切磁瓶内部的磁场计算过程，从而得到标志会切磁阱约束等离子能力的阱差大小。

对于磁矩为M的磁体，其在空间任意点的磁感应强度为

$$B(d)\approx\frac{\mu_0 M}{4\pi d^3}(2\cos\theta\mathbf{d}+\sin\theta\boldsymbol{\theta}) \tag{11-3}$$

式（11-3）中，**d**、**θ**为单位矢量，θ为**d**与M间的夹角，如图11-4所示。

由电粒子在磁场中的拉莫运动可知，对于图11-4，会切磁瓶的切向（球的切线方向）磁场对电粒子的约束能力，必大于径向（球矢径方向）磁场的约束能力，所以决定阱差大小的是径向磁感应强度。其他方向的磁场对阱差的影响，可无须考虑。根据式（11-3），磁矩为M的磁体，在x轴向（径向）的磁感应强度分量可整理为

$$B(d)\approx\frac{\mu_0 M}{4\pi d^3}\left(2\cos\theta\cos\phi+\sin\theta\sin\phi\right) \tag{11-4}$$

根据三角形的边、角关系，如图11-4所示，则式（11-4）可整理为（具体推导过程见本节后文）：

$$B(d)\approx\frac{\mu_0 M}{4\pi R^3}\left[\frac{3\frac{r}{R}\sin^2\varphi}{\left(1+\frac{r^2}{R^2}-\frac{2r}{R}\cos\varphi\right)^{\frac{5}{2}}}-\frac{2\cos\varphi}{\left(1+\frac{r^2}{R^2}-\frac{2r}{R}\cos\varphi\right)^{\frac{3}{2}}}\right] \tag{11-5}$$

将磁体布置在正多面体的各顶点上，根据场叠加原理，以及各种正多面体的各部位之间所对应的顶角φ（也称极角），便可由式（11-5），绘制出磁矩线和会切线上的B-r变化曲线。

会切磁瓶内部的B-r变化曲线，如图11-5所示（因运算量大，曲线的绘制可采用计算机编程）。其中实曲线S4、S6、S8、S12、S20，分别对应正4、6、8、12、20多面体会切线上的B-r变化规律。5条虚曲线则对应5种多面体磁矩线上的B-r变化规律，各虚线大致重合，曲线最陡的是正12面体。可以看出，磁矩线上的B与会切线上的B是反向的，这是由偶极子场性质所决定的（图11-4）。阱差随正多面体的顶点数增加而增加（正8面体除外），正12面体（顶点数20，为最多）会切

磁瓶的阱差最大。

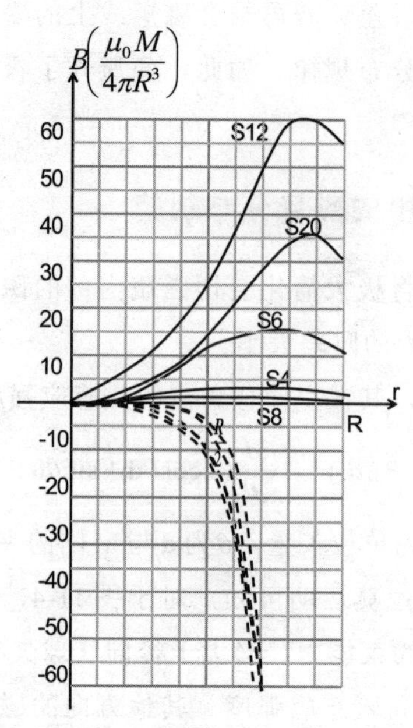

图11-5. 会切磁瓶内部的B-r变化曲线

以下为求解式（11-5）的具体推导过程。

根据三角函数公式，整理式（11-4）中的括号项，为

$$2\cos\theta\cos\phi+\sin\theta\sin\phi=3\cos\theta\cos\phi-(\cos\theta\cos\phi-\sin\theta\sin\phi)$$
$$=3\cos\theta\cos\phi-\cos(\theta+\phi)$$
$$=3\cos\theta\cos\phi-\cos(180-\varphi)$$
$$=3\cos\theta\cos\phi+\cos\varphi \tag{11-6}$$

由图11-4可以看出（也可通过三角形余弦定理得到）

$$\cos\theta=\frac{R-r\cos\varphi}{d}，\cos\phi=\frac{r-R\cos\varphi}{d}$$

则

$$\cos\theta\cos\phi=\frac{(R-r\cos\varphi)(r-R\cos\varphi)}{d^2}$$
$$=\frac{rR+rR\cos^2\varphi-R^2\cos\varphi-r^2\cos\varphi}{d^2}$$
$$=\frac{rR-rR\cos^2\varphi-\cos\varphi(R^2+r^2-2rR\cos\varphi)}{d^2}$$
$$=\frac{rR(1-\cos^2\varphi)-d^2\cos\varphi}{d^2}$$
$$=\frac{rR\sin^2\varphi}{d^2}-\cos\varphi \tag{11-7}$$

将式（11-7）代入式（11-6），得：

$$2\cos\theta\cos\phi+\sin\theta\sin\phi=\frac{3rR\sin^2\varphi}{d^2}-2\cos\varphi \tag{11-8}$$

将式（11-8）代入式（11-4），并整理，得

$$B(d)=\frac{\mu_0 M}{4\pi d^3}\left(\frac{3rR\sin^2\varphi}{d^2}-2\cos\varphi\right)$$

$$=\frac{\mu_0 M}{4\pi}\left[\frac{3rR\sin^2\varphi}{\left(R^2+r^2-2rR\cos\varphi\right)^{\frac{5}{2}}}-\frac{2\cos\varphi}{\left(R^2+r^2-2rR\cos\varphi\right)^{\frac{3}{2}}}\right]$$

$$=\frac{\mu_0 M}{4\pi R^3}\left[\frac{3\frac{r}{R}\sin^2\varphi}{\left(1+\frac{r^2}{R^2}-\frac{2r}{R}\cos\varphi\right)^{\frac{5}{2}}}-\frac{2\cos\varphi}{\left(1+\frac{r^2}{R^2}-\frac{2r}{R}\cos\varphi\right)^{\frac{3}{2}}}\right] \tag{11-9}$$

式（11-9）结果便是式（11-5）。

11.2.4 会切磁瓶与垒球缝线圈的比较

为了更直观地表现会切磁瓶对等离子体的约束能力，下面仅就能很好抑制高温电粒子逸出的垒球缝线圈与会切磁瓶做一对比。

从垒球缝线圈的构造原理看，其相当于4个磁体分别置于正4面体的各顶点上，且有两个S磁极和两个N磁极指向中心O，如图11-6中线圈电流形成的磁极指向。而正4面体会切磁瓶，皆为同性磁极指向中心O。

由图11-6可以看出，在垒球缝线圈的内部，存在两个磁场反向的磁阱，可分别称为S磁阱和N磁阱，其阱底分别处于x轴的$\pm R/2$处。伸出两个线圈缝的会切面，分别垂直于由同性磁极构成的两个棱，棱中垂线x轴上的磁场变化，便可表现出垒球缝线圈的阱差。对比会切磁瓶，并根据式（11-5），同理可绘制出x轴上的B-r变化曲线，如图11-7所示。

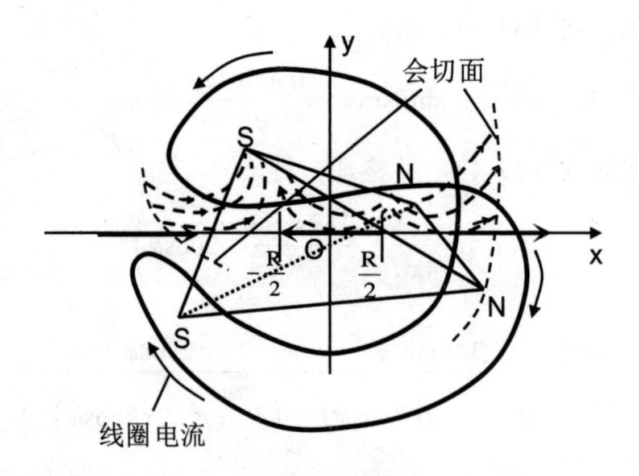

图 11-6. 垒球缝线圈内部的磁场分布

在图 11-7 中，N 曲线为 N 磁阱的 B-r 曲线（S 磁阱或 x 负半轴的 B-r 曲线略），S4 为正 4 面体会切磁瓶的 B-r 变化曲线（纵坐标为图 11-5 的放大）。对比 N 与 S4 曲线，可以看出，在磁矩 M 和容积相同的情况下，目前阱深最大的垒球缝线圈，其阱差小于正 4 面体会切磁瓶。若与正 12 面体会切磁瓶相比，其阱差相差高达 20 多倍（见图 11-5 中的 S12）。这对于几十年来阱差仅有微小升幅的磁阱装置研究，会切磁瓶的阱差升幅可堪称“恐怖”性的提升。可以预见，会切磁瓶对等离子体的约束能力及约束质量，相较目前所有的磁约束装置，将发生质的飞跃。至于阱差远小于垒球缝线圈的标准磁镜（约飞磁场），基本不具备可比性。

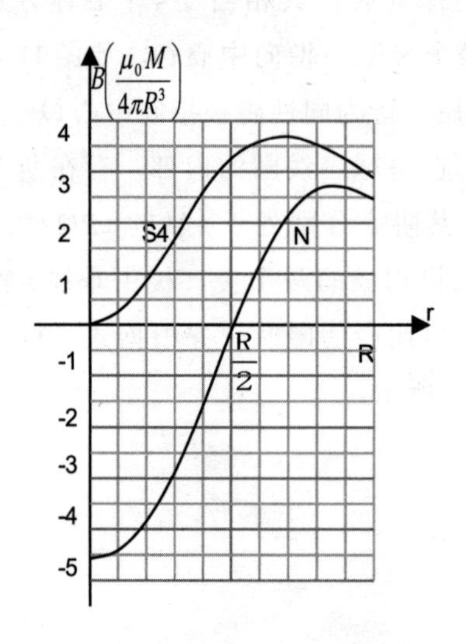

图11-7. 垒球缝线圈内的B-r变化曲线S

目前的磁约束理论，基本是建立在磁力线方程的基础上，主要是研究磁力线管在空间变化的性质。对于由多磁力线管构成的会切场位形，该理论已不能胜任，理由为

（1）约飞磁场是在普通磁镜基础上，叠加n极导线电流磁场产生的。以磁力线方程为基础的表达式表明[7]，极导线越多，磁阱越深。但实验结果却表明，四极场能产生比六极场更深的磁阱[11]，说明推导有误。

（2）以磁力线方程为算法的计算机程序，并不能表现出垒球缝线圈的双磁阱结构，说明程序计算模型存在缺陷。

（3）在会切磁瓶中，会切线和会切面上的磁感应强度变化，几乎无法用磁力线方程表述。

结合正文中对会切磁瓶的论述，说明对于会切场的研究，必须使用理论上更为基础的场叠加原理。

§11.3　会切磁瓶的性能

11.3.1　等离子体的稳定性

为使等离子体能被很好地约束，抑制和控制等离子体的宏观不稳定性，一直是当前磁约束聚变领域亟待解决的问题[12]。虽然磁阱实验在这方面均获得了成功，但由于阱差太小，仅能用于温等离子体，一般仅作为一种辅助手段，实际作用有限。

微观不稳定性的产生原因及种类繁多，但基本上都是由于磁场的分布不均，捕获电粒子的速度分布偏离麦克斯韦分布或自然分布，从而大大降低了引起聚变反应的有效碰撞。其实，在引起宏观不稳定性的同时，都有可能产生各种形式的微观不稳定性。要针对性地分别解决这些不稳定性，将是个极复杂、也是极难实现的技术难题。

在会切磁瓶内，磁力线曲率皆为好曲率或称正曲率，且曲率很大，如图11-4所示，电粒子极易被捕获而被挤向中心，并将磁力线向外排挤。最终使等离子体内不再有磁场的冻结，等离子体的排磁性得以充分发挥，等离子体的电粒子速率分布基本接近自然分布。可见，会切磁瓶在约束等离子体的过程中，磁场位形趋近理想形态。被约束的等离子体，基本不存在目前所发现的各种宏观和微观上的不稳定性，这将大大降低磁约束装置的技术难度和复杂性。

11.3.2　对电粒子逃逸的抑制

在理论上，平行于磁力线运行的电粒子是自由的，可沿磁力线损失掉。从磁镜两端逃逸的电粒子，其中一部分就被看作作平行磁力线运行的电粒子。

建立在正多面体上的会切磁瓶，其磁场分布绝对对称，但各处对等离子体的约束能力，并不均匀。尤其是会切线上的磁场最弱且平直，是约束等离子体的最薄弱部位。但是，根据运动微观粒子的振动本质（见§9.4节），既使电粒子在初始时，沿平行于会切线向外运动，也会形成绕磁力线的拉莫运动。根据能量守恒定律，沿会切线向外的动能，将转换为绕磁力线回旋的动能，从而降低了电粒子向外移动的速度，最终在内弱外强磁场作用下，使电粒子返回（可参看磁镜原理）。

对于等离子体从磁镜两端的逃逸，应归结于磁镜z轴上的阱差不够大。实验中，在磁镜两端安置垒球缝线圈后（实质上就是增大了阱差），便可很好地抑制等离子体逃逸。会切线平直的垒球缝线圈（见11.2.4节），能很好地抑制等离子体的逃逸，那么阱差为垒球缝线圈20倍的会切磁瓶，无疑能更好地抑制等离子体逃逸。

为进一步提高磁约束能力，在实际应用中，也可以让构成会切磁瓶的某些磁体，在外接球壳上偏转某一角度（使磁矩线偏离中心），使会切线或会切面不再平直，也可增强约束等离子体的能力。不过，由于磁场的计算极为复杂，具体细节还需在实践中不断地摸索。

11.3.3 会切磁瓶的可扩展性

由于正多面体只有5种，若仅以此构造会切磁瓶，或许不能满足未来聚变发电规模的需求。根据会切磁瓶的顶点或磁体越多，阱差越大的特点（见11.2.3节），在正多面体的各面和棱的中心点再添加磁体，应会使会切磁瓶获得更大的阱差。或者直接构建不完全正多面体的会切磁瓶，如32面体（60个顶点）的足球或C60分子结构等。可见，会切磁瓶的扩展空间极大，但技术难度的增加却很小。

会切磁瓶的磁体，既可以采用超导线圈，也可以采用永磁体（目前永磁体B可高达2T）。对于采用永磁体的小型会切磁瓶，还将大大降低聚变装置的建设和运行成本。可见，会切磁瓶是一种极具潜力的磁约束装置。

11.3.4 会切磁瓶中的聚变堆包层第一壁

聚变装置面临的另一难题，就是聚变堆包层第一壁的材料选择，目前几乎没有理想的解决思路。由于会切磁瓶可稳定约束等离子体，不存在等离子体与器壁的隔离问题，所以完全可以采用液体材料作为反应堆的第一壁。

采用液态金属作为第一壁，不但可大大减轻中子对反应室壁的破坏，还可将各种光辐射最大限度地反射回聚变堆，以保持聚变堆温度，从而降低聚变堆的初期加热功率。

会切磁瓶突破了传统磁约束装置框架，初次提出便已显示出了巨大的优越性。在今后的不断完善过程中，虽然不可避免地会遇到些新问题，但随着理论的深入及实践摸索，会切磁瓶必会改变目前聚变界的现状，并为早日实现聚变能的工业应用目标，发挥巨大作用。

本章小结

目前的磁约束聚变理论，存在两个重大缺陷。目前所有的磁约束聚变装置，几乎都深陷这两大缺陷之中，因此是不可能成功的。对磁约束聚变理论进行完善后，提出了新的磁约束装置——会切磁瓶。主要内容如下：

1. 提出了等离子体在磁场中存在压力漂移，并指出由数学方程得到的磁压力并不存在。目前磁约束装置不能稳定约束住等离子体的根本原因，是压力漂移的存在。可稳定约束等离子体的磁场，必须为磁阱位形。目前的装置，如托卡马克、标准磁镜等，皆因为阱深太浅而远远不能抑制高温等离子体的压力漂移，根本不具备维持聚变反应的能力。

2. 通电等离子体产生的箍缩效应，本质上就是相对论的尺缩效应，对等离子体压力的提高毫无帮助，其不过是等离子体密度数提高的一种假象。试图依靠该原理提高聚变反应能力，是根本行不通的。

3. 对会切磁场位形进行了深度挖掘，指出这种一直不被看好的磁场位形，才是最具潜力的磁约束聚变装置，并指出，目前定义的阱深概念，不能用于会切场位形。因此又定义了阱差概念，用以表达任何磁阱约束等离子体的能力。

4. 提出了大磁阱装置的设计原理，即在正多面体各顶点安置磁体，如此便形成了多磁体的会切磁场，称为会切磁瓶。经严格计算，会切磁瓶的阱差，是目前最大阱差的垒球缝线圈的20多倍。

5. 与传统的磁约束装置相比，会切磁瓶几乎不存在任何劣势，且具有很强的可扩展性。被会切磁瓶约束的等离子体，具备完全的自然分布状态，不存在所谓的宏观和微观不稳定性。

6. 聚变堆包层第一壁材料，是目前聚变装置面临的一大材料选择难题。而会切磁瓶，则可以采用液态金属作为聚变堆包层第一壁，这是其他磁约束装置所无法比拟的。

参考文献

[1]章乃森.粒子物理学(上)[M].北京:科学出版社,1994:155.

[2] 王淦昌,袁之尚.惯性约束核聚变[M].北京:原子能出版社, 2005:29.

[3]O.A.Hurricane,D.A.Callahan,D.T.Casey, et al Fuel gain exceeding unity in an inertially confined fusion implosion. Nature,2014,506, 343-348.

[4]刘英，罗家融，李贵明，等.EAST数据采集控制系统[J].计算机工程,2008,

14:228-230.

[5]刘成岳，陈美霞，吴 斌. EAST装置放电预测的初步研究. 核聚变与等离子体物理，2010,4:295-300.

[6]汤文辉，徐彬彬，冉宪文，等. 高温等离子体的状态方程及其热力学性质% Equations of state and thermodynamic properties of hot plasma[J]. 物理学报，2017,66(3):70-88.

https://max.book118.com/html/2018/0425/163008465.shtm

[7]朱士尧. 核聚变原理[M]. 合肥:中国科学技术大学出版社,1992,19:425,65,72-73,70.

[8](俄罗斯)利伯曼,等. 高密度Z箍缩等离子体物理学[M]孙承结,译。北京:国防工业出版社,2003:271-275.

[9]王乃彦. 聚变能及其未来.[M]北京:清华大学出版社，2001:26.

[10]石秉仁. 磁约束聚变:原理与实践.[M]北京:原子能出版社，1999:43,19.

[11](美)爱德华·泰勒，胥兵，等，译. 聚变，第一卷 磁约束(上册).[M]. 胥兵，等，译. 北京:原子能出版社，1987:231.

[12]蒋海斌，赵康，何志雄，等. HL-2A装置中高能量捕获电子鱼骨模不稳定性研究[J]. 核聚变与等离子体物理，2015:35: 8-13.